トランジスタ技術 SPECIAL

No.161

JN016926

I²Cセンサから! これからのコモンセンス

測る 量る 計る 回路&テクニック集

CQ出版社

I²Cセンサから！これからのコモンセンス

測る 量る 計る 回路&テクニック集

トランジスタ技術SPECIAL編集部 編

CONTENTS

表紙／扉デザイン：ナカヤ デザインスタジオ（柴田 幸男）
表紙／扉写真：iStock　本文イラスト：神崎 真理子

▶本書は「トランジスタ技術」誌に掲載された記事を元に再編集したものです.

「測る」回路 超入門

島田 義人 Yoshihito Shimada

従来，センサ素子が出力するアナログ信号レベルは微小であり，高精度かつ低雑音に増幅するテクニックが必要です．ビギナにとって高度なアナログ技術が要求されるところです．アナログ回路は用途によってカスタマイズすることができます．

一方で，センサと電子回路が小さなシリコン上に集積化したワンチップ・センサICが普及しています．マイコンにセンサICを直結し，I²Cなどの汎用シリアル・インターフェースで制御することで，簡単に測定データが得られるメリットがあります．

ここでは気圧を測る方法を例に，センサ素子を使ったアナログ計測回路と，ワンチップ・センサICを使った計測回路を紹介します．

自然現象を電気信号に変える… センサ素子とセンサ回路

● その昔…水銀を使った気圧測定のしくみ

気圧とは大気の重さによって，地表にかかっている圧力のことです．地上付近の気圧の大きさを1気圧といいます．気圧の単位は，hPa(ヘクト・パスカル)で表します．

地球上の気圧を平均すると，1013.25 hPaであるといわれています．ヘクトとは，100倍を意味する接頭語で，1 hPaは100 Paにあたります．1 Paとは1 m²の板の上に約100 gのおもりを乗せたとき，その板が地面を押す力に相当します．1気圧を約1000 hPaと考えると，地表面1 m²あたり，なんと約10000 kgの空気が乗っているという計算になります．

イタリアの数学者であり物理学者のトリチェリが，1643年に水銀を使って初めて気圧を観測しました．図1は水銀気圧計の原理図です．一端を閉じたガラス管に水銀を満たして倒立させると，水銀の重さと大気圧がつり合う位置まで下がって止まります．このときガラス管内の液面の高さから気圧を測定します．その高さは1気圧で約760 mmになります．

● 気圧を測定する半導体圧力センサ素子のしくみ

写真1に示すのは，半導体圧力センサ素子FPM-15PAR(フジクラ)です．穴のあいた上部の突起が大気圧の導入口で，パッケージ内にある圧力センサ・チップへ通じています．

図2に圧力センサ・チップ部の構造を示します．単結晶シリコン基板の裏面は，大気圧を受けて変形しやすいようにくりぬかれ，その内部は真空になっています．この薄膜部分はダイアフラムと呼ばれています．ダイアフラム面(点線内部)の4カ所には，ひずみを受けると電気抵抗値が変化するピエゾ抵抗体と呼ばれるストレイン・ゲージが形成されています．大気圧を受けると，中央部にあるゲージR_{b2}，R_{b4}は圧縮方向のひずみを生じ，周辺部にあるR_{b1}，R_{b3}は引っ張り方向のひずみを生じます．ストレイン・ゲージは圧縮側

写真1 半導体圧力センサFPM-15PAR (フジクラ)

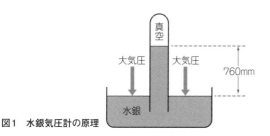

図1 水銀気圧計の原理

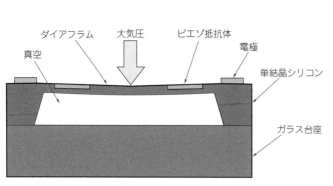

(a) 断面図

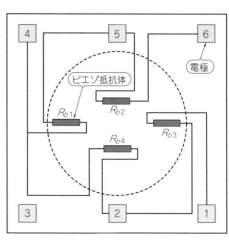

(b) 上から見た構造

図2 半導体圧力センサ・チップ部の構造

では抵抗が減少し，引っ張り側では抵抗が増加します．**図3**に示すように，これら4つの抵抗体をホイートストン・ブリッジ回路として結線し，圧力による抵抗値変化を電圧信号として出力します．

センサ回路の実際

● 半導体圧力センサ素子を使ったアナログ気圧測定回路

図4(a)に，半導体圧力センサ素子を使った気圧測定の実現例を示します．センサ素子を駆動する回路とセンサ素子の出力信号を増幅するアナログ回路を，センサ素子の後段に接続します．気圧の情報を電圧（アナログ信号）として取り込み，さらにA-Dコンバータでディジタル値に変換します．ディジタル信号をマイコンで処理し，液晶ディスプレイ（LCD）に表示したり，パソコンに転送して記録したりします．

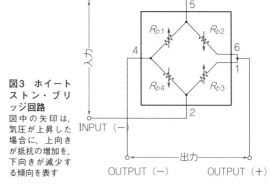

図3 ホイートストン・ブリッジ回路
図中の矢印は，気圧が上昇した場合に，上向きが抵抗の増加を，下向きが減少する傾向を表す

アナログ回路なら，マイコンなどを使わずに簡易的に機能を実現することもできます．**写真2**に示すのは，半導体圧力センサ素子FPM-15PARを使って製作した簡易電子気圧計です．

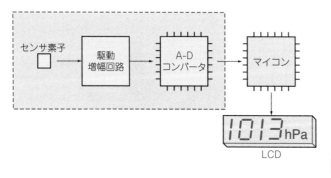

(a) センサ素子を使った場合

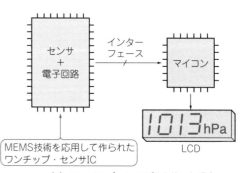

(b) ワンチップ・センサICを使った場合

図4 センサ素子とワンチップ・センサICを使ったときの測定計の構成

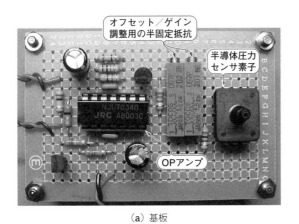

（a）基板　　　　　　　　　　　　　　（b）外観

写真2　半導体圧力センサ素子FPM-15PARを使って製作した簡易電子気圧計
基板の出力電圧をディジタル・マルチメータで測定し，電圧を気圧に換算している

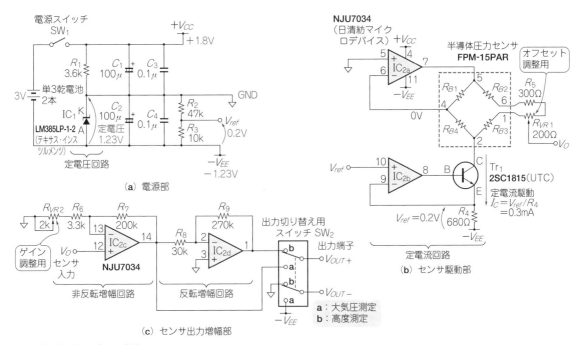

（a）電源部

（b）センサ駆動部

（c）センサ出力増幅部

図5　簡易電子気圧計の回路図

図5に回路図を示します．圧力センサの出力電圧V_OをOPアンプで約50倍に増幅してアナログ電圧を出力する回路です．単3乾電池でセンサ回路を駆動し，OPアンプ増幅回路の電圧出力をディジタル・マルチメータで測定して気圧に換算します．1hPaあたり1mVを示すように（つまり，大気圧が1013hPaのとき1013mV表示となるように），オフセット／ゲイン調整用の半固定抵抗を調整します．この基板ではA-Dコンバータやマイコンを使っていません．アナログ回路だけで，簡易的に気圧を測ることができます．

この気圧計は，高度が高いほど気圧が低くなる（高度9mの上昇で気圧が約1hPa低下するという）性質

を利用して，気圧の変化量から簡易的に高度も測れます．基準地点を0mV出力として，例えば100m上昇時に100mVを表示するように出力電圧を高度に換算します．負電圧も出力できるため，基準地点から高度が下がった場合にはマイナスで表示することができます．センサ出力増幅部の出力切り替え用スイッチSW₂が，大気圧と高度を切り替えるスイッチです．

● **ワンチップ気圧センサICを使った気圧測定回路**

MEMS（メムス：Micro Electro Mechanical Systems）と呼ばれる，センサ，アクチュエータ，電子回路を1つのシリコン基板，ガラス基板，有機材料などの上に

集積化したデバイス技術の進歩により，センサと電子回路が小さなシリコン上に集積化できるようになりました．

センサ素子が出力する微弱な信号は，センサと一体化しているシリコン上の電子回路で処理され，扱いやすい電圧レベルまで増幅されます．増幅された信号は同じシリコン上にあるA-Dコンバータでディジタル信号に変換されて，SPIやI²Cなどの汎用のシリアル・インターフェースで出力されます．図4(b)に示すように，マイコンにセンサICを直結するだけでセンサ計測が可能です．

写真3に示すのは，ワンチップ気圧センサIC LPS25 HB（STマイクロエレクトロニクス）です．IC本体の大きさは2.5×2.5×0.76 mmです．表面実装タイプであるため，8ピンDIPのピッチ変換基板に搭載して販売されています．

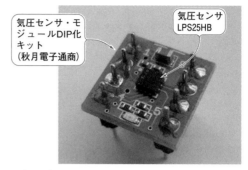

写真3 高度も測れる気圧センサLPS25HB（STマイクロエレクトロニクス）

まずはここから！ 今どきなワンチップ・センサIC回路

● 高度なアナログ技術はビギナにはハードルが高い

センサ素子が出力するレベルの微小なアナログ信号には，温度や加速度などの物理量がたくさん詰め込まれています．これらの大切な情報をもつ繊細な信号は，できるだけ傷をつけずにA-D変換回路に伝え，正確なディジタル信号を作る必要があります．

それには電気信号を高精度かつ低雑音に増幅できるアンプを作るテクニックが必要です．作った回路を校正する必要もあり，ビギナにとって高度なアナログ技術が要求されるところです．

● ワンチップ・センサICなら簡単にデータが取れる

ワンチップ・センサICを使えば，アナログ回路が作れなくても，I²Cなどの汎用シリアル・インターフェースをマイコンなどへ接続し，ソフトウェアで制御することで測定データが得られます．

本書の第1部では，各種ワンチップ・センサIC（温度，湿度，気圧，加速度，輝度，色，近接，タッチ・センサなど）を紹介しています．

アナログ回路は自由にカスタマイズできる

● わざわざマイコンを使わない構成も可能

半導体圧力センサ素子FPM-15PARの出力電圧の変化は，1 hPaあたり約20 μVです．先ほど紹介した簡易電子気圧計では，A-Dコンバータもマイコンも使わずに，センサ素子の出力電圧を50倍ほど増幅して1hPaあたりの変化を1 mVにしています．

● 高精度のA-Dコンバータを使えば微小な変化も捉えられる

16ビットのA-Dコンバータを使用すれば，センサの出力電圧を数十倍ほど増幅することで0.1～1hPaの気圧変化も検出可能になると思います．

汎用的なマイコン内蔵の10ビットA-Dコンバータ入力を使って微小な変化を捉えようとすると，信号を数百～千倍も大きく増幅する必要があります．大きく増幅するということは，ノイズなど不要な信号まで増幅してしまうことになります．一方で，低雑音に増幅できるアンプを作るテクニックがあれば，マイコン内蔵のA-Dコンバータで微小な変化を捉えることも可能です．

このように，アナログ回路では用途に合わせてカスタマイズすることができますが，それなりに回路テクニックが必要になります．本書の第2部以降では，さまざまなセンサ/計測のための回路テクニックを多数紹介しています．

◆参考文献◆
(1) 島田 義人；電子気圧計の製作，作りながら学ぶ初めてのセンサ回路＜第10回＞，トランジスタ技術，2003年10月号，pp.99-104，CQ出版社．
(2) 渡辺 明禎；楽チン！ 今どきのセンサ計測，トランジスタ技術，2012年12月号，pp.65-72，CQ出版社．
(3) フジクラ半導体圧力センサ・テクニカルノート，2007年8月17日，フジクラ．
(4) LPS25HBデータ・シート，STマイクロエレクトロニクス．

第1部

まずはここから！
I²Cセンサでサッと測る回路

第1章　気温/湿度/気圧をワンチップでサッと

自然環境を測る I²Cセンサ回路

① 湿度センサと温度センサが集積化された ワンチップ・センサIC SHT20

渡辺　明禎

● こんなワンチップ・センサIC

SHT20(**写真1**, センシリオン)は, 湿度センサと温度センサが集積化されたワンチップ・センサICです.

3×3mmの小型パッケージに, 湿度センサ, 温度センサ, アンプ, A-Dコンバータ, メモリ, ディジタル処理回路が集積化されています. I²Cでマイコンなどに直結できます.

湿度センサは容量型湿度センサ, 温度センサはバンド・ギャップ型温度センサで, 個々にテストと校正が行われて出荷されています.

次のような特徴があります.

- テスト/校正済み
- I²Cインターフェース
- 低電圧検出
- 消費電流：300 μA(動作時), 0.15 μA(待機時)
- 長期安定性：0.5%RH/年, 0.04℃/年
- パッケージ：DFN, 3×3mm

ヒータを内蔵しており, 内部の温度センサと湿度センサが正常に機能するかどうかを診断できます. ヒータは機能診断に使用する目的として実装されています.

ユーザ・レジスタのビット2に '1' を書き込むとヒータがONとなり, 温度が0.5～1.5℃上昇することと, 相対湿度が少し低くなることをチェックします. ヒータは約5.5mWの電力を消費します.

● 仕様

図1にブロック図を示します.

湿度センサはくし形電極で形成されたコンデンサで, 誘電体にポリマを使用しています. ポリマは湿度に比例して水分子を吸湿したり放出したりするので, 湿度で容量が変化します. この変化をアンプで増幅し, A-D変換します. 変換ディジタル・データはI²Cイン

写真1　湿度センサと温度センサが集積化されたワンチップ・センサIC(センシリオン)

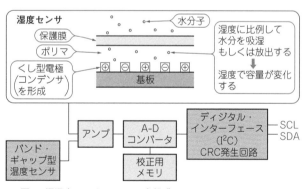

図1　湿温度センサ SHT20の内部ブロック
湿度センサは誘電体にポリマを使って湿度による容量の変化を検出する. アンプで増幅し, A-D変換して, I²Cインターフェースにより外部マイコンから取得する

ターフェースにより外部マイコンから取得できます. センサは個々に校正され, 内蔵の校正用メモリに校正結果が保存されているので, 高精度な湿度データを取得できます.

表1 湿温度センサ SHT20 の電気的特性
消費電流は300μA（動作時），0.15μA（待機時）と小さい

項　目	規格値			単位	条　件
	最小	標準	最大		
電源電圧 V_{DD}	2.1	3.0	3.6	V	
消費電流 I_{DD}		0.15	0.4	μA	待機時
	200	300	330		動作時
ヒータ	–	5.5	–	mW	$V_{DD} = 3.0$ V

表3 A-Dコンバータの変換ビット数と測定時間
ビット数を上げると，測定分解能は向上するが，測定時間（周期）が長くなる．そのため必要な測定周期から変換ビット数を決定する

ADCの分解能	相対湿度（標準）	相対湿度（最大）	温度（標準）	温度（最大）	単位
14ビット	–	–	66	85	ms
13ビット	–	–	33	43	ms
12ビット	22	29	17	22	ms
11ビット	12	15	9	11	ms
10ビット	7	9	–	–	ms
8ビット	3	4	–	–	ms

● **特性**

表1に電気的特性を示します．

▶ 消費電流

消費電流が300μAと小さく，待機時は0.15μAです．

▶ 湿度の測定精度

表2に相対湿度特性を示します．A-Dコンバータの分解能を8～12ビットで設定できます．湿度の測定分解能は0.7～0.04%RHです．応答時間が8秒と短いので，気象による湿度変化に余裕で対応できます．

▶ 分解能と測定時間のトレードオフ

表3に示すのは，A-Dコンバータの変換ビット数と測定分解能の関係です．

ビット数を上げると測定分解能は向上しますが，測定時間が長くなり，測定周期が長くなります．必要な測定周期からA-Dコンバータの変換ビット数を決定します．あまり測定周期を短くすると，消費電力の増加によりセンサの温度が上昇します．

▶ 湿度の測定精度の温度特性

図2に示すのは相対湿度の測定精度と温度の関係です．

温度が10～50℃，相対湿度が20～80%のとき，±4.5%（最大）です．測定の目的や箇所によりますが，ほとんどのケースでこのような条件内となるので，高精度に相対湿度を測ることができます．

▶ 温度の測定精度

表4に温度特性を示します．A-Dコンバータの分解能は12～14ビットで設定できます．分解能は0.01～0.04℃です．

表2 湿温度センサ SHT20 の相対湿度特性
A-Dコンバータの分解能を8～12ビットで設定できる．湿度の測定分解能は0.7～0.04%RH

項　目	規格値			単位	条　件
	最小	標準	最大		
測定精度許容差	–	±3	–	%RH	20～80%RH（標準値）
分解能	–	0.04	–	%RH	12ビット
	–	0.7	–		8ビット
再現性		±0.1		%RH	
ヒステリシス	–	±1	–	%RH	
非直線性	–	–	0.1	%	
応答時間	–	8	–	s	ステップ応答時に63%になるまでの時間
動作領域	0	–	100	%RH	

表4 湿温度センサ SHT20 の温度測定特性
A-Dコンバータの分解能は12～14ビットまで設定可能で，分解能は0.04～0.01℃

項　目	規格値			単位	条　件
	最小	標準	最大		
測定精度許容差	–	±0.3	–	℃	+5～+60℃
分解能	–	0.01	–	℃	14ビット
	–	0.04	–		12ビット
再現性		±0.1		℃	
応答時間	5	–	30	s	ステップ応答時に63%になるまでの時間
動作領域	-40	–	+125	℃	

図2 測定する温度と相対湿度での湿度測定の精度
ほとんどのケースで，温度が10～50℃，相対湿度が20～80%なので，測定精度は±4.5%（最大）です

● **使い方**

▶ 初期状態に戻す方法

リフロ時に，フラックスなどの揮発性蒸気の影響を受けて，出力信号にオフセットが生じることがありま

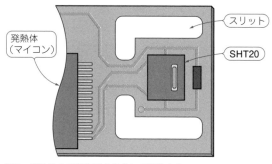

図3　発熱体から熱伝導を考慮して実装する
発熱体との間にスリットを設けて，発熱体からの熱伝導を抑える

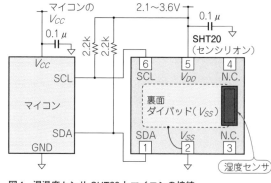

図4　湿温度センサ SHT20 とマイコンの接続
マイコンのSCL，SDAに直結するだけ

す．次の2つのプロセスで，センサを初期の校正状態に戻すことができます．

(1)ベーキング：5%RH以下の雰囲気で100〜105℃，10時間
(2)再水和処理：75%RHの雰囲気で20〜30℃，12時間

▶温度上昇の抑制

　湿度センサは温度に非常に敏感です．センサの近くに発熱体があるとその温度の影響で正確に測定できなくなります．

　例えばマイコンの近くに実装した場合，マイコンの熱がプリント基板を伝わり，SHT20の温度が上昇して湿度が少し小さく測定されてしまいます．このような場合，**図3**に示すように，発熱体であるマイコンとの間にスリットを設けて，マイコンからの熱伝導を抑えます．

● 応用回路

　図4にピン配置と接続回路例を示します．SCL，SDA用プルアップ抵抗はセンサのV_{DD}に接続します．

---

column▶01　温湿度センサの後継機種SHT3x-DISシリーズには測定精度の違う3種類がある

編集部

　センシリオン社の温湿度センサの後継機種SHT3x-DISシリーズ[A]には，**表A**と**表B**に示すように測定精度の違いにより，SHT30（廉価品），SHT31（標準品），SHT35（高精度品）の3種類があります．外装形状は，2.5x2.5×0.9mmの小型DFNパッケージです．

　SHT3x-DISシリーズは信号処理能力が強化され

ていて，最大通信速度が1MHzのI²Cインターフェースをもち，温度と湿度の2つのデータを無調整で高い精度で同時に測定できます．

◆参考文献◆

(A)SHT3x-DIS のデータシート，https://sensirion.com/media/documents/213E6A3B/61641DC3/Sensirion_Humidity_Sensors_SHT3x_Datasheet_digital.pdf

表A　SHT3x-DISシリーズの相対湿度センサ機能の仕様

項目	SHT3x-DISシリーズ			単位
	SHT30	SHT31	SHT35	
測定精度許容差（標準値）	± 3	± 2	± 1.5	%RH
再現性	± 0.25	± 0.15	± 0.10	%RH
分解能（標準値）	0.01			%RH
ヒステリシス	± 0.8			%RH
動作領域	0 〜 100			%RH
応答時間	8			s
長期ドリフト（標準値）	0.25 以下			%RH/年

表B　SHT3x-DISシリーズの温度センサ機能の仕様

項目	SHT3x-DISシリーズ			単位
	SHT30	SHT31	SHT35	
測定精度許容差（条件）	± 0.3 (0 〜 65)	± 0.3 (−40 〜 +90)	± 0.2 (−40 〜 +90)	℃
再現性	± 0.24	± 0.12	± 0.06	℃
分解能（標準値）	0.015			℃
動作領域	− 40 〜 + 125			℃
応答時間	2			s
長期ドリフト（標準値）	0.03 以下			℃/年

② 警告信号の出力も可能な−40〜＋150℃の温度センサIC LM73

渡辺 明禎

● 特徴

LM73(**写真2**, テキサス・インスツルメンツ)は, 温度センサと11〜14ビット分解能のΔΣ型A‑D変換器を集積化したワンチップ温度センサICです. 仕様を**表5**に, 内部ブロックを**図5**に示します. 2線式シリアル・インターフェースはSMBusとI²Cで, マイコンに直結して使用できます. 最高クロック周波数は400kHzです. パッケージは6ピンのSOT‑23(3×3mm)と小型なので, 実装面積を小さくできます.

図6に測定誤差と測定温度の関係を示します.

測定温度精度は, 校正なしの状態で±1℃(−10〜＋80℃)です. 使用できる温度範囲が−40〜＋150℃と広範囲なので, 自動車をはじめ過酷な条件で動作する装置にも使うことができます.

測定温度の分解能は0.25℃/LSB(11ビット分解能時)〜0.03125℃/LSB(14ビット分解能時)で, そのときの測定時間は14m〜112msです. 得られる測定値のノイズは±0.03125℃(14ビット分解能時のLSBに相当)なので, 0.1℃単位の表示にも対応できます.

電源電圧は2.7〜5.5V, 消費電流は能動時495µA(最大), シャットダウン時8µA(最大)と低消費電力です.

● 応用例

図7に回路を示します. $\overline{\text{ALERT}}$端子(オープン・ドレイン)によって設定温度に対する警告信号を発生できます.

温度センサは複数使いたいことが多いのですが, SMBus/I²Cでは同じアドレスのデバイスを接続できません. LM73は型名とADDR端子の状態で**表6**のようにアドレスを指定でき, 2×3＝6個のセンサを同一のSMBus/I²C上に接続できます. I²Cの場合は実装できるセンサの数は制限がないと考えてよいでしょう. 最近のマイコンは複数のI²Cモジュールを内蔵していますし, ソフトウェアでI²Cを制御するのは容易なためです.

写真2 警告信号の出力も可能な−40〜＋150℃の温度センサ IC LM73(テキサス・インスツルメンツ)

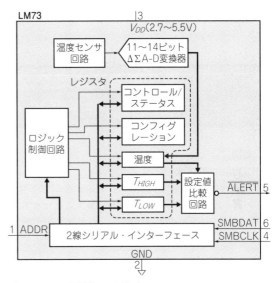

図5 LM73の内部ブロック構成

表5 温度センサLM73の仕様

測定温度範囲	−40〜＋150℃
精度	最大±1℃@−10〜＋80℃
変換時間	最大14ms(11ビット, 0.25℃分解能)
	最大112ms(14ビット, 0.03125℃分解能)
スレーブ・アドレス	1つの端子で3つのスレーブ・アドレスが選べる(計6種類選べる)
インターフェース	I²C, SMBus 2.0
I²C動作クロック	400kHz(FASTモード)
電源電圧	2.7〜5.5V
動作時消費電流	320µA(標準)
待機時消費電流	1.9µA(標準)
パッケージ	SOT‑23, 3×3mm

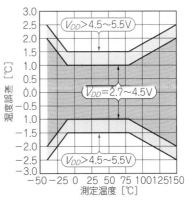

図6 電源電圧と測定温度の精度

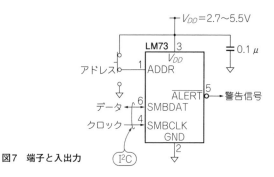

$-V_{DD}=2.7\sim5.5V$

LM73

図7　端子と入出力

表6　アドレスの指定方法

LM73CTMK-x	ADDR端子	アドレス
x=0	オープン	0x90(0x48)
	GND	0x92(0x49)
	V_{DD}	0x94(0x4A)
x=1	オープン	0x98(0x48C)
	GND	0x9A(0x4D)
	V_{DD}	0x9C(0x4E)

（）は7ビット表記

③ 単3電池2本で2.25 Vの低電圧まで動き続ける 温度センサIC STTS751

渡辺　明禎

● 説明

STTS751（写真3，STマイクロエレクトロニクス）は，2.25 Vの低電圧から動作するディジタル・インターフェースの温度センサICです．表7に主な仕様を示します．レジスタは13個あり，過温度や低温度のレジスタを設定すれば警告信号を出すこともできます．

● 回路

図8にSTTS751のブロック図を，図9に応用回路を示します．検出温度により冷却ファンを回す応用例です．Therm端子からの信号でファンを動作させます．Therm LIMITレジスタ値（デフォルト：85℃）を超えるとファンが回り出し，「Therm LIMITレジスタ値 − Therm HYSTERESISレジスタ値 = 75℃（デフォルト値）」でファンが停止します．

● マイコンからI²C経由で操作

表8に示すように，Addr端子に接続するプルアップ抵抗の値を変えることで，4個のI²Cスレーブ・アドレスを設定できます．STTS751には2種類あるので，計8個のスレーブ・アドレスがあります．
ConfigurationレジスタのTres1ビットとTres0ビ

写真3　単3電池2本で動き続ける温度センサIC STTS751（STマイクロエレクトロニクス）

表7　温度センサ STTS751の仕様

変換レート	0.0625 ～ 30変換/s（10段階設定）
分解能	9ビット（0.5℃/LSB）～ 12ビット（0.0625℃/LSB）
変換速度	21ms（標準，10ビット分解能）
I²C動作クロック	400kHz（FASTモード）
インターフェース	I²C，SMBus 2.0
電源電圧	2.25 ～ 3.6V
動作時消費電流	20 μA（1変換/s）
待機時消費電流	3 μA（標準）
動作温度範囲	− 40 ～ ＋ 125℃
パッケージ	6ピンDFN

ットにより，測定温度の分解能と変換モードを設定します．0xCを設定すると，連続変換モードの分解能12ビットで動作します．

ワンチップ

温度

光・赤外線

振動・ひずみ

電流

計測回路集

付録

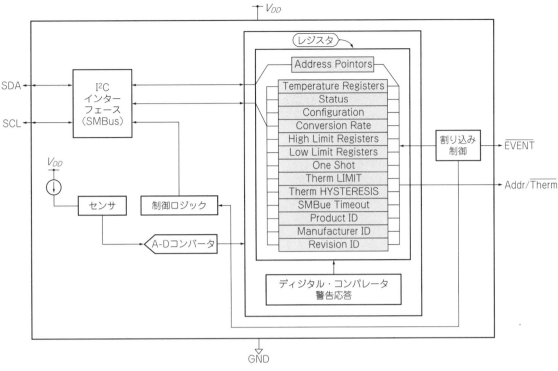

図8 STTS751のブロック図

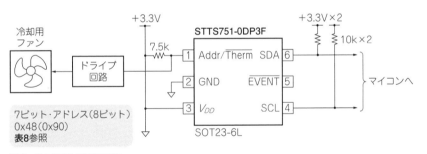

図9 STTS751の応用回路

7ビット・アドレス（8ビット）
0x48（0x90）
表8参照

次に，Conversion Rateレジスタで変換レートを設定します．続いて，StatusレジスタのBusyビットを調べ，'0'なら変換終了です．Temp_HレジスタとTemp_Lレジスタから変換温度データを取得します．設定した分解能における温度分解能データ［℃/LSB］（例えば，12ビット分解能のとき0.0625℃/LSB）を乗算すれば，1じきざみで温度データを取得できます．

◆参考文献◆
(1) STTS751のデータシート，https://www.st.com/resource/en/datasheet/stts751.pdf

表8 Addr端子のプルアップ抵抗値によるスレーブ・アドレス

型名	プルアップ抵抗値 （±5%）［Ω］	7ビット・アドレス	8ビット・アドレス
STTS751-0	7.5 k	0x48	0x90
	12 k	0x49	0x92
	20 k	0x38	0x70
	33 k	0x39	0x72
STTS751-1	7.5 k	0x4A	0x94
	12 k	0x4B	0x96
	20 k	0x3A	0x74
	33 k	0x3B	0x76

4 高度も深度も測れる高分解能0.01hPaの 気圧センサ LPS25HB

小野寺 康幸

● エレベータで上昇しながら気圧の変化をとらえることができる

LPS25HB（**写真4**，STマイクロエレクトロニクス）は，相対精度 ± 0.1 hPa，絶対精度 ± 0.2 hPa（20 ～ 60℃）／ ± 1 hPa（0 ～ 80℃），分解能 0.01 hPa（内蔵ディジタル・フィルタ使用時），測定範囲 260 ～ 1260 hPa の気圧センサICです．24ビットのA-Dコンバータを内蔵しています．

仕様を**表9**に示します．分解能が高いため，大気圧だけでなく標高を測定できます．標高が1m変わると約0.1hPa変化するので，高さ方向の1mの変化を検出できます．標高は，GPSで ± 10 m程度の精度で測定できますが，建物内のエレベータで登るときの標高変化をとらえられるほど高精度ではありません．またGPSは応答速度も遅いので，圧力センサのほうが適しています．圧力センサで標高を測定する際の問題点は，低気圧や高気圧の気象条件の影響を受けてしまうことです．そのようなドリフトをGPSで補正すれば，正確かつ高速応答の高度計ができるでしょう．

本センサは低消費電力なので電池駆動して据え置きにすれば，低気圧（台風）が近づくことが手に取るようにわかります．また，スマートフォンに広く採用されています．スマートフォンにはGPSと圧力センサが搭載されているものも多く，両者を利用した高度計アプリもあります．

● 気圧センサ LPS25HB の内部構造

LPS25HBの内部ブロックを**図10**に示します．

少し前まではピエゾ素子を用いた気圧によるひずみをホイートストン・ブリッジで検出するアナログ・セ

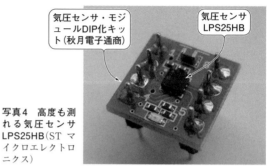

写真4　高度も測れる気圧センサLPS25HB（STマイクロエレクトロニクス）

ンサが主流でした．非常に微弱な電圧変化であるため，扱いにくいものでした．このアナログ・センサにA-D変換を組み込んだものが，今回使用するディジタル・センサになります．

ピン配置を**表10**に示します．

マイコンと気圧センサはI2Cで接続します．通信速度はFast-mode（400 kbps）までです．

気圧センサLPS25HBのI2Cスレーブ・アドレスを**表11**に示します．SA0がI2Cのスレーブ・アドレス選

表9 気圧センサ LPS25HB の仕様

測定範囲	260 ～ 1260 hPa
相対精度（25℃）	± 0.1 hPa
絶対精度（20 ～ 60℃）	± 0.2 hPa
絶対精度（0 ～ 80℃）	± 1 hPa
分解能	0.01 hPa
データ長	24 ビット
電源電圧	1.7 ～ 3.6 V
I2C クロック	400 kHz まで

表10 気圧センサ LPS25HB のピン配置

ピン	名前	機能
1	V_{DD}	3.3 V
2	SCL	シリアル・クロック
3	SDA	シリアル・データ
4	SA0	I2Cアドレス指定
5	CS	チップ・セレクト
6	NC	未接続
7	INT1	インジケータ
8	GND	グラウンド

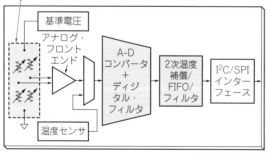

セIf:

センシング部分
圧力によるひずみを抵抗値の変化で検出する

基準電圧

アナログ・フロントエンド

A-Dコンバータ＋ディジタル・フィルタ

2次温度補償／FIFO／フィルタ

I2C/SPIインターフェース

温度センサ

図10　気圧センサLPS25HBのブロック図

表11 気圧センサ LPS25HB の I2C スレーブ・アドレス

ビット7	6	5	4	3	2	1	0
1	0	1	1	1	0	SA0	R/W

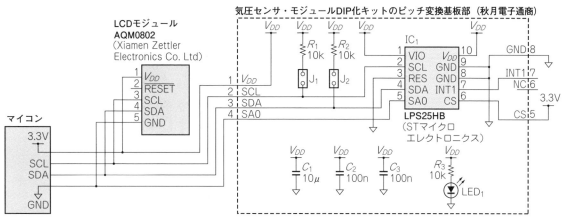

図11 気圧を測定してLCDに表示させる回路の接続例

択端子になります．CSはV_{DD}に接続することでI²C通信になります．INT1は異常時のインジケータ出力です．設定したしきい値の上限値あるいは下限値を超えたとき出力します．このときアクティブ "L"/"H" を設定できます．

● 回路例

図11に示すのは，気圧センサLPS25HBとLCD（AQM0802）をI²Cでマイコンに接続して，測定した気圧をLCDに表示する回路例です．

◆参考文献◆
(2) LPS25HBデータシート，ST マイクロエレクトロニクス

---

column▷02 温度からも高度を推定できる

小野寺 康幸

対流圏（高度11 km以下）で天候が安定している場合，標高が1000 m上がると気温が6.5℃下がります．気温差がわかれば高度を推定できます．例えば温度センサ ADT7410（アナログ・デバイセズ）の精度は±0.5℃で，分解能が0.0078℃だったので，1 mの変化を計測できそうです．

しかし実際は風が吹けば簡単に0.1℃の変化が起こります．温度センサを触らずとも手を近づけるだけで変化します．気温による1 mの高度測定は，0.0065℃の変化を安定かつ正確に測定する必要があるため，かなり難しいかもしれません．

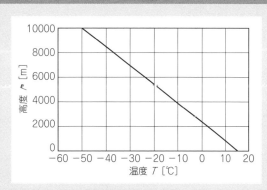

図A 高度と気温の関係（海面気温＝15℃時）

力学的な動きを測る I²Cセンサ回路

① 5kHzの高速データ・レート，±2～±16gの 3軸加速度センサIC LIS3DH

渡辺　明禎

● 説明

　LIS3DH(**写真1**，STマイクロエレクトロニクス)は，3軸加速度センサICです．**表1**に示すように測定範囲は±2～±16g，データ・レートが1Hz～5kHzと広範囲なので，低速の移動から高速の移動までさまざまな物体の加速度を検知できます．

　自由落下の検出も可能です．センサの合成加速度が1gよりかなり小さい状態(無重力に近い)が検知された場合は，ノート・パソコンやスマートフォンなどが落下している可能性があります．そんなときはハード・ディスクのヘッドを退避するなどして，致命的な故障を回避します．

　大きな動きを検知し，割り込みをかけることにより，スマートフォンなどを自動起動することもできます．

写真1　5kHzの高速データ・レート，±2～±16gの3軸加速度センサIC LIS3DH(STマイクロエレクトロニクス)

● 回路

　図1に，LIS3DHのブロック図を示します．加速度検出素子は静電容量方式で，MEMS(Micro Electro Mechanical Systems)で作られており，コンデンサ素子がハーフ・ブリッジ回路を形成しています．各軸32レベルのFIFOを内蔵しています．

　ブリッジ回路には短パルスの電圧が加えられていて，加速度が加わると電圧バランスがくずれて信号が出てきます．その出力をチャージ・アンプで積分してA-

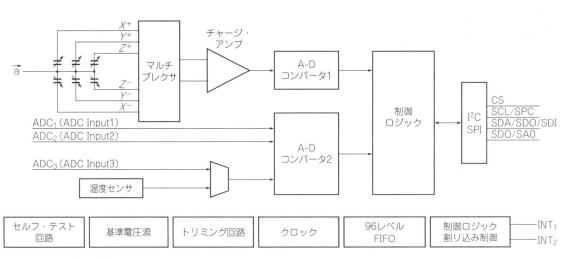

図1　LIS3DHのブロック図

Dコンバータ1でディジタル・データに変換します．A-Dコンバータ2は，温度センサの出力と外部入力をA-D変換します．

　図2に，回路例と検出できる加速度の方向を示します．I²Cバスの電圧がV_{DD}と異なるとき，V_{DD}_IO端子にI²Cバス電圧を接続します．

● マイコンからI²C経由で操作

　CTRL_REG1レジスタに，測定する軸，出力データ・レート，動作モードなどを設定します．あとは，OUT_X_Lレジスタから6バイト読み込めば，各軸の加速度データが得られます．

　STATUS_REG2レジスタをポーリングすれば，加速度データが更新されたかどうかを知ることができます．

　温度センサの分解能は1℃/LSBと低いですが，およその値を知ることができます．TEMP_CFG_REGで，A-Dコンバータ2と温度センサをイネーブルにします．変換結果は，OUT_ADC3レジスタから得られます．

表1　3軸加速度センサLIS3DHの仕様

測定範囲	$\pm 2g$, $\pm 4g$, $\pm 8g$, $\pm 16g$
出力データ・レート	1, 10, 25, …, 5 kHz(10段階設定)
データ長	16ビット
I²C動作クロック	400 kHz(FASTモード)
ディジタル・インターフェース	I²C, SPI
FIFO	96レベルの16ビット長FIFO内蔵
2つの独立した割り込み端子	自由落下と動き
温度センサ	内蔵
自己テスト機能	内蔵
電源電圧	1.71 ～ 3.6 V
低消費モード時電流	2 μA
待機時消費電流	0.5 μA(標準)
パッケージ	16ピンLGA($3 \times 3 \times 1$ mm)

◆参考文献◆

(1)LIS3DHのデータシート，https://www.st.com/resource/en/datasheet/lis3dh.pdf

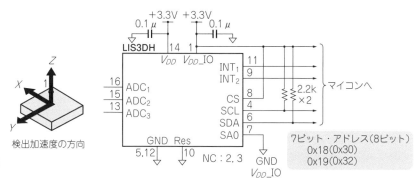

図2　LIS3DHの応用回路(I²C接続)

　MEMSは，機械的な構造をシリコン基板上に作れる技術で，シリコンのLSIの製造技術をそのまま使えます．極めて高精度で微細な加工ができ，ばらつきを小さく抑えることができるため，センサ間の性能ばらつきも小さく高安定になります．

　図Aに示すように，校正が自動化でき，その校正データをセンサ内のEEPROMに保存できます．この校正データによりプログラムで測定データを補正するか，センサによっては自動的に校正された測定データを出力できるものもあります．

　MEMS技術のおかげで，センサは長期間安定動作するようになりました．このように，安価で超高性能なセンサが開発され，その恩恵は特殊な分野だけでなく隅々まで受けられるようになったのです．

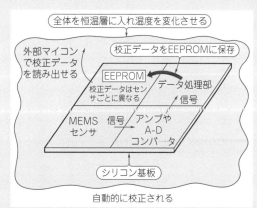

図A　校正を自動化しセンサ内のEEPROMに書き込む

② 角速度を測って姿勢がわかる 3軸ジャイロ・センサIC L3GD20H

渡辺 明禎

● 説明

L3GD20H（写真2, STマイクロエレクトロニクス）は，3軸ジャイロ・センサです．表2に示すように測定範囲は角速度の±245，±500，±2000 dps（degree per second），データ出力レートは95，190，380，760 Hzです．

● 回路

図3に，L3GD20Hのブロック図を示します．振動体に回転運動を与えると，その回転軸上にコリオリ力が発生します．その力の大きさを静電容量方式のMEMSセンサで検出すると，回転運動の角速度が求まります．図中に角速度の向きを示します．x軸上の回転をロール，y軸上の回転をピッチ，z軸上の回転をヨーといいます．

図4に，応用回路を示します．I²Cバスの電圧がV_{DD}と異なるとき，V_{DD}_IO端子にI²Cバス電圧を接続します．

● マイコンからI²C経由で操作

CTRL_REG1レジスタで，測定する軸，動作モード，センサのバンド幅，データ出力レートを設定します．次に，CTRL_REG4で測定範囲を設定します．デフォルトは250 dpsです．小さい値ほど，感度は大きくなります．このレジスタで16ビット・データのエンディアンを設定できるので，すべてのマイコンでデータ処理が簡単にできます．

写真2　角速度を測って姿勢がわかる3軸ジャイロ・センサIC L3GD20H（STマイクロエレクトロニクス）

表2　3軸ジャイロ・センサL3GD20Hの仕様

測定範囲	±245，±500，±2000 dps
出力データ・レート	11.9，23.7，47.3，94.7，189.4，378.8，757.6 Hz
データ長	16ビット
FIFO	内蔵
温度センサ	内蔵（8ビット）
端子	割り込み出力，データ・レディ出力端子あり
電源電圧	2.2 ～ 3.6 V
I/O端子用の電源電圧（V_{DD}_IO）	1.8 V以上
I²C動作クロック	400 kHz（FASTモード）
ディジタル・インターフェース	I²C，SPI
動作時消費電流	5.0 mA（標準，ノーマル・モード）
待機時消費電流	1 μA（標準）
パッケージ	16ピンLGA（3×3×1 mm）

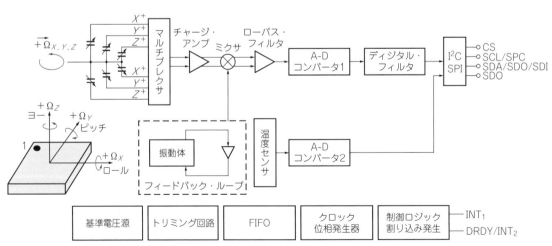

図3　L3GD20Hのブロック図

　角速度データは，OUT_X_Lレジスタから6バイト読み込むと，各軸の角速度データを得ることができます．

　センサを静止させると，出力はほぼゼロになります．センサを手でもって各軸方向に回転を加えると，回転方向によって角速度の値が変化します．

　温度データは，OUT_TEMPレジスタから1バイト読み込みます．分解能は1℃/LSBです．STATUS_REGレジスタをポーリングすれば，データが更新されたかどうかを知ることができます．

◆参考文献◆

(2)L3GD20Hのデータシート，https://www.st.com/resource/en/datasheet/l3gd20h.pdf

(3) Everything about STMicroelectronics' 3-axis digital MEMS gyroscopes, STマイクロエレクトロニクス, https://cdn-shop.adafruit.com/datasheets/STMEMS.pdf

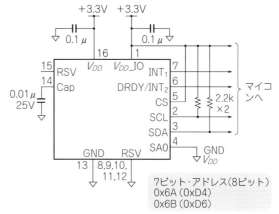

図4　L3GD20Hの応用回路

---

column ▶02　ジャイロ・センサが出力する3つのパラメータ

渡辺　明禎

　ジャイロ・センサは，物体が回転する速度を検出するセンサです．*xyz*軸方向の速度ではなく，それらの軸を中心に回転する速度を検出します．

　図Bに示す飛行機の例のように，物体の回転速度は，(1)ヨー，(2)ピッチ，(3)ロールというパラメータで表すことができます．飛行機に乗ったつもりで図Bをご覧ください．

(1) ヨー：体が左右に傾く方向の運動の大きさ

(2) ピッチ：体が前後に傾く方向の運動の大きさ

(3) ロール：体を左右に回される運動の大きさ

　飛行機は，これらの3方向以外に前方にも超高速で進行します．

　このように物体の運動が複雑ですが，センサを使ってこれらの3つの物理量を測りながらエンジンやモータ，翼を制御すれば，機体の姿勢を安定させることができます．

　図Bは，ジャイロ・センサのヨー，ピッチ，ロールの関係です．1軸のジャイロ・センサはヨー・センサとも呼ばれています．2軸，3軸も図のように呼ばれています．

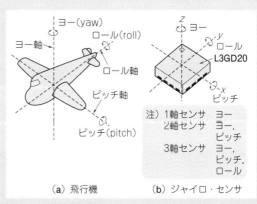

(a) 飛行機　　(b) ジャイロ・センサ

図B　物体の回転運動の大きさを表す3つのパラメータ ヨー，ピッチ，ロール

③ 16個のキーを読むタッチ・センサIC AT42QT2160

渡辺 明禎

● 説明

AT42QT2160（**写真3**，マイクロチップ・テクノロジー）は，16キー QMatrix タッチ・センサ用ICです．**表3**に使用を示します．マイコンにもタッチ・センサ・インターフェースを内蔵しているものも多くなりましたが，キーの数が多いときは専用ICのほうが便利です．

写真3　16個のキーを読むタッチ・センサIC AT42QT2160（マイクロチップ・テクノロジー）

● 回路

図5に，AT42QT2160の応用回路を示します．各定数は参考値です．放射ノイズとも関係するので，値はデータシートを参考にして決めてください．タッチ・キーを $X_0 \sim X_7$ と $Y_0 \sim Y_1$ を使ってマトリクス状に接続するので，

$$X \times Y = 8 \times 2 = 16 個$$

のキーを接続できます．例えば，Y_0 と $X_0 \sim X_7$ で構成されるスイッチ・マトリクスなら，$X_0 \sim X_3$ を使った場合，4ビット（0〜15）のデータとしてタッチ位置を取得できます．

図6に，QMatrixの原理を示します．電極はプリン

表3　タッチ・センサ AT42QT2160の仕様

入力	キー×16個，スライダ×1個（2〜8個のキーで構成）に対応
キーの大きさ	6×6mm以上，ピッチ8mm以上
パネル（ガラス）の厚さ	最大3mm
パネル（プラスチック）の厚さ	最大2.5mm
放射ノイズ低減技術	スペクトラム拡散電荷転送技術（特許）採用
I²C動作クロック	100kHz（スタンダード・モード）
電源電圧	1.8 〜 5.5V
動作時消費電流	995 μA＠3.3V
待機時消費電流	2 μA＠3.3V（標準）
パッケージ	28ピン VQFN（4×4×1mm）

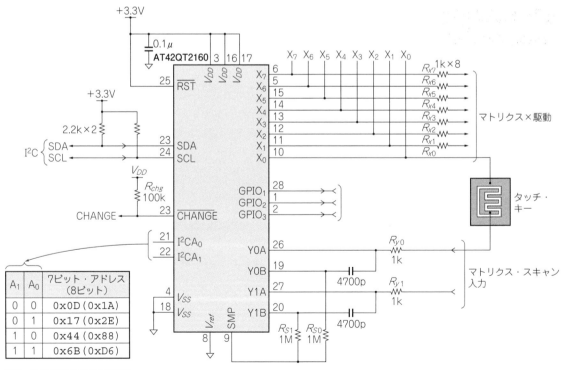

A₁	A₀	7ビット・アドレス（8ビット）
0	0	0x0D（0x1A）
0	1	0x17（0x2E）
1	0	0x44（0x88）
1	1	0x6B（0xD6）

図5　AT42QT2160の応用回路

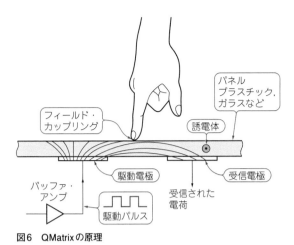

図6 QMatrixの原理

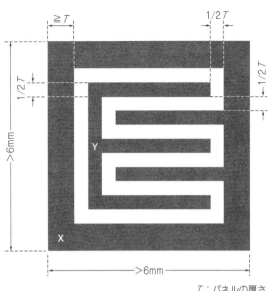

T：パネルの厚さ

図7 タッチ電極の例

ト基板上の銅箔，ガラス上の透明電極(ITO：インジウム錫酸化物)などで形成します．キーは駆動電極と受信電極のペアで構成され，電極を覆うパネル誘電体によりフィールド・カップリングしています．駆動電極を論理パルスでバースト状に駆動し，それを受信電極で受信します．指がパネルに触れると，フィールド・カップリングが低下し，タッチが検出されます．

複数のタッチ・キーが隣接する場所に指を近付けると，一度に複数のキーの容量が変わります．キーの容量変化を繰り返し測り，どのキーに触れようとしたのかを正確に判断します．これには，Quantum社の特許AKS(Adjacent Key Suppression)が利用されています．

図7に，タッチ電極の例を示します．パネルの厚みが大きくなると，キーを少し大きくする必要があります．

AT42QT2160の電源ON後のデフォルト状態は16キー構成で，AKSはディセーブルです．駆動バースト波形を確認したいときは，任意のタッチ・キーの上にコインを置いてオシロスコープで観測します．

● マイコンからI²C経由で操作

I²Cにより，キーやスライダの設定，データ取得，GPIO(3端子)の入出力(PWM出力あり)，低消費動作モードなどを設定できます．

キーの状態は，アドレス2～6から取得します．これを読み込むことで，CHANGE端子は"H"になります．どれかのキーに触れるとCHANGE端子は"L"になり，アドレス2～6を読み込みます．

◆◆◆参考文献◆◆◆
(4) https://ww1.microchip.com/downloads/en/DeviceDoc/ Atmel-9502-AT42-QTouch-BSW-AT42QT2160_Datasheet.pdf

④ 変位や圧力による容量変化を検出する 容量-ディジタル変換IC AD7745/7746

木島 久男

AD7745(写真4，アナログ・デバイセズ)は，微小コンデンサの容量値を外付け回路なしで直接ディジタル値に変換できるICです．

シングルエンドまたは差動でコンデンサの容量をディジタル値に変換し，I²Cインターフェース(2線)で取り出すことができます．

コンデンサの容量は電極間の距離，面積，湿度などにより変化するので，多くの応用が考えられるデバイ

写真4 容量-ディジタル変換器 AD7745/7746
コンデンサを直結するだけで容量値を4fFの精度で測定可能

スです.

コンデンサのもっとも単純なモデルとして平行平板コンデンサがあります. 容量 C_{pp} は,

$$C_{pp} = \varepsilon \frac{S}{d} \cdots\cdots\cdots\cdots\cdots\cdots (1)$$

ただし, ε：電極間の誘電率, d：電極間距離, S：電極の面積

です. つまり, 誘電率, 距離, 面積などの変化を容量の変化として取り出すことができます.

微小な変位ならば電極間の距離で, 大きな変位ならば面積に変換して検出できますし, 誘電率は電極間の湿度などで変化します.

AD7745/7746の特徴と概要

● ±4.096 pF を ±4 fF 精度で測定

測定したいコンデンサをEXC端子とCIN端子の間

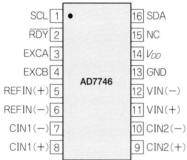

NC : NO CONNECT

図8(5)　AD7746のピン配置
1チャネルのAD7745ではCIN2がNCになる

に接続するだけで, 容量値をディジタル変換したデータが得られます. AD7745は1チャネル, AD7746は2チャネルです.

容量値の差動計測が可能になっているので, 単なる容量計のような計測器だけでなく, 圧力センサや力センサ, 湿度センサなどへの応用が簡単にできます.

変換範囲は ±4.096 pF で, 直線性 ±0.01 %, ±4 fF の精度が期待できます. 容量値のマイナスは ＋側の容量より −側容量のほうが大きいことを示します.

容量の変化分に対するオフセット分, ケーブルや端子などの寄生容量を, 内部設定により最大17 pFまでキャンセルできます.

2チャネルのAD7746では, 内蔵のスイッチで計測されるコンデンサを切り替え, 2組のコンデンサで容量値を計測することができます.

● 温度センサを内蔵している

±0.1℃の分解能, ±2℃の絶対精度で, 温度のA-D変換値を得ることができます.

● 外部入力電圧もA-D変換できる

ピン選択で外部電圧をA-D変換した値を出力することもできるので, 内蔵温度センサの代わりにトランジスタやサーミスタなど外付けの温度センサを使うことも可能です.

● 設定とデータの取り出しはI2Cインターフェースで行う

インターフェースはI2Cです. ただしアドレスが固定なので, 同じI2CラインにAD7745/7746を複数個を

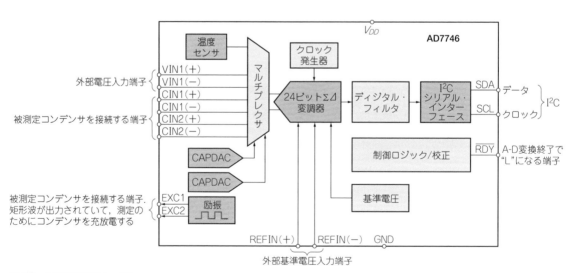

図9(5)　AD7746のブロック図
1チャネルのAD7745ではCIN2(+), CIN2(−)がない

表4　容量値/温度/電圧のディジタル変換値とレンジ

	A-D変換値	容量	温度	電圧
最小値	0x000000	− 4.096pF	− 8192℃	− Vref
ゼロ	0x800000	0pF	0℃	0V
最大値	0xFFFFFF	+ 4.096pF	+ 8192℃	+ Vref

注1. 容量は1ビットあたり4aF
注2. 温度は1ビットあたり1/2048℃
注3. 内蔵のV_{ref}は1.17V

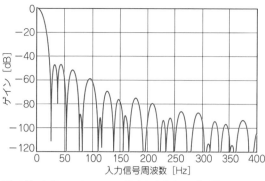

図10[5]　変換レート9.1 Hzに設定したときのディジタル・フィルタの特性

表5　変換レートはレジスタの設定値で選択できる

CAPFビット	変換時間 [ms]	更新レート [Hz]	−3dB周波数 [Hz]
000	11.0	90.9	87.2
001	11.9	83.8	79.0
010	20.0	50.0	43.6
011	38.0	26.3	21.8
100	62.0	16.1	13.1
101	77.0	13.0	10.5
110	92.0	10.9	8.9
111	109.6	9.1	8.0

注1. CAPCHOP = 0
注2. CAPFビットはConfigurationレジスタにある

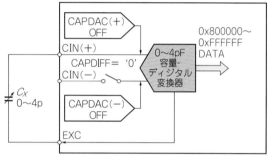

図11[5]　シングルエンドで1つのコンデンサ(0〜4pF)の容量値を測定する場合

接続することはできません.

内部レジスタのアドレス0x00〜0x06がステータスとデータ, 0x07〜0x0aが各種設定, 0x0b〜0x12が校正値です. レジスタの詳細はデータシートを参照ください.

レジスタ・アドレスを0xbfとして送信すると, リセットされます.

ΣΔ型A-D変換器を使用して, ミッシング・コードなしの24ビット出力をもち, 実効21ビットの精度があります.

● ディジタル・フィルタによるノイズ除去が可能

ローパス特性のディジタル・フィルタが内蔵されています. フィルタの特性は変換レートに連動するので設定の必要はありません.

● 内部ブロックとピン配置

図8にAD7746のピン配置を示します.
図9にAD7746の内部ブロック図を示します.
AD7745もほぼ同じですが, 容量測定の入力端子が1チャネルに限られます.

A-D変換の詳細

表4にA-D変換のレンジと変換結果の値を示します. 得られるデータは3種類ありますが, いずれも値が0のときにデータは0x800000です.

● A-D変換レートとディジタル・フィルタ

A-D変換レートはレジスタの設定値で選択(表5)でき, ディジタル・フィルタの特性は変換レートに連動して決まります.

図10に示すのは最も低速に設定したときのディジタル・フィルタの特性です.

● オフセットやゲインの調整をレジスタ設定値で校正できる

レジスタ・アドレス0x0b以後にはA-D変換値の入力オフセットやゲインを調整する値を設定できます. ゲイン校正は工場出荷時に行われています.

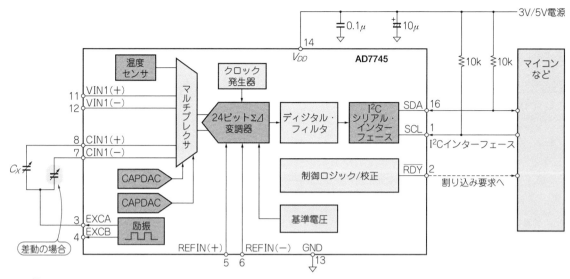

図12(5)　計測に用いる場合の回路例

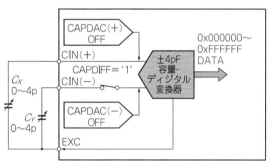

図13(5)　2つのコンデンサ（0〜4 pF）の容量値の差分を測定する場合

● 容量の測定

▶ シングルエンド測定

図11に示すように，CIN端子とEXC端子の間に被測定コンデンサを1個接続します．0〜4pFの測定が可能です．

AD7745を使った単純なコンデンサの計測回路を**図12**に示します．

容量値と内蔵センサ温度をA-D変換し，マイコンにI2Cインターフェースで取り込むことができます．

▶ 差動測定

差動のときは**図13**のように接続します．2つの入力端子CIN(+)/CIN(-)と，1つのEXC端子の間に2つの被測定コンデンサを接続します．ディジタル値に変換される容量C_{AD}は，次式のようになります．

$$C_{AD} = C_X - C_Y \cdots\cdots\cdots\cdots\cdots\cdots\cdots\cdots\cdots (2)$$

ただし，C_X：CIN＋に接続されるコンデンサの容量，C_Y：CIN-に接続されるコンデンサの容量

● 寄生容量／オフセット分のキャンセルができる

通常，被測定コンデンサの周りには，ケーブルや端子などに測定には現れてほしくない容量が存在します．

これらの値を打ち消すのが，内蔵のCAPDAC（ディジタル-容量コンバータ）のセット値です．

CIN＋側にはC_{DAC}^+，－側にはC_{DAC}^-の値がセットでき，次式のように働きます．

$$C_{AD} \fallingdotseq (C_X - C_{DAC}^+) - (C_Y - C_{DAC}^-) \cdots\cdots (3)$$

CAPDACに計測に不要な容量を打ち消すための値を設定します．最大17 pFまで設定可能です．

CAPDACは7ビット分解能で，絶対値は工場出荷時±20％の絶対精度をもちます．

▶ CAPDACを使った測定

図14(a)は，CAPDACに4 pFの値をセットすることで，シングルエンドでの測定範囲を0〜4 pFから0〜8 pFに拡大した例です．

図14(b)は，容量値にオフセットがある場合の例です．17 pF±4 pFの測定が可能になっています．

なお，C_{AD}が±4 pF以内ならよいわけではなく，$(C_X - C_{DAC}^+)$，$(C_Y - C_{DAC}^-)$のそれぞれも4 pF以内に制限されることに注意してください．

● 内蔵温度センサでの温度の測定

表4に示したようなデータが得られるので，読み出したコードを温度［℃］に換算するには，

$$T_A = (\text{A-D変換値}/2048) - 4096$$
$$= (\text{A-D変換値} - 0x800000)/2048 \cdots\cdots (4)$$

ただし，T_A：温度［℃］

と演算します．

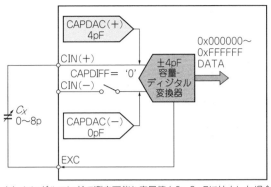

（a）シングルエンドで測定可能な容量値を0〜8 pFに拡大した場合　（b）変化ぶんに対してオフセットがある場合

図14[5]　CAPDACの使用例

● 外部入力電圧の測定

　内蔵基準電圧を使って電圧入力をA‐D変換することができます．内蔵基準電圧の標準値は1.17 Vで，温度係数は5 ppmです．

　図15は，サーミスタのような温度検出可変抵抗センサの電圧を入力する接続例です．外部基準電圧入力と差動入力を使い，電源電圧変動による誤差を抑えています．

容量計測の応用

● 変位を計測する用途への応用

　電極間の距離によって電極間容量が変化することを使い，距離を測ることができます．

　また，空気バリコンのように電極の面積を変化させると容量が変化するので，やはり変位を測ることができます．

　AD7745/7746では，電極をグランドから浮かせて設置しなければいけないので，距離または面積が変化する2物体に絶縁してそれぞれ電極を取り付け，電極間にキャパシタを形成させます．

● 距離が差動的に変化する圧力センサ，力センサなどへの応用

　圧力センサや力センサのうち，弾性をもつ円盤の変形を用いるタイプでは，電極間の容量を変形の検出に使うものがあります．そういったセンサの場合，容量

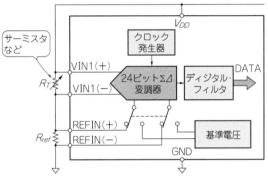

図15[5]　外部電圧入力端子にサーミスタを接続する例

検出を差動にすることで，力成分の分離やオフセット／ドリフトの軽減ができるので有利です．

　また，2チャンネルの差動によって，2成分の力の方向を検出できるセンサも簡単に考えられます．

● 誘電率の変化が起こる対象の計測への応用

　電極間の水分量が変わると誘電率が変わります．例えば，農業／園芸などで，植物／用土の水分の検出，葉の含む水分の直接計測などが考えられます．

◆参考文献◆
(5) AD7745/AD7746データシート，アナログ・デバイセズ．
https://www.analog.com/media/en/technical-documentation/
data-sheets/AD7745_7746.pdf

ワンチップ
温度
光・赤外線
振動・ひずみ
電流
計測回路集
付録

光/赤外線を測る I²Cセンサ回路

1 光の強さを色別に測定できるカラー・センサIC S11059

渡辺　明禎

● 説明

S11059-02DT(**写真1**, 浜松ホトニクス)は, カラー・センサです. 赤色($\lambda_p = 615\,\mathrm{nm}$), 緑色($\lambda_p = 530\,\mathrm{nm}$), 青色($\lambda_p = 460\,\mathrm{nm}$)と赤外($\lambda_p = 855\,\mathrm{nm}$)のそれぞれに感度をもちます. 検出結果は, 各色16ビットのディジタル値で出力されます. 感度と積分時間を設定でき, 広範囲の測光が可能です.

● 仕様

S11059-02DTの仕様は, 次のとおりです.

- 赤色/緑色/青色/赤外の連続測光
- 赤外線カット・フィルタ内蔵
- 2段階の感度切り替え機能(感度比 1:10)
- 各色ディジタル出力の分解能は16ビット
- ダイナミック・レンジ:1〜10000 lx(ロー・ゲイン)
- 積分時間の設定による感度調節が可能(1〜65535倍)
- I2C動作クロック:400 kHz(FASTモード)
- 電源電圧:2.25〜3.63 V
- 消費電流:75 μA(標準)
- パッケージ:10ピン, 5×4.2×1.3 mm

写真1　光の強さを色別に測定できるカラー・センサIC S11059-02DT(浜松ホトニクス)

● 回路

図1に, S11059-02DTのブロック図を示します. 各フォトダイオードに流れる電流を周波数に変換して, その周波数を求めることで光電流を測定します.

図2に, 測定時の消費電流の変化を示します. 通常は待機モードなので, 消費電流は 1 μA です. I²Cコマンドで測定指示を出すと起動モードになり, 各フォトダイオードに流れる電流を決められた時間積分してディジタルで出力します. そのときの消費電流は75 μAです. 測定を終えると自動的に待機モードになり,

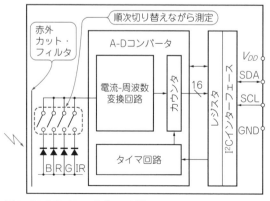

図1　S11059-02DTのブロック図

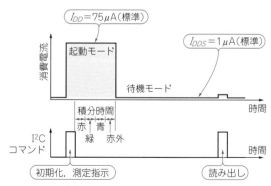

図2　スリープ機能のタイミング・チャート

測定データを読み出すときにわずかに消費電流が増えます．

図3に，応用回路を示します．配線は4本です．V_{DD} と V_{bus} は異なる電圧で使えますが，両者とも2.25～3.63 V の範囲で使います．

● **マイコンから I²C 経由で操作**

CTRL レジスタに，A-D コンバータのリセット・コマンドを書き込みます．CTRL レジスタでは，他にスリープ機能，ゲイン選択，積分モード，積分時間などを設定できます．CTRL レジスタの A-D コンバータ・リセットを '0'（動作開始）にすると，**図2**の起動モードが動作します．「積分時間×4」の時間を待ってから，赤色の上位バイト・レジスタから各色のデー

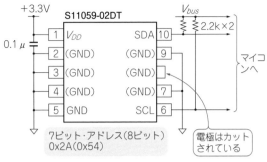

図3 S11059-02DT の応用回路

タ8バイト分を読み込みます．CTRL レジスタのスリープ機能モニタをポーリングすることで，待機モード（測定終了）になったかどうかを確認できます．

---

2 最大2mまでの距離が測れる赤外線測距センサIC VL53L0X

渡辺 明禎

● **こんなモジュール**

赤外線ワンチップ測距センサ VL53L0X（**写真2**，ST マイクロエレクトロニクス）は，対象物に光を当てて光が往復する時間から対象物までの距離を測る Time-Of-Flight（TOF）[注1]センサです．2mまでの距離を測定することができます．

送光側には940 nm の VCSEL（Vertical Cavity Surface Emitting LASER：垂直共振器面発光レーザ）[注2]を，受光側には SPAD（single-photon avalanche diode；単一光子アバランシェ・ダイオード）[注3]を採用して

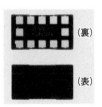

(裏)

(表)

写真2 最大2mまでの距離が測れる赤外線測距センサIC VL53L0X
（ST マイクロエレクトロニクス）

います．測距用プローブ光は赤外線なので見えません．外形は4.4×2.4×1.0 mm で，マイコンとのインターフェースは I²C（FAST モード；アドレス0x52）です．

● **応用回路**

図4に赤外線ワンチップ測距センサ VL53L0X のブロック・ダイヤグラムを示します．VL53L0X は，検出器アレイ，制御系，処理系を集積化したシリコン基板と VCSEL のモジュール構造の IC です．**図5**に VL53L0X を使った測距回路の例を示します．この回路に必

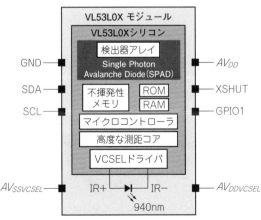

図4 赤外線ワンチップ測距センサ VL53L0X のブロック・ダイヤグラム

注1：**TOF（Time-Of-Flight）**：光源から出た光が，対象物で反射しセンサ・モジュールに届くまでの時間を計測し，対象物までの距離を測定する方法である．
注2：**VCSEL（ビクセル）**：レーザ動作に必要な共振器を基板面と垂直方向に形成することにより，基板表面からレーザ光が得られる．
注3：**Single-Photon Avalanche Diode（SPAD）**：アバランシェ効果を利用し，1つの光子でアバランシェ増倍された信号を得る検出器．高出力，高速などの特徴がある．

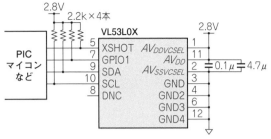

図5　赤外線ワンチップ測距センサ VL53L0X の応用回路
必要なのは，パスコンとインターフェース回路のプルアップ抵抗だけ

要な部品はパスコンとインターフェース回路のプルアップ抵抗だけです．

赤外線ワンチップ測距センサ VL53L0X には，測距モードが次の3つあります．

① **シングル・モード** 1回の API 関数のコールで測定，その後ソフトウェア・スタンバイとなる
② **連続モード** API 関数コール後，連続測定をする

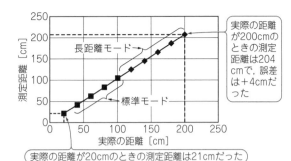

実際の距離が20cmのときの測定距離は21cmだった

図6　赤外線ワンチップ測距センサ VL53L0X の実測距離（測定時間 33 ms 時）
実際の距離より長めの測定値が得られたが，測定精度の範囲内

③ **周期モード** 設定した周期で測定，待機時の消費電力は 16 μA に下がる

図6に測定時間 33 ms 時の最大測距距離を示します．精度は，測定面の反射率で大きく異なるので注意が必要です．屋外使用時は，光雑音の影響を受け精度が悪くなることがあります．

column 01　測定距離が 2 m から 4 m に向上した赤外線測距センサ VL53L1X

編集部

赤外線測距センサ VL53L1X（**写真A**）は本文で紹介した VL53L0X（**写真B**）の後継機種です．VL53L1X の測定距離は 2 m から 4 m に向上しています．

送光側は 940 nm の不可視レーザ光源，受光側は一体型レンズを用いた単一光子アバランシェダイオード（SPAD）受信アレイを使用しています．近づいたり離れていく動きや左右の動きを 4 m まで識別でき，距離を内部で計算して I²C で出力します．

VL53L0X と VL53L1X はピン互換です．VL53L0X のパッケージ・サイズは 4.4 × 2.4 × 1.0 mm に対し，VL53L1X は 4.9 × 2.5 × 1.56 mm と少し大きくなっています．

● **VL53L1X の主な仕様**
- 電源電圧：2.6 V ～ 3.5 V（推奨電圧 2.8 V）
- VL53L0X とピン互換
- 距離測定：4 m（最大）
- 測定頻度：50 Hz（最大）
- インターフェース：I²C（最大 1 MHz）
- シャットダウンおよび割り込みピン
- 動作温度範囲：− 20℃ ～ ＋ 85℃
- サイズ：4.9 × 2.5 × 1.56 mm

◆参考文献◆
(A) VL53L1X のデータシート，https://www.st.com/resource/en/datasheet/vl53l1x.pdf
(B) VL53L0X のデータシート，https://www.st.com/resource/en/datasheet/vl53l0x.pdf

受光側

送光側

パッドのパターンの位置やサイズは VL53L0X と同じ

写真A　測定距離が 4 m に向上した赤外線測距センサ VL53L1X

受光側

送光側

写真B　測定距離が 2 m の赤外線測距センサ VL53L0X

③ 静止物も検出できる４×４ピクセルの サーモグラフィ風 赤外線センサ D6T

渡辺 明禎

● 静止物も検出できる手軽なエリア・センサ

防犯などでよく使われている焦電型の非接触温度センサは温度の「変化」を検知します．人感センサとして照明のON/OFFに使うと，トイレではじっとしていると照明がOFFしたり，玄関では人が道路で通行するだけで照明がONしたりします．センサの前をゆっくり移動する不審者を検知しないという問題もあります．

D6T（**写真3**，オムロン）は，静止物体の温度も検出できるMEMS非接触温度センサです．静止物体の温度を検出できるので，監視カメラほど大げさではなく，焦電型センサよりもきめ細かく，人の存在や行き来をリアルタイムに検知できます（**図7**）．

D6Tに搭載されているセンサ素子には，熱電対（thermocouple）を複数個直列接続したサーモパイルと増幅部，ディジタル処理部を集積したMEMS（Micro Electro Mechanical Systems）構造の素子が使われています．

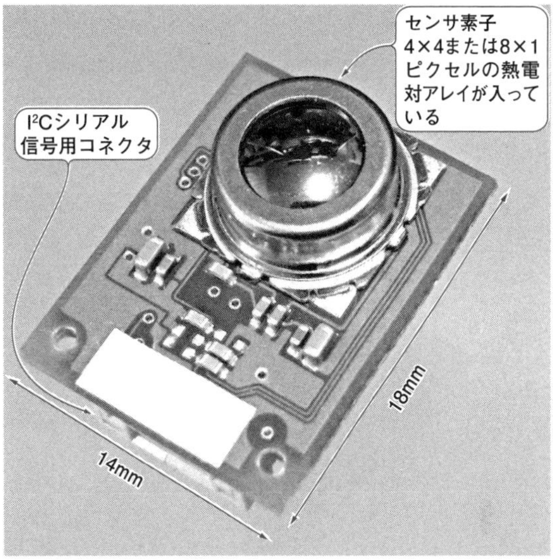

写真3 ４×４ピクセルの熱電対アレイのMEMS非接触温度センサD6T-44L-06（オムロン）

（写真内注記）
- センサ素子 ４×４または８×１ピクセルの熱電対アレイが入っている
- I²Cシリアル信号用コネクタ
- 18mm
- 14mm

● 特徴

D6Tの特徴は，次のとおりです．

- 静止人物（物体）も検出できる
- MEMSとASICの技術により，センサの感度を示す温度分解能NETD（Noise Equivalent Temperature Difference）が0.14℃と高い
- 微小アナログ入力信号をセンサ素子内でディジタル化するので，外部ノイズの影響を受けにくい
- 低クロストークの視野特性により隣接素子の影響を極力減らし高精度なエリア温度検知が可能
- センサ素子内部のサーモパイルの素子数の違いにより2種類から選べる（**表1**）

● 物体検出のメカニズム

D6Tのセンサ素子は，2種類の金属接点間の温度差に応じた熱起電力が発生するゼーベック効果（Seebeck effect）を利用した熱電対をアレイ化したものです．

ゼーベック効果は金属の内部に温度勾配があるとき，両端間に電圧が発生する現象で，ゼーベック（Thomas Johann Seebeck）が1821年に発見しました．発生する電圧は数μV/℃程度と非常に小さな値です．熱電対はこの効果を利用した温度センサで幅広く使われています．逆に，電圧を加えると温度差が発生する効果はペルチェ効果です．

熱電対はゼーベック効果を利用した温度センサで，

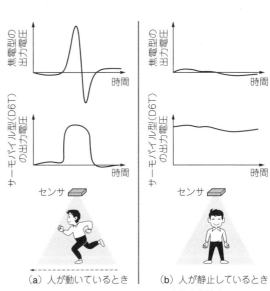

（a）人が動いているとき　（b）人が静止しているとき

図7 D6Tは動いていても静止していても温度を検出できる
焦電型温度センサは赤外線の量の変化に対応した電圧を出力する．D6Tのセンサ素子は物体から放射される赤外線の量（温度）を測定する

表1 D6Tの種類

仕 様	型 名
16素子タイプ（４×４形）	D6T-44L-06
8素子タイプ（1×8形）	D6T-8L-06

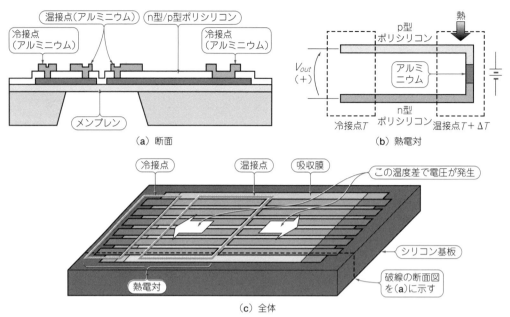

（a）断面

（b）熱電対

（c）全体

図8　D6Tのセンサ素子の構造…高速応答で高いエネルギー変換効率が得られる

2種類の金属を接合し温度測定点とします．反対側（冷接点と呼ばれる）を既知の温度とすると，両点の温度差により発生した電圧から両点の温度差がわかり，結果として測定点の温度を求めることができます．

　線は細くてよいので感温部分の形状を小さくでき熱容量が小さいため熱応答が速く，少ない熱的擾乱で測定できる特徴があります．

● **構造**

　図8にD6Tのセンサ素子の構造を示します．図8(a)は図8(c)の破線における断面図です．図8(b)はn型ポリシリコン，p型ポリシリコンとアルミニウムを材料とする1つの熱電対の構造を示します．感度を高めるためにこの熱電対を図8(c)のように複数個直列接

続して，サーモパイル（熱電対列）を形成しています．

　熱絶縁性の良い誘電体薄膜上に温接点，熱伝導性の良いシリコン上に冷接点を形成することにより，高速応答で高い効率でエネルギーを変換（赤外線→温度→熱起電力）します．

　センサの応答速度はデータシートに載っていませんが，1秒以下程度と物体検知には十分な速さです．

● **焦電型温度センサとの違い**

　防犯センサなどに使われる焦電型温度センサとD6Tの決定的な違いは，図7に示すように静止物体の温度がわかるかどうかです．

　焦電型温度センサは，赤外線の量の変化に対応した電圧を出力します．このため物体が静止していると出力はゼロとなり，物体の検知や温度測定はできません．

　D6Tは物体から放射される赤外線の量（温度）を測定するので，物体が移動していても静止していても検知できます．平均温度の大小で物体（動物）の大きさを判定できるので，小動物に反応しない防犯ライトも作れます．

● **基本スペック**

　D6Tは表1に示すようにセンサ素子の数が異なる2種類があります．

　表2に16素子タイプのD6T-44L-06の主な仕様を示します．

▶ **電源電圧**

　電源電圧はDC5 Vが標準です．昨今のセンサの動作電圧は3.3 V以下が多いので，このセンサも低電圧化されるとより応用範囲が広がるでしょう．

表2　D6T-44L-06の主な仕様

電源電圧		DC4.5～5.5 V
消費電流		5 mA（標準）
視野角	x方向	44.2°
	y方向	45.7°
対象物温度出力精度	精度1	±1.5℃以内 測定条件：V_{CC} = 5.0 V ① T_x = 25℃，T_A = 25℃ ② T_x = 45℃，T_A = 25℃ ③ T_x = 45℃，T_A = 45℃
	精度2	±3.0℃以内 測定条件：V_{CC} = 5.0 V ④ T_x = 25℃，T_A = 45℃
温度分解能		0.14℃

①～④は図11に示す対象物温度検出範囲を参照のこと

▶視野角

視野角[注4]を**図9**に，対象物への距離と検知エリアの関係を**図10**に示します．

人体検知の場合を考えてみます．人体はかなり大きいので，6畳の大きさの部屋でも十分感知できます．壁面に取り付けて斜め方向で監視する方法もよいでしょう．

▶対象物の温度を検出する範囲

図11に対象物の温度検出範囲を示します．要約すると対象物温度T_xの検出範囲は5〜50℃，参照温度(冷接点温度)T_Aの検出範囲は5〜45℃で，T_xとT_Aの温度差が−20〜+35℃の範囲が検出範囲です．センサが熱電対なので出力は対象物の温度と参照温度(冷接点温度)の差となるので，このような範囲となります．

注4：センサの角度を変化させた場合の最大センサ出力を基準として，その50％以上のセンサ出力が得られる確度範囲を視野角として定義する．

人が生活している環境ではこの温度範囲を外れる可能性は非常に低いので，気にする必要はないでしょう．心配な方はソフトウェア的に上記の範囲を判定し，逸脱する場合はアラームを出せばよいでしょう．

図12に各ピクセルの検出エリアを示します．D6T-44Lの場合で温度データはP0〜P15の順に取得できます．

▶温度分解能と検出距離

温度分解能は0.14℃なので，わずかな温度変化を検出できます．

図13に1ピクセル分の温度検出の距離と範囲を示します．ここでは，ピクセルP6で人が検出されています．検出セルには物体からの赤外線(T_o)と背景からの赤外線(T_b)が入ります．

センサの視野角は一定なのでセンサと物体の距離が大きいほど検出エリアの面積は大きくなります．すると対象物の面積は検出エリアの面積に対し相対的に小さくなり結果として平均温度も小さくなります．

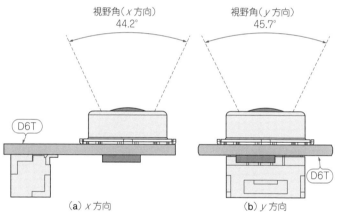

（a）x方向　　　（b）y方向

図9　センサの視野角により検出できる範囲が決まる

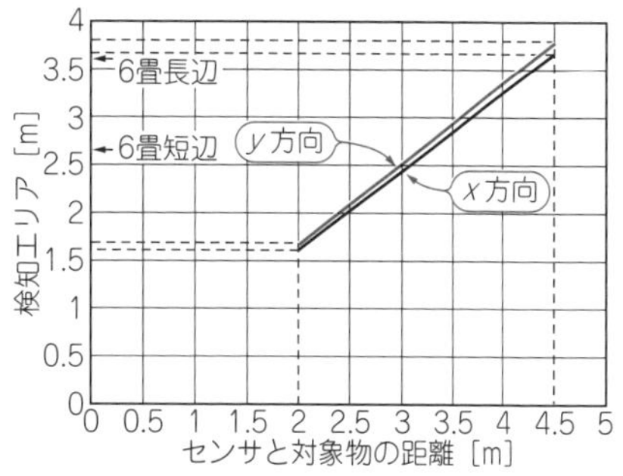

視野角（x方向）44.2°
視野角（y方向）45.7°

D6T

図10　対象物の距離と検知エリアの関係
天井から検出対象まで4.5m離れていれば6畳の部屋の全域で人を検知できる

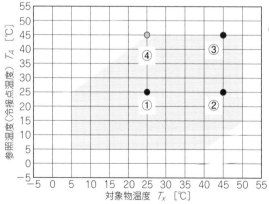

◀図11　対象物温度T_xと参照温度T_Aの温度差が−20〜+35℃あれば検出できる
①〜④は表2に示されている

● ：調整ポイント（精度1）
● ：検査ポイント（精度2）
　：対象物温度検出範囲

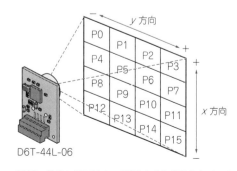

D6T-44L-06

図12　検出エリアは4×4ピクセルに分けられている

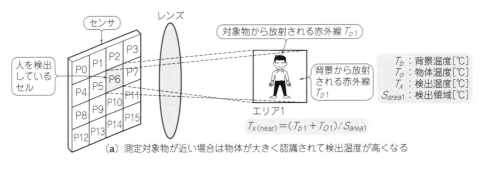

対象物から放射される赤外線 T_{o1}

背景から放射される赤外線 T_{b1}

T_b：背景温度 [℃]
T_o：物体温度 [℃]
T_x：検出温度 [℃]
S_{area1}：検出領域 [℃]

エリア1

$$T_{x(near)} = (T_{b1} + T_{o1}) / S_{area1}$$

（a）測定対象物が近い場合は物体が大きく認識されて検出温度が高くなる

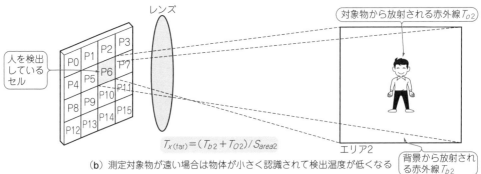

対象物から放射される赤外線 T_{o2}

$$T_{x(far)} = (T_{b2} + T_{o2}) / S_{area2}$$

エリア2

背景から放射される赤外線 T_{b2}

（b）測定対象物が遠い場合は物体が小さく認識されて検出温度が低くなる

図13　1ピクセルの検出温度の距離の関係…同じ人を認識する場合，距離が近いと温度が高くなる
各ピクセルで検出される温度は物体温度 T_o と背景温度 T_b の平均である

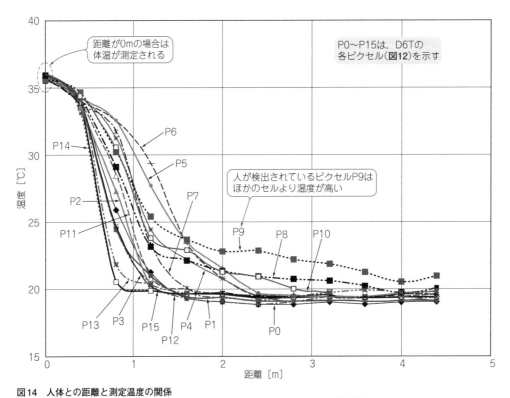

図14　人体との距離と測定温度の関係
センサを天井に取り付けた場合，センサと人体の距離は2〜3m．2〜3mのときに人体を検出しているセルは，ほかのセルより2〜3℃高くなる

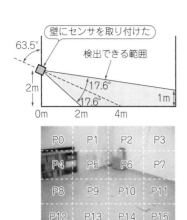

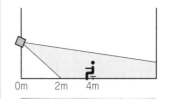

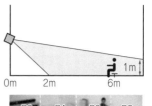

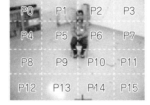

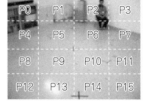

（a）人がいない

（b）センサから4mの位置に人がいる
P5，P6の箇所に人がいることがわかる

（c）センサから6mの位置に人がいる
P2，P3の箇所に人がいることがわかる

図15　人体の温度検出の例…人のいる場所は温度が高く検出される．6mの距離でもきちんと検出できた[2]

　図14に人体との距離と測定温度の関係を示します．センサと人体の距離がほぼゼロのときセンサには人体からの赤外線しか入らないので，体温そのものが測定されます．図13で示したように，距離が遠くなると検出エリアが大きくなり相対的に人体のエリアが小さくなるので，平均温度を示す検出温度は低くなっていきます．

　センサを天井に取り付けた場合，センサと人体の距離は2～3m程度と考えられるので背景のみを検出しているセルと人体を検出しているセルとの温度差は3℃程度あり十分検知できます．

　図15に人体温度をセンサで検出した結果を示します．センサと人体の距離は最大6mになります．天井の取り付けでは部屋全体をカバーできないので，壁面に角度をつけて取り付けました．

　人がいる箇所は温度が高い（赤外線の強度が強い）のでそのピクセルの部分だけ温度が高く検出され，その領域に人間がいることがわかります．ピクセル位置により部屋のどの辺にいるのかまでわかります．

◆参考文献◆
（1）I2Cバス仕様およびユーザーマニュアル，http://www.nxp.com/documents/other/39340011_jp.pdf
（2）Application Note 01サーマルセンサD6Tの使用方法，Application Note No.MDMK-12-0274；オムロン

電圧/電流/電力を測る I²Cセンサ&ADC回路

① 最大4個のセンサを同時につなげる 12ビットA-DコンバータIC AD7991

渡辺 明禎

● **説明**

AD7991(**写真1**, アナログ・デバイセズ)は, 4チャネル/12ビットの逐次比較型A-DコンバータICです. 10ビットA-DコンバータのAD7995, 8ビットA-DコンバータのAD7999もあります. **表1**にAD7991の仕様を示します. 変換時間は1 μsと高速です.

トラック&ホールド・アンプを内蔵しており, 14 MHzまでの信号を変換できます. 4入力のマルチプレクサ(セレクタ)を内蔵しており, 最大4個のセンサを同時につなぐことができます. 通常はシャットダウン状態になっており, 変換時だけパワー・アップするので平均動作電流は小さくなります.

● **回路**

図1に, AD7991のブロック図を示します.

トラック&ホールド・アンプを内蔵しているので, 高い周波数(14 MHz以下)の信号もA-D変換できます. 基準電圧はV_{DD}を選択するか, 外部の基準電圧を使うときはV_{in3}/V_{ref}端子に接続します. パッケージがSOT-23と小さく, 外付け部品も少ないのでコンパクトに実装できます.

図2に, AD7991のダイナミック特性を示します. 高調波ひずみ(THD : Total Harmonic Distortion)は, -82.43 dB(0.008 %)と低いです.

● **マイコンからI²C経由で操作**

変換したいチャネル, 基準電圧の選択などの1バイトをAD7991の設定レジスタに書き込むとA-D変換

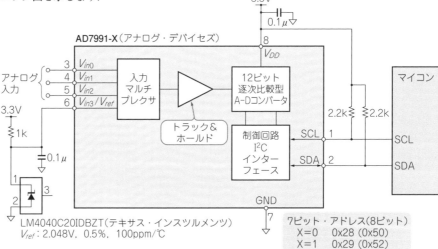

写真1 4チャネル入力12ビットA-Dコンバータ IC AD7991(アナログ・デバイセズ)

図1 4入力の12ビットA-Dコンバータ AD7991の内部回路
4入力のマルチプレクサを内蔵. V_{DD}を基準電圧として使うことができ, デカップリング・コンデンサ以外の外付け部品が不要

表1 4チャネル入力12ビットA-DコンバータAD7991の仕様

変換速度	1 μs(標準)
アナログ入力数	4チャネル($V_{ref} = V_{DD}$時)
	3チャネル(外部V_{ref}を使うとき)
I²C動作クロック	3.4 MHz(ハイ・スピード・モード)
電源電圧	2.7 ～ 5.5V
動作時消費電流	0.09 mA($V_{DD} = 3.3$ V, $f_{SCL} = 400$ kHz)
待機時消費電流	1 μA
パッケージ	8ピンSOT-23

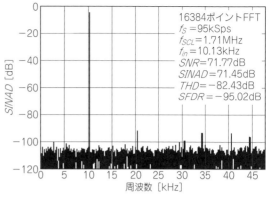

図2 AD7991のダイナミック性能($f_{SCL} = 1.71$ MHz, クロック・ストレッチなし, $V_{DD} = 5$ V, フルスケール入力, 7項Blackman - Harrisウィンドウ)

が始まります.

変換時間は1 μsと短いので, 高速サンプリングを行いたいときは, SCLを3.4 MHzにし, サンプル遅延, ビット判定遅延, クロック・ストレッチなどで正確なA-D変換結果を得ます.

② 可変ゲイン・アンプ内蔵24ビット A-DコンバータIC NAU7802

渡辺 明禎

● 説明

NAU7802(写真2, ヌヴォトン テクノロジー)は, 分解能24ビットのA-DコンバータICです.

表2にNAU7802の仕様を示します. 可変ゲイン・アンプ(PGA)やクロック発振回路を内蔵しているので, 必要な外付け部品はパスコンだけです. 微小な信号を出力するブリッジ・センサ回路などに最適です. 特に, DIP品が用意されているので, 気軽に高性能を味わうことができます.

写真2 可変ゲイン・アンプ内蔵24ビットA-DコンバータIC NAU7802(ヌヴォトン テクノロジー)

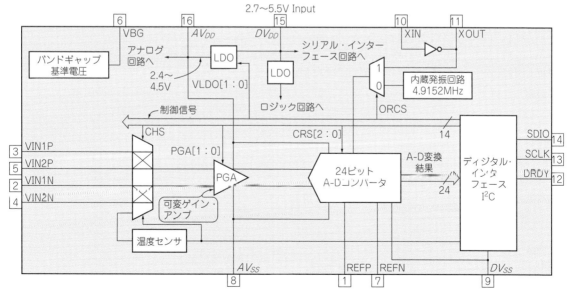

図3 NAU7802のブロック図

● 回路

図3に，NAU7802のブロック図を示します．

1チャネルだけ使うとき，VIN2P - VIN2N間にコンデンサを接続するとノイズ除去フィルタを作ることができます．温度センサは，PGAの入力切り換え用マルチプレクサに接続されています．したがって，得られる結果は電圧なので，温度に換算する必要があります．

図4に，応用回路を示します．差動入力でPGAを内蔵しているので，出力電圧の微小なロード・セルを直結できます．内蔵バンド・ギャップ基準電圧を安定させるために，VBG端子に0.1 μFのコンデンサを付けます．

● マイコンからI²C経由で操作

PU_CTRLレジスタでAV_{DD}を選択し，ディジタル回路とアナログ回路の電源をONにします．AV_{DD}として内蔵LDOレギュレータを使うときは，CTRL1で電圧を設定します．A-D変換は，PU_CTRLレジスタのCSビットを '1' とし，立ち上がりパルスを加えると始まります．変換時間後に，ADC0_B2から3バイトの変換結果を読み込みます．A-D変換データは2の補数形式です．A-D変換終了は，PU_CTRLレジスタのCRビットからも知ることができます．

表2　24ビットA-DコンバータNAU7802の仕様

入力数	2チャネル（差動）
変換速度	10 ～ 320 Sps
可変ゲイン・アンプの調整範囲	ゲイン1 ～ 128倍
フィルタ	50 Hz，60 Hz除去フィルタ内蔵
発振器	クロック発振器を内蔵，外付け水晶発振子（4.9152 MHz）にも対応
I²C動作クロック	400 kHz（FASTモード）
電源電圧	2.7 ～ 5.5 V
アナログ回路駆動用LDO	2.4 ～ 4.5 V，0.3 Vステップ
動作時消費電流	2.1 mA（標準）
待機時消費電流	1 μA（最大）
パッケージ	16ピンSOP（150 mil），DIP

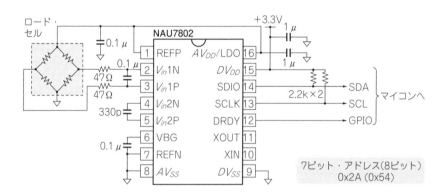

図4　NAU7802の応用回路

---

③ 低雑音電圧源を内蔵した 16ビットA-DコンバータIC MCP3425

渡辺 明禎

● 説明

MCP3425（**写真3**，マイクロチップ・テクノロジー）は，1チャネル入力の16ビット$\Delta\Sigma$型A-DコンバータICです．**表3**にMCP3425の仕様を示します．2.048 Vの基準電圧を内蔵しているので，精度の高いA-D変換結果が得られます．単一変換モードではA-D変換後すぐに待機モードになり，平均消費電流が小さくなります．

● 回路

図5に，MCP3425のブロック図と応用回路を示します．PGAのゲイン(G)を8とした場合，入力インピーダンスは1/8の281 kΩとかなり小さくなるので，

表3　16ビットA-DコンバータMCP3425の仕様

スレーブ・アドレス数	8（型名で選択）
入力数	1チャネル（差動）
校正	変換ごとにオフセットとゲインを自動校正
基準電圧	2.048 V ± 0.05％
可変ゲイン・アンプ	1，2，4，8倍
発振器	クロック発振器を内蔵
I²C動作クロック	3.4 MHz（ハイ・スピード・モード）
変換速度	15 Sps（16ビット分解能） 60 Sps（14ビット分解能） 240 Sps（12ビット分解能）
電源電圧	2.7 ～ 5.5 V
連続変換時消費電流	145 μA（VDD=3 V）
単一変換時消費電流	9.7 μA（16ビット分解能）
待機時消費電流	0.5 μA（最大）
パッケージ	6ピンSOP-23

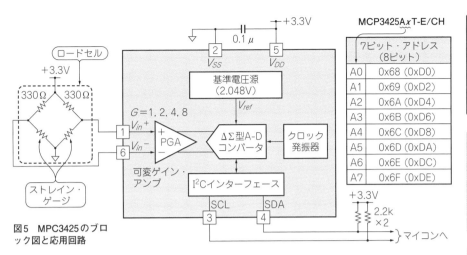

MCP3425A*x*T-E/CH

	7ビット・アドレス (8ビット)
A0	0x68 (0xD0)
A1	0x69 (0xD2)
A2	0x6A (0xD4)
A3	0x6B (0xD6)
A4	0x6C (0xD8)
A5	0x6D (0xDA)
A6	0x6E (0xDC)
A7	0x6F (0xDE)

写真3 低雑音電圧源を内蔵した16ビットA-DコンバータMCP3425(マイクロチップ・テクノロジー)

図5 MPC3425のブロック図と応用回路

測定対象のインピーダンスが高い場合，それだけ誤差が大きくなります.

入力電圧範囲は±2.048 V/PGAで，データ形式は2の補数形式なので，－32768～＋32767です. V_{ref}が2.048 Vなので，A-Dコンバータの入力電圧範囲は±2.048 V(PGAのゲインが1の場合)になります. PGAのゲインが1より大きい場合，入力電圧範囲は±2.048 V/PGAになります.

入力に出力電圧が小さいロード・セルを直結していますが，PGAのゲインが8倍まで設定できるので十分実用になります. I²Cのスレーブ・アドレスは，ICの型名で8種類選ぶことができます.

● マイコンからI²C経由で操作

図6に示すコンフィグレーション・レジスタに変換方法を設定して1バイト書き込むと，A-D変換が始まります. 変換データは3バイトを読み込んで，3バ

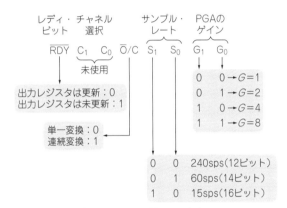

図6 コンフィグレーション・レジスタの内容

イト目のコンフィグレーション・レジスタのRDYビットが '0' なのを確認し，'0' なら1バイト目がMSB，2バイト目がLSBの変換結果です.

---

[4] 交流も測れるインテリジェント電流/電力モニタIC INA226

渡辺 明禎

● 説明

INA226(写真4，テキサス・インスツルメンツ)は，両方向電流/電力モニタ用ICです. 表4にINA226の仕様を示します.

負荷が消費する電力を測るとき，どこに電流測定用の抵抗を入れるかがポイントです. INA226は，負荷の供給電圧側またはグラウンド側に測定用の抵抗を接続できるので，負荷電流と負荷電圧の測定が簡単です. また，このICは電力を計算してくれます. 校正デー

写真4 交流も測れるインテリジェント電流/電力モニタIC INA226(テキサス・インスツルメンツ)

タをレジスタに設定することにより，[A]，[W] という単位でデータを出力させることも可能です.

● 回路

図7に，INA226のブロック図と応用回路を示します．電流測定用抵抗は，供給電圧側でもグラウンド側でも接続することができます．

電流端子の測定電圧範囲は ±81.92 mV なので，検出抵抗は図の値より小さくします．A-Dコンバータの分解能の初期値は16ビットで，図8のように変換時間で変えることができます．

電流と電力は次式で計算されます．

$$電流 = \frac{シャント電圧 \times Calibration レジスタ}{2048}$$

$$電力 = \frac{電流 \times V_{bus}}{20000}$$

Calibrationレジスタに適切な値を設定すれば，電流を［A］で，電力を［W］で得ることができます．アラームとしてシャント電圧の最上下限，バス電圧の最上下限，電力の最上限を設定でき，Alert端子から割り込み信号が得られます．

● マイコンから I²C 経由で操作

A_0端子とA_1端子をGND，$V_S{}^+$，SDA，SCL端子のいずれかに接続すると，16個のスレーブ・アドレスを設定できます．Configurationレジスタに測定条件を，Calibrationレジスタに校正値を設定すれば，あとは測定結果をShunt，Bus，Current，Powerレジスタから測定値を取得するだけです．

◆参考文献◆

(1) AD7991/AD7995/AD7999 の デ ー タ シ ー ト，https://www.analog.com/media/en/technical-documentation/data-sheets/AD7991_7995_7999.pdf

(2) http://media.digikey.com/pdf/Data%20Sheets/Nuvoton%20PDFs/NAU7802_Preliminary.pdf

(3) MCP3425 の デ ー タ シ ー ト，https://ww1.microchip.com/downloads/aemDocuments/documents/OTH/ProductDocuments/DataSheets/22072b.pdf

(4) INA226 の デ ー タ シ ー ト，https://www.ti.com/jp/lit/ds/symlink/ina226.pdf

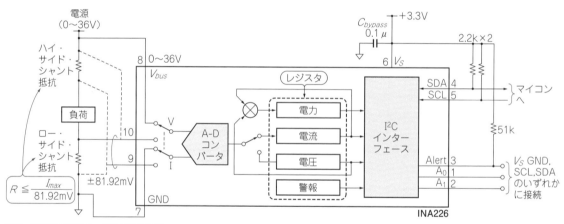

図7　INA226のブロック図と応用回路

表4　電流／電力モニタIC INA226の仕様

測定電圧	0 ～ +36V
電流測定用抵抗	負荷側またはグラウンド側に接続できる
測定対象	電流，電圧，電力（電流×電圧）
最大ゲイン・エラー	0.1%
最大オフセット電圧	10 µV
変換時間	140 µ ～ 8.244ms
I²C動作クロック	3.4MHz（ハイ・スピード・モード）
測定データの平均化	1024回まで
電源電圧	2.7 ～ 5.5V
消費電流	330 µA（標準）
パッケージ	10ピンSOP

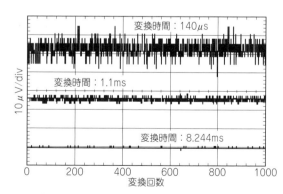

図8　変換時間とノイズの関係

第2部

温度を測る回路

第5章 基礎知識から回路テクニックまで

安価で高感度な温度センサ「サーミスタ」回路

サーミスタの基礎知識

松井 邦彦

● **サーミスタは温度センサの中で最も安く性能が高い**

温度センサには，サーミスタのほかに白金測温抵抗体や熱電対があります．サーミスタは白金測温抵抗体や熱電対と比較して次に示す特徴があります．

①**とにかく安価**

白金測温抵抗体の1/10，熱電対の1/100以下の価格で購入できます．

②**感度が高い**

サーミスタの感度は，白金測温抵抗体の10倍，熱電対の1000倍以上と高いです．

③**回路が安価に作れる**

感度が高いので高精度で高価なOPアンプが不要です．安価なOPアンプで十分です．

熱電対は白金測温抵抗体よりも出力電圧が小さく，冷接点補償など複雑な回路も必要なので，さらにコスト・パフォーマンスで劣ります．

● **サーミスタの用途**

サーミスタは，次に示す製品や装置に応用されています．

- 電子体温計（人間用，動物用など）
- 温度コントローラ
- レーザ・ダイオードの温度調整装置
- 火災警報器
- 高分解能の温度測定器
- 冷蔵庫や電子ポットなどの家電製品

サーミスタは安価なため民生のような低価格製品にしか使用されないと思われがちですが，0.001℃と非常に高分解能の工業用製品にも使われています．

● **温度に対して抵抗値が変化する**

サーミスタは抵抗変化型の温度センサです．しかし，温度に対して電気抵抗がリニアに変化しません．その代わり感度が非常に高いという特徴があります．

サーミスタの電気抵抗R_Tは次の式で表されます．

$$R_T = R_0 \exp\left\{ B\left(\frac{1}{T_{abs}} - \frac{1}{T_0} \right) \right\} \cdots\cdots\cdots (1)$$

ただし，R_0：基準温度のときのサーミスタの電気抵抗（公称抵抗値と呼ぶ）[Ω]，B：2温度間の抵抗変化を表す定数 [K]，T_{abs}：絶対温度 [K]，T_0：基準温度（通常は0℃または室温）[K]

式(1)からサーミスタの電気抵抗R_Tは**図1**に示すよ

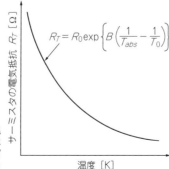

$$R_T = R_0 \exp\left\{ B\left(\frac{1}{T_{abs}} - \frac{1}{T_0} \right) \right\}$$

縦軸：サーミスタの電気抵抗 R_T [Ω]　横軸：温度 [K]

図1 サーミスタの温度-抵抗特性は直線ではないのでリニアライズ（直線化）して使いたい

表1 サーミスタはJISで規格化され使用温度範囲，公称抵抗値，B定数などが決められている

使用温度範囲 [℃]	公称抵抗値 [Ω]	公称B定数 [K]
− 50 ～ +100	6 k(0℃)	3390(0→100℃)
0 ～ +150	30 k(0℃)	3450(0→100℃)
+50 ～ +200	3 k(100℃)	3894(100→200℃)
+100 ～ +250	0.55 k(200℃)	4300(100→200℃)
+150 ～ +300	4 k(200℃)	5133(100→200℃)
+200 ～ +350	8 k(200℃)	5559(100→200℃)

うに温度に対して曲線的に変化します．そのため，温度に対するサーミスタの電気抵抗R_Tを知るには，メーカが用意する温度-抵抗特性の表を使います．

温度-抵抗特性の表には，公称抵抗値も記載されています．例えば，サーミスタ102AT-11（SEMITEC）は，25℃を基準温度として，公称抵抗値が1kΩであることがわかります．公称抵抗値は基準温度がすぐわかるように，$R_{25}=1$kΩと表すこともあります．

● 温度と抵抗値の関係を表すB定数はサーミスタ固有の値

B定数はサーミスタの抵抗変化の大きさを表します．B定数が大きいほど1℃あたりの抵抗変化が大きくなるので感度が高くなります．

B定数は次の式で表されます．

$$B = \ln \frac{\dfrac{R_T}{R_0}}{\dfrac{1}{T_{abs}} - \dfrac{1}{T_0}} \quad \cdots\cdots\cdots\cdots\cdots\cdots\cdots (2)$$

ただし，R_0：基準温度のときのサーミスタの電気抵抗（公称抵抗値）[Ω]，B：2温度間の抵抗変化を表す定数[K]，T_{abs}：絶対温度[K]，T_0：基準温度（通常は0℃または室温）[K]

式(2)からわかるように，B定数は2点間の温度で計算します．この温度は，25℃と85℃，あるいは0℃と100℃が選ばれます．サーミスタ102AT-11では25℃と85℃で計算しています．B定数の計算に使った温度がわかるように，$B_{25/85}$と表すこともあります．

サーミスタは，JIS C 1611で，表1のように使用温度範囲，公称抵抗値，B定数などが決められています．

ただし，JIS規格にこだわると安価なサーミスタの特徴が生かせなくなる場合もありますので，臨機応変に対処するのがよいでしょう．

---

① 使用温度範囲を狭くすると直線化誤差を小さくできる 抵抗1本で作れるリニアライズ回路

松井 邦彦

[用途] 電子式体温計，温度コントローラ，エアコン，冷蔵庫，電子便座

技① リニアライズの最も簡単な方法は 抵抗1本で作れる

図2に抵抗1本で作れるリニアライズ（直線化）回路を示します．図2(a)は電圧モード，図2(b)は電流モードと呼ばれています．どちらも結局は同じ動作をするので直線化の結果は同じです．

ここでは図3に示すように温度に対して正の傾きの出力電圧が得られる電圧モードで説明します．入力電圧をV_{in}，直列抵抗をR_1，サーミスタの電気抵抗をR_Tとすると，出力電圧V_{out}は次の式で表せます．

$$V_{out} = \frac{R_1}{R_T + R_1} V_{in} \quad \cdots\cdots\cdots\cdots\cdots\cdots (3)$$

ここで，使用温度下限でのサーミスタの電気抵抗をR_{TL}，このときの出力電圧を$V_{out(L)}$とします．同様に，使用温度上限でのサーミスタの電気抵抗をR_{TH}，このときの出力電圧を$V_{out(H)}$，使用温度が下限と上限の中間のときのサーミスタの電気抵抗をR_{TM}，このときの出力電圧を$V_{out(M)}$とします．すると式(3)より，

$$V_{out(L)} = \frac{R_1}{R_{TL} + R_1} V_{in} \quad \cdots\cdots\cdots\cdots\cdots (4)$$

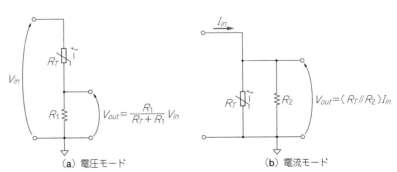

図2 抵抗1本あればサーミスタの温度-抵抗特性を直線化できる

(a) 電圧モード   (b) 電流モード

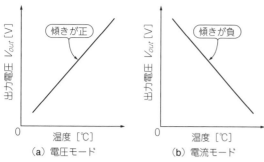

図3 リニアライズ回路は出力電圧の傾きによって電圧モードと電流モードの2つに分かれる

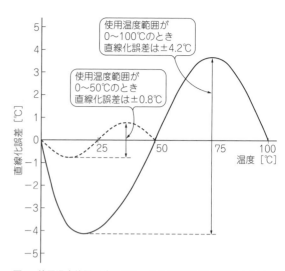

図4 使用温度範囲が狭いとサーミスタの直線化誤差は小さい
0～100℃のとき直線化誤差は±4.2℃だが，0～50℃のときは±0.8℃と小さくなる

$$V_{out(M)} = \frac{R_1}{R_{TM} + R_1} V_{in} \quad \cdots\cdots\cdots\cdots\cdots (5)$$

$$V_{out(H)} = \frac{R_1}{R_{TH} + R_1} V_{in} \quad \cdots\cdots\cdots\cdots\cdots (6)$$

が得られます．リニアライズがうまくいくのは，

$$V_{out(M)} - V_{out(L)} = V_{out(H)} - V_{out(M)}$$

のときです．したがって，

$$2V_{out(M)} = V_{out(H)} - V_{out(L)} \quad \cdots\cdots\cdots\cdots (7)$$

となります．

式(7)を式(5)に代入して，式(4)と式(6)を使ってR_1で解くと次の式が得られます．

$$R_1 = \frac{2R_{TL}R_{TH} - R_{TM}(R_{TL} + R_{TH})}{2R_{TM} - (R_{TL} + R_{TH})} \quad \cdots\cdots\cdots (8)$$

▶直列抵抗R_1の計算例

式(8)を使って，サーミスタ103AT(SEMITEC)をリニアライズするときの直列抵抗R_1の値を計算してみます．

そのためには，サーミスタ103ATのR_{TL}, R_{TM}, R_{TH}の値が必要です．たとえば，使用温度範囲を0～100℃とすると，R_{TL}, R_{TM}, R_{TH}はそれぞれ0℃，50℃，100℃のときのサーミスタの電気抵抗です．サーミスタ103ATのデータシートから，

$R_{TL} = 27.28 \text{ k}\Omega$

$R_{TM} = 4.161 \text{ k}\Omega$

$R_{TH} = 0.9735 \text{ k}\Omega$

になります．

これを式(8)に代入すると，

$$R_1 = \frac{2 \times 27.28 \text{ k} \times 0.9735 \text{ k} - 4.161 \text{ k}(27.28 \text{ k} + 0.9735 \text{ k})}{2 \times 4.161 \text{ k} - (27.28 \text{ k} + 0.9735 \text{ k})}$$

$$\fallingdotseq 3.234 \text{ k}\Omega$$

になります．したがって，$V_{in} = 1 \text{ V}$とすると1℃あたり6.63 mVの電圧が得られます．

技② 使用温度範囲を狭くすれば直線化誤差を減らせる

このように直列抵抗R_1の値は求まりましたが，は

たしてどのくらいの精度で直線化されているのでしょうか．図4にサーミスタ103ATの直線化誤差を示します．使用温度範囲が0～100℃のとき約±4.2℃の誤差が残っています．この誤差をサーミスタの製造ばらつきによる誤差と区別するため直線化誤差と呼んでいます．一般に，直線化誤差は使用温度範囲の3乗で効くので，使用温度範囲が狭いほど直線化誤差が小さくなります．

▶直列抵抗R_1の計算例

サーミスタ103ATを使って，使用温度範囲を0～50℃にして直線化してみます．R_{TL}, R_{TM}, R_{TH}は0℃，25℃，50℃のときのサーミスタの電気抵抗なので，データシートから，

$R_{TL} = 27.28 \text{ k}\Omega$

$R_{TM} = 10 \text{ k}\Omega$

$R_{TH} = 4.161 \text{ k}\Omega$

になります．これを式(8)に代入すると，

$$R_1 = \frac{2 \times 27.28 \text{ k} \times 4.161 \text{ k} - 10 \text{ k}(27.28 \text{ k} + 4.161 \text{ k})}{2 \times 10 \text{ k} - (27.28 \text{ k} + 4.161 \text{ k})}$$

$$\fallingdotseq 7.638 \text{ k}\Omega$$

になります．$V_{in} = 1 \text{ V}$のとき1℃あたり8.57 mVの出力電圧が得られます．このときの直線化誤差は，図4に示すように約±0.8℃とかなり小さくなっています．直線化誤差を小さくするには使用温度範囲を狭くすることが非常に有効です．

このように，サーミスタは抵抗1本で簡単にリニアライズできますが，感度を犠牲にしていることを忘れないでください．

② 0～100℃で直線化誤差を±0.1℃以下にできる サーミスタを複数本使ったリニアライズ回路

松井 邦彦

[用途] 精密温度計測器，温度ロガー，レーザ・ダイオード用温度コントローラ，恒温槽，動物用体温測定器

技③ 直線化誤差を±0.1℃以下にするには 高精度なサーミスタと抵抗を使う

抵抗1本でリニアライズする回路は簡単な反面，使用温度範囲を大きくとれません．そこで考え出されたのが，サーミスタを2本または3本使う方法です．

図5(a)にサーミスタを2本使ったリニアライズ回路を示します．この回路では0～100℃の使用温度範囲で直線化誤差を±0.216℃にできます．

図5(b)にサーミスタを3本使ったリニアライズ回路を示します．この回路では−50～＋50℃の使用温度範囲で直線化誤差を±0.09℃にできます．

図5の回路の欠点は，高精度なサーミスタと抵抗が必要なため高価になってしまうことです．安価な汎用サーミスタで図5の回路を作ることは困難です．

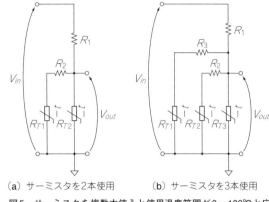

（a）サーミスタを2本使用　　（b）サーミスタを3本使用

図5　サーミスタを複数本使うと使用温度範囲が0～100℃と広くても直線化誤差を±0.1℃以下にできる

③ 0～100℃の温度を誤差±4℃で測定できる温度測定回路

松井 邦彦

[用途] 温度コントローラ，温度ロガー，ファクシミリ，湯沸かし器，電子ポット

技④ 差動アンプで感度を100 mV/℃にする

図6にサーミスタを使った温度測定回路を示します．サーミスタ103AT（SEMITEC）を使い，抵抗R_1とR_2でリニアライズしています．使用温度範囲は0～100℃としたので，抵抗$R_1 = 3.32$ kΩと$R_2 = 124$ kΩとの並列抵抗で$R_1 // R_2 ≒ 3.234$ kΩにしています．

サーミスタの出力電圧はA_{1a}とA_{1b}で構成した差動アンプで増幅します．0～100℃の中点50℃を基準に考え，サーミスタの電気抵抗$R_{T50} = 4.161$ kΩのとき差動アンプの入力V_{in}を0 Vでバランスさせます．ゼロ点は可変抵抗V_{R1}で$V_{out} = 5.00$ Vになるように調整します．

差動アンプの抵抗R_8には，基準電圧$V_{ref} = 5$ Vが接続されているので，$V_{in} = 0$ Vのとき$V_{out} = 5$ Vとなります．サーミスタと抵抗R_1には1 V（＝5 V − 4 V）の電圧が印加されているので，0～100℃の使用温度範

囲での感度は6.63 mV/℃になります．

これを100 mV/℃の感度にするとき，差動アンプのゲインGは15.08倍（＝100 mV/℃ ÷ 6.63 mV/℃）必要です．

差動アンプのゲインGは，次の式で表せます．

$$G = \frac{R_{11}}{R_{12} + R_{13}} \cdots\cdots\cdots\cdots\cdots (9)$$

図6より$R_{11} = 10$ kΩ，$R_{12} = 619$ Ω，$R_{13} = 44.2$ Ωを式(9)に代入すると，ゲインGが求まります．

$$G = \frac{10 \text{ kΩ}}{619 \text{ Ω} + 44.2 \text{ Ω}} = 15.08 \text{倍}$$

図6の回路は，0～100℃の使用温度範囲で約±4℃の直線化誤差があります．これを小さくするには，使用温度範囲を狭くします．

たとえば，0～100℃を0～50℃と50～100℃など2つに分けることで±4℃の直線化誤差は±1℃程度に小さくできます．

温度

光・赤外線

振動・ひずみ

電流

計測回路集

付録

45

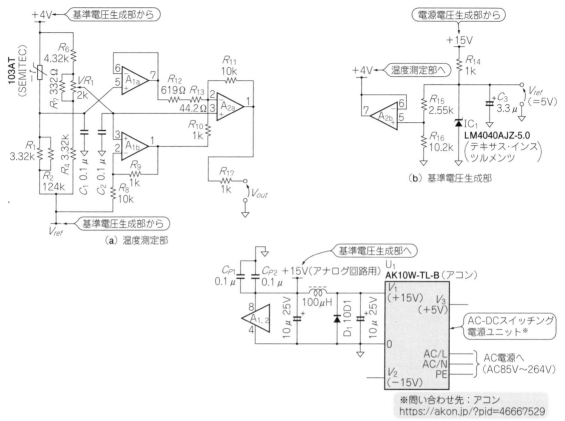

図6　サーミスタを使った温度計回路

（a）温度測定部

（b）基準電圧生成部

（c）電源電圧生成部

④サーミスタのリニアライズ化が必要ない温度警報回路

松井 邦彦

[用途] 電子サーモスタット，火災警報器，バッテリ・パックの温度アラーム

● サーミスタの感度の高さを生かした応用回路

パワー半導体を使った装置は，加熱防止のため温度警報回路が必要になるときがあります．

サーミスタの応用例として温度警報回路を**図7**に示します．サーミスタの温度が上限温度（**図7**では80℃）を超えると，コンパレータIC LM393（テキサス・インスツルメンツ）の出力が"L"から"H"に変化して過熱状態であることを知らせます．

この回路の特徴は温度センサにサーミスタを使っているところです．サーミスタの電気抵抗の変化は，温度に対してリニアではありませんが，感度が非常に高いという利点を生かします．この回路では直線性が良好である必要はありません．

技⑤ 上限温度と下限温度は2つの抵抗値で決める

抵抗$R_1 \sim R_4$，サーミスタの電気抵抗R_Tはブリッジ回路を構成しています．R_1とR_2の値は電源電圧が12 Vなので22 kΩにしていますが，もっと大きくてもよいです．

▶上限温度の設定

R_3は上限温度を設定するための抵抗です．設定したい温度のときのサーミスタの電気抵抗と同じ値にします．

たとえば，サーミスタ103AT（SEMITEC）が80℃のときの電気抵抗は，データシートから1.69 kΩです．上限温度を80℃に設定したいときはR_3を1.69 kΩにします．

▶下限温度の設定

R_4は警報回路が復帰する下限温度を設定するための抵抗です．これがないと上限温度付近でコンパレータの出力がハンチングするので，ヒステリシスを付けています．

下限温度を50℃に設定したいときは，$R_3 + R_4$の抵

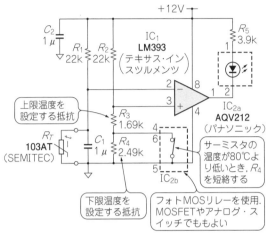

図7 上限温度と下限温度は抵抗R_3とR_4の値で決め，フォトMOSリレーで警報状態から復帰させる
サーミスタを使った温度警報回路

抗値をサーミスタが50℃のときの電気抵抗4.161 kΩと同じになるようにします．R_3を1.69 kΩとしたので，R_4は2.471 kΩ（＝ 4.161 kΩ − 1.69 kΩ）にします．

技⑥ 警報状態から復帰させるにはフォトMOSリレーを使う

IC_2はフォトMOSリレーです．サーミスタの温度が80℃より低いときにR_4を短絡するために入れています．温度が80℃以下のときコンパレータの出力は"L"なので，IC_2に電流が流れ，その結果R_4が短絡されます．

温度が80℃を超えるとコンパレータの出力が"H"になり，IC_2には電流が流れなくなるので，R_4の抵抗値がR_3に加わり，下限温度が設定されます．

IC_2にはフォトMOSリレーを使いましたが，メカニカル・リレーやアナログ・スイッチを使ってもかまいません．

column▶01　もっと高精度に！サーミスタ温度を狂わせる3つの誤差要因と解決法

松井　邦彦

技Ⓐ　自己加熱による温度誤差を小さくするには抵抗値が大きいサーミスタを使う

サーミスタを使う上でつい忘れがちなのが，自己加熱による温度誤差です．サーミスタに限らずたいていのセンサには，ドライブ電圧またはドライブ電流と呼ばれる入力が必要です．しかし，これによって電力が生じ，ジュール熱が発生します．その結果，サーミスタ自体の温度が上がってしまいます．これを自己加熱と呼びます．自己加熱が生じると当然ながら温度誤差が生じます．

▶自己加熱の大きさを表す熱放散定数 δ

サーミスタが消費した電力によって，どのくらいの熱が発生するのかを示すのが熱放散定数 δ です．

たとえば，サーミスタ102AT-2(SEMITEC)の熱放散定数 δ は2mW/℃です．これは，2mWの電力をサーミスタが消費すると，サーミスタの温度が1℃上昇することを意味しています．その結果，サーミスタは実際の温度より1℃高く感じてしまうので，これが測定誤差となります．

したがって，高精度が要求される用途ではサーミスタの自己加熱の影響をできるだけ小さくする必要があります．自己加熱を抑えるため消費電力を小さくするには，ドライブ電圧を小さくすればよいのですが，そのぶん出力電圧は小さくなるので，抵抗値の大きいものが有利です．

技Ⓑ　応答時間（熱時定数）を小さくするには小型のサーミスタを使う

図Aのように，周囲温度が T_1 から T_2 に上がったとき，サーミスタの温度は時間をかけてゆっくりと上昇していきます．

サーミスタの温度が温度差 $(T_2 - T_1)$ の約63％まで上昇するのにかかる時間を熱時定数 τ と呼びます．サーミスタの温度は，だいたい熱時定数 τ の5倍の時間で温度差 $(T_2 - T_1)$ の99％，7倍の時間で温度差 $(T_2 - T_1)$ の99.9％以内に収まるので，5 τ または7 τ を目安にするとよいでしょう．

たとえば，サーミスタ102AT-2の熱時定数 τ は15sです．5 τ は75s(=15s×5)と大きな値です．さらに，サーミスタ102AT-11(SEMITEC)の熱時定数 τ は75sなので，5 τ は375s(=75s×5)にもなります．これは102AT-11の形状が102AT-2に

比べて大きいからです．

熱時定数 τ は小型のサーミスタほど小さく，その分応答が速くなります．時間遅れを小さくする必要があれば熱時定数 τ の小さい小型のサーミスタを使います．芝浦電子製のサーミスタPSB-S7形またはPSB-S9形は，熱時定数 τ が約1秒以下と小さいです．

技Ⓒ　サーミスタのばらつきが大きい場合は公称抵抗値より B 定数を優先させる

回路設計では，できるだけ調整箇所を少なくしたいところです．実際には調整箇所をゼロにはできないので，より簡単に調整できるようにと考えます．サーミスタを使う回路では，ばらつきの小さなものを選ぶことが大事です．たとえば，サーミスタ102AT-11の公称抵抗値と B 定数のばらつきは，±1％です．通常のサーミスタは±5～20％であることを考えると十分小さな値です．

公称抵抗値のばらつきは，25℃のときの調整だけですむので，調整は比較的楽です．ところが，B 定数のばらつきは2点間の温度で調整する必要があるので，けっこう大変です．しかも B 定数のばらつきは使用温度範囲が広くなるほど精度に大きく効いてきます．

このように，公称抵抗値と B 定数の両方のばらつきが小さいと回路設計は楽です．ところが公称抵抗値と B 定数のどちらか一方のみばらつきが大きいときは調整が大変な B 定数を優先させるようにしましょう．

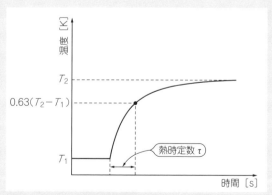

図A　サーミスタの温度が温度差 $(T_2 - T_1)$ の約63％まで上昇するのにかかる時間を熱時定数 τ と呼ぶ
周囲温度が上がったときサーミスタの温度は時間をかけてゆっくりと上昇する

第6章 基礎知識から回路テクニックまで

極低温～超高温を測れる 「熱電対」回路

熱電対の基礎知識

松井 邦彦

● 極低温から超高温まで測定できる

　熱電対はゼーベック効果を応用した温度センサです. ゼーベック効果とは, 異なった2種類の金属線を図1のように結合して, 接合点と基準点の間に温度差を与えると電圧(熱起電力)が発生する現象です. ゼーベッ

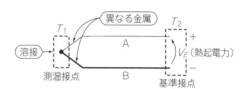

図1　熱電対は温度差で起電力を発生させる

表1　熱電対の種類(JIS C 1602:2015)

熱電材の記号		測定温度範囲 [℃]	熱起電力 [mV]	長　所	短　所	構成材料	
						＋	－
高温用	K	− 200 ～ + 1200	− 5.891/− 200℃ + 48.838/+ 1200℃	・工業的にもっとも多く利用される ・酸化性雰囲気に強い ・直線性が良い	・高温の還元性雰囲気では劣化する ・一酸化炭素や亜硫酸ガスなどには不適 ・+ 200～+ 600℃ではショート・レンジ・オーダリング誤差がある	クロム10 %ニッケル90 %(クロメル)	アルミ, マンガン系など残ニッケル(アルメル)
中温用	E	− 200 ～ + 800	− 8.825/− 200℃ + 61.017/+ 800℃	・もっとも大きな熱起電力をもつ	・還元性雰囲気に弱い ・電気抵抗が大きい ・ショート・レンジ・オーダリング誤差がある	クロム10 %ニッケル90 %(クロメル)	ニッケル45 % 銅 55 %(コンスタンタン)
	J	− 200 ～ + 750	− 7.890/− 200℃ + 45.494/+ 800℃	・熱起電力が大きい ・還元性雰囲気が強い	・酸化性雰囲気および水蒸気中では弱い ・さびを生じやすい	鉄	ニッケル45 % 銅55 %(コンスタンタン)
低温用	T	− 200 ～ + 350	− 5.603/− 200℃ + 20.872/+ 400℃	・− 200℃～+ 100℃の低温域でよく利用される ・弱い酸化性, 還元性雰囲気には安定	・+ 300℃以上では銅が酸化する	銅	ニッケル45 % 銅55 %(コンスタンタン)
超高温用	B	0 ～ + 1700	0/0℃ + 12.433/+ 1700℃	・高温まで使用できる ・酸化性の雰囲気には強い	・還元性雰囲気には弱い ・熱起電力が小さい	ロジウム30 %白金70 %	ロジウム6 %白金94 %
	R	0 ～ + 1600	0/0℃ + 18.849/+ 1600℃			ロンウム13 %白金87 %	白金
	S	0 ～ + 1600	0/0℃ + 16.777/+ 1600℃			ロジウム10 %白金90 %	白金
	N	− 200 ～ + 1250	− 3.990/− 200℃ 43.846/+ 1200℃	・直線性が良い ・耐酸化性が良い		ニッケル, クロムの合金	ニッケル, シリコンの合金
	C	0 ～ + 2300	0/0℃ + 36.931/+ 2300℃	・最も高い温度まで測定できる ・還元性雰囲気には強い	・空気中などの酸化性雰囲気で使用できない ・硬いため折り曲げが難しい	レニウム5 %を含むタングステン・レニウム合金	レニウム26 %を含むタングステン・レニウム合金

ク効果で発生した電圧がセンサの出力となるため，熱電対に駆動電源は必要ありません．

熱電対の最大の魅力は，測定温度範囲がきわめて広いことです． $-270 \sim +2600\,℃$ と，超低温から超高温まで測定でき， $+600 \sim +2000\,℃$ の温度範囲ではもっとも正確な測定ができます．

$-200\,℃ \sim +600\,℃$ の範囲では熱電対よりも白金測温抵抗体が高精度です．熱電対のJIS規格を**表1**に示します．

● 熱電対には極性がある

熱電対の出力電圧（熱起電力）には極性があるので，間違えて逆に接続すると，＋の温度が－で表示されます．

Kタイプの熱電対は**表1**に示すとおり，クロメルと

アルメルという合金により構成されています．＋側材料はクロメル，－側材料はアルメルです．**図1**のように，Kタイプの熱電対のクロメル側を＋に，アルメル側を－につなぐと，熱起電力 V は， $T_1 > T_2$ のとき $V > 0$ となり， $T_1 < T_2$ のとき $V < 0$ になります．

● 絶対温度がわかっている基準を設ける

熱電対は，測温接点温度 T_1 と基準接点温度 T_2 の差に比例した熱起電力を発生するので，2点の温度が同じだと熱起電力はゼロになります．これでは正確な温度がわからないので，絶対温度がわかっている基準点を設けて，その温度と比較する必要があります．この基準点を設けることを冷接点補償と呼んでいます．

以下に2つの冷接点補償方法を示します．

column▶01　手軽にできる！ダイオードと銅線を使った「ゼーベック効果」の実験

松井　邦彦

2種類の金属線を接触させると，熱起電力が発生する現象（ゼーベック効果）は，簡単な実験で確認することができます．

図A(a)のように，ダイオード(1S1588)のリード線を切り，銅線とはんだ付けするだけです．ダイオードのリード線は磁石に付くため，鉄分が含まれているようです．

図A(b)のようにディジタル・マルチメータに接続します．このとき，出力電圧は0Vです．**図A(c)**のようにリード線の中心部を指でつまんでみても，

出力電圧は0Vです．次に，**図A(d)**のようにリード線と銅線の接合部を指で温めると，＋22μVの電圧が発生します．反対側の接合部を温めると，－22μVになります．はじめの＋22μVが測温接点による出力電圧で，あとの－22μVが基準接点によるものです．

図A(e)のようにリード線の両側を温めると出力電圧は0Vになります．これは測温接点と基準接点の温度差がなくなったので，熱起電力も0Vになるからです．

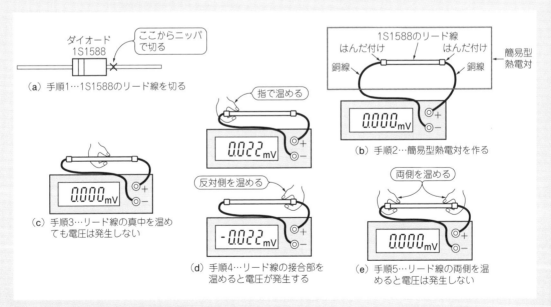

（a）手順1…1S1588のリード線を切る

（b）手順2…簡易型熱電対を作る

（c）手順3…リード線の真中を温めても電圧は発生しない

（d）手順4…リード線の接合部を温めると電圧が発生する

（e）手順5…リード線の両側を温めると電圧は発生しない

図A　手軽にできるゼーベック効果の実験

表2 温度と熱起電力の関係は非直線的

温度 [℃]	K熱電対 [mV]	J熱電対 [mV]	E熱電対 [mV]	T熱電対 [mV]
− 200	− 5.891	− 7.890	− 8.825	− 5.603
− 100	− 3.554	− 4.633	− 5.237	− 3.379
0	0	0	0	0
+ 100	+ 4.096	+ 5.269	+ 6.319	+ 4.279
+ 200	+ 8.138	+ 10.779	+ 13.421	+ 9.288
+ 300	+ 12.209	+ 16.327	+ 21.036	+ 14.862
+ 400	+ 16.397	+ 21.848	+ 28.946	+ 20.872
+ 500	+ 20.644	+ 27.393	+ 37.005	
+ 600	+ 24.905	+ 33.102	+ 45.093	
+ 700	+ 29.129	+ 39.132	+ 53.112	
+ 800	+ 33.275	+ 45.494	+ 61.017	
+ 900	+ 37.326	+ 51.877	+ 68.787	
+ 1000	+ 41.276	+ 57.953	+ 76.373	
+ 1100	+ 45.119	+ 63.792		
+ 1200	+ 48.838	+ 69.553		
+ 1300	+ 52.410			

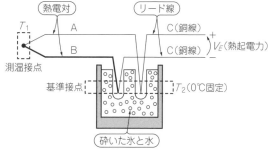

図2 基準温度の作り方①…魔法瓶に入れた砕氷の0℃を基準温度にする

技① 魔法瓶に入れた砕氷の0℃を基準温度にする

1つ目は基準接点温度T_2をある温度で一定に保つ方法です．原理的には何℃でもよいのですが，表2のように，JISには$T_2 = 0$℃のときの熱起電力が規定されているので，それに合わせたほうが便利です．そのため図2のように，砕いた氷と水を入れた容器に基準接点を収めます．

このとき注意するのは，基準接点から引き出すリード線は同じ種類の金属線（普通は銅線）にすることです．＋極側と−極側で異なるリード線を使うと，リード線が別の温度接点を作ってしまい，T_2を0℃にしても基準温度がわからなくなります．同じ金属であれば温度差があっても熱起電力は発生しません．

技② 基準接点温度相当の電圧を加えて基準温度を作る

氷と水を用意するのは手間がかかります．2つ目は基準接点T_2の温度を0℃にする代わりに，図3(a)に示すようにT_2の温度（例えば27℃）に相当する補償電圧を外部から与える方法です．このとき，外部からはまるでT_2を0℃にしているように見えます．これを基準（冷）接点補償回路と呼びます．

補償電圧の誤差はそのまま測定誤差になるので，正しい温度を測定するには，図3(b)のように，補償電圧の温度特性は，使用する熱電対と同じ温度特性でなければなりません．基準接点T_2の温度を別の温度センサで計測し，使用する熱電対の熱起電力に変換します．熱電対を使うために，さらに別の温度センサが必要というのは少しおかしな感じがしますが，これも熱電対の長所を生かすためです．それだけのコストを払

---

column▶02 熱電対を発電デバイスとして見ると

松井 邦彦

熱電対はわずかですが電圧（起電力）を発生します．ということは，発電能力があるということです．この作用を利用して，熱電対を電源に応用することができます．

①腕時計への応用：人間の腕（体温）と空気の間の温度差を利用します．もちろん腕時計の回路はローパワーに作っておく必要があります．

②原子力電池への応用：核分裂のときに発生する熱を利用して，電池として利用します．主に人工衛星用です．太陽光が当たる宇宙であ

れば太陽発電が使用できますが，太陽光が期待できない木星外の探査機では応用価値が高いです．

このほか自動車の廃熱や動植物の腐敗熱など，熱電対は温度差さえあれば発電できます．数十mVの低電圧から数Vまで昇圧できるDC-DC電源用IC（例えばLTC3108）を利用すれば，熱電対の小さな起電力でも各種ICが動作可能な電圧を簡単に得ることができます．

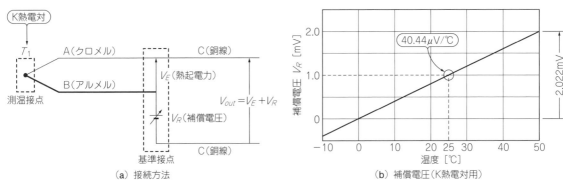

（a）接続方法

（b）補償電圧（K熱電対用）

図3　基準温度の作り方②…基準接点温度相当の補償電圧を外部から与える

っても熱電対を使う価値はあります.

　補償電圧は通常0～＋50℃といった，室温付近の狭い温度範囲をカバーできれば十分です．冷接点電圧を数種類もった専用ICも市販されています．

1 エンジンや燃焼炉の温度計測に使える熱電対用非反転アンプ回路

松井　邦彦

[用途] エンジンの温度計測，ボイラや燃焼炉の温度計測，コンクリートの温度計測，火災警報器

● 熱電対用アンプには非反転増幅が良い

　図4に熱電対の電圧を増幅する回路を示します.

　熱電対の内部抵抗は数百Ω～数kΩを超えるものがあります．起電力を増幅するときは，その影響を受けない非反転アンプ回路を使います．非反転アンプの入力抵抗は非常に高いので，図4(b)のようにセンサの断線を知らせるバーンアウト機能も簡単に付加できます.

　この回路のゲインG［倍］は，次式で求められます.

$$G = 1 + \frac{R_2}{R_1} \cdots\cdots\cdots\cdots\cdots\cdots\cdots (1)$$

● 実際の回路

　図5に，0～500℃を0～5Vに変換する回路を示します．K熱電対の熱起電力は表1に示したように，約40μV/℃と小さいので，OPアンプは高精度である必要があります．表3に高精度OPアンプの仕様を示します．ここではAD8677（アナログ・デバイセズ）を使っています.

　K熱電対の500℃での熱起電力は表2より20.64mVですから，これを5Vに変換するためにアンプに必要なゲインG［倍］は，次式に示すとおりです.

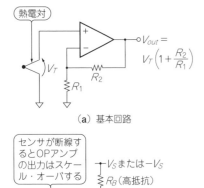

（a）基本回路

（b）バーンアウト（断線検出）回路付き

図4　熱電対用アンプの基本回路

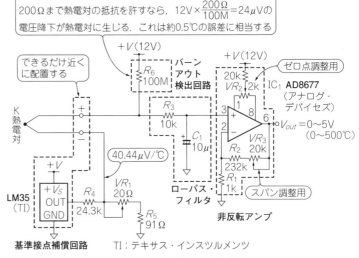

図5　温度センサIC LM35Dで基準接点補償を行う熱電対用アンプ

表3 熱電対用アンプに向く低入力バイアス電流の高精度OPアンプ

型名	入力オフセット電圧(最大)[μV]	入力オフセット・ドリフト(最大)[μV/℃]	入力バイアス電流(最大)[nA]	オープン・ループ・ゲイン(最小)[dB]	スルーレート(最小)[V/μs]	GB積(最小)[MHz]	電源電圧/電流[V/mA]	メーカ名
OP97F	75	2.0	0.15	106	0.1	0.4	±2～±20/0.38	アナログ・デバイセズ
AD8677	130	1.4	1.0	120	0.2(標準)	0.6(標準)	±4～±18/1.1	
LT1001C	60	1.0	4.0	112	0.1	0.4	±3～±18/1.5	
LT1012C	50	1.0	0.15	106	0.1	0.4	±1.2～±20/0.38	
OPA277A	50	1.0	2.8	140(標準)	0.8(標準)	1(標準)	±2～±18/0.79	テキサス・インスツルメンツ

$$G = \frac{5\,V}{20.64\,mV} \fallingdotseq 242 \text{倍} \cdots\cdots\cdots(2)$$

図5では $R_1 = 1\,k\Omega$, $R_2 = 232\,k\Omega$, $VR_3 = 20\,k\Omega$ にして, $G = 233 \sim 253$ 倍まで可変にしています.

技③ 応答性を良くするにはローパス・フィルタの時定数を大きくしない

R_3 と C_1 はローパス・フィルタです. 時定数を大きくするとノイズ除去効果は大きくなりますが, 応答性は悪くなります.

技④ オフセット電圧を下げるにはローパス・フィルタの抵抗値を小さくする

R_3 をあまり大きくするとOPアンプの入力バイアス電流でオフセット電圧を生じます.

AD8677の入力バイアス電流は表3より1.0 nA(最大)ですから, $R_3 = 20\,k\Omega$ では1.0 nA × 20 kΩ = 20 μV(最大)のオフセット電圧が付加されます.

他のOPアンプに取り替えるときは, 同様に, 入力バイアス電流×R_3 のオフセット電圧が付加されるの

---

column▶03 高精度測定に不可欠な熱起電力特性のリニアライズ

松井 邦彦

熱電対の出力電圧を本文の表2に示しましたが, これをグラフにしたのが図B(K熱電対とJ熱電対のみ)です. 一見するとリニアな特性のようですが, よく見ると若干の非直線誤差があります.

例として, 図CにK熱電対の非直線誤差(0～600℃)を示します. 約−1%の温度誤差があることがわかります. 温度スパンが大きいので, 1%は6℃(=600℃×0.01)の温度誤差に相当します.

高精度を要求される応用では, この非直線誤差を補償するためのリニアライズ回路が必要になります. リニアライズ回路として折れ線近似回路による方法が使用されていましたが, 高次多項式によるリニアライズも使用されています.

熱電対の熱起電力 V は温度を T とすると,

$$V = a_0 + a_1 T + a_2 T^2 + a_3 T^3 + \cdots + a_N T^N \cdots (A)$$

で表されます. ただし, $a_0 \sim a_N$ は係数です. 高次のべき級数関数が作ることができればリニアライズ回路を実現できます.

次数を多くすればリニアライズの精度は上がりますが, 同時に部品点数が増え, コストも上がるので, 通常は2～3次程度で近似することが多いようです. 式(A)の2乗, 3乗を作るには市販の乗算用ICを利用できます.

上記のようにアナログ的にリニアライズするのではなく, ディジタル的にリニアライズする方法もあります. マイコン内蔵であれば式(A)を簡単に演算できます. 最近ではこのディジタル方式が主流です.

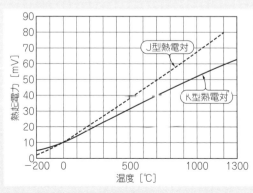

図B 実は非直線な熱起電力の温度特性(K, J熱電対)

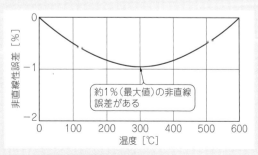

図C K熱電対の非直線性誤差は約1%

で, 入力バイアス電流が大きく増加する場合はR_3の値をもっと小さくしたほうがよいかもしれません.

VR_2はアンプのゼロ調整用の可変抵抗です.

技⑤ 基準接点補償回路には温度センサIC を使う

基準接点補償回路には温度センサICのLM35D(テキサス・インスツルメンツ)を使用しました. このICは10 mV/℃の出力ですから, 抵抗分割で図5のK熱電対の熱起電力に相当する電圧を発生させています. VR_1は基準接点温度調整用の可変抵抗です.

表4にLM35Dの仕様を示します. 互換品としてTMP35(アナログ・デバイセズ)があります.

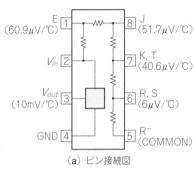

図6　熱電対基準接点補償IC LT1025

（a）ピン接続図

（b）内部ブロック図

表5　熱電対基準接点補償IC LT1025の仕様

		LT1025			LT1025A			単位
		最小	標準	最大	最小	標準	最大	
温度誤差(10mV/℃ 出力) ($T_J = 25℃$)		–	0.5	2.0	–	0.3	0.5	℃
精度	E出力	60.4	60.9	61.6	60.6	60.9	61.3	μV/℃
	J出力	51.2	51.7	52.3	51.4	51.7	52.1	
	K, T出力	40.2	40.6	41.2	40.3	40.6	41.0	
	R, S出力	5.75	5.95	6.3	5.8	5.95	6.2	
電源電流 ($4 V ≦ V_{in} ≦ 36 V$)		50	80	100	50	80	100	μA
ライン・レギュレーション ($4 V ≦ V_{in} ≦ 36 V$)		–	0.003	0.02	–	0.003	0.02	℃ /V
ロード・レギュレーション ($0 V ≦ I_{out} ≦ 1 mA$)		–	0.004	0.2	–	0.004	0.2	℃
ディバイダ抵抗	E出力	–	2.5	–	–	2.5	–	kΩ
	J出力	–	2.1	–	–	2.1	–	
	K, T出力	–	4.4	–	–	4.4	–	
	R, S出力	–	3.8	–	–	3.8	–	
電源電流の変動 ($4 V ≦ V_{in} ≦ 36 V$)		–	0.01	0.05	–	0.01	0.05	μA/V

表4　温度センサIC LM35Dの仕様

動作温度範囲	0～100℃
精度($T_a = 25℃$)	標準 ± 0.6℃ (最大 ± 1.5℃)
ゲイン	10.0 mV/℃
回路電流($V_s = 5 V$)	標準56 μA
動作電源電圧	4～30 V

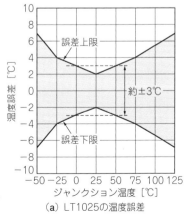

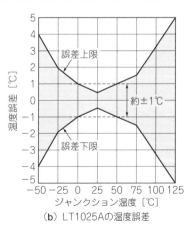

図7　熱電対基準接点補償IC LT1025の温度誤差特性

（a）LT1025の温度誤差

（b）LT1025Aの温度誤差

▶基準接点補償専用ICなら外付け抵抗不要

　基準接点補償ICを使えば，抵抗を外付けすることなしに基準接点補償ができます．

　図6(a)にLT1025(アナログ・デバイセズ)のピン接続図を，(b)にブロック図を，表5に仕様を示します．基本出力として10 mV/℃出力をもっているほか，それを抵抗分割してE出力(60.9 μV/℃)，J出力(51.7 μV/℃)，K/T出力(40.6 μV/℃)，R/S出力(6 μV/℃)出力が用意されています．LT1025Cの温度誤差は図7のように，0 ～ +50 ℃で約 ±3 ℃程度ですが，LT1025Aでは ±1℃と高精度になっています．

技⑥ 熱電対の接続不良を検知するにはバーンアウト検出回路を付加する

　R_6はバーンアウト検出用の抵抗です．熱電対が外れたときにOPアンプの出力を振り切らせます．

② 少ない部品点数で測れる熱電対専用ICを使った温度測定回路

松井 邦彦

[用途] 金型成型器/レーザ・ダイオード/半導体拡散炉/ペルチェ・モジュールの温度調整器，赤外線センサ(サーモパイル)の温度計測回路

　図8に熱電対専用ICを使った温度測定回路を示します．K熱電対を使用しているので，K熱電対用アンプAD595(アナログ・デバイセズ)を使用しました．このICはアンプと基準接点補償回路を内蔵しているので，熱電対をつなぐだけで10 mV/℃の出力を簡単に得ることができます(図9)．

　AD595の出力電圧V_{out}は，

$$V_{out} = (V_K + 11 \ \mu V) \times 247.3 \cdots\cdots\cdots (3)$$

で求められます．ここでV_KはK熱電対の熱起電力です．また，AD595には熱電対が断線，あるいは接続し忘れたときにLEDを点灯させるのに使えるバーンアウト機能も付いています．

　同様にJ熱電対のAD594(アナログ・デバイセズ)の出力電圧は，

$$V_{out} = (V_J + 16 \ \mu V) \times 193.4 \cdots\cdots\cdots (4)$$

で求められます．ここでV_JはJ熱電対の熱起電力です．式(3)と式(4)のオフセット電圧11 μVと16 μVは，25℃で最良の特性が出るように調整されているために発生したものです．AD594/595では25℃のとき，$V_{out} = 250$ mVになるようにトリミングされています．

　小型パッケージでローコストなAD8494(J熱電対用)，AD8495(K熱電対用)もあります．

　表6，表7にそれぞれAD594/595とAD8494/8495/8496/8497の仕様を示します．

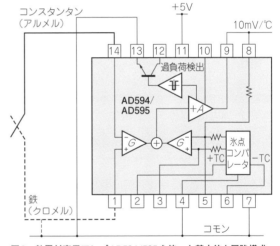

図9　熱電対専用アンプAD594/595を使った基本的な回路構成

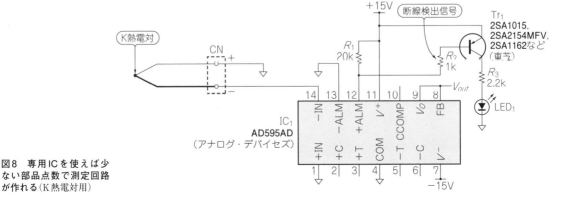

図8　専用ICを使えば少ない部品点数で測定回路が作れる(K熱電対用)

表6　熱電対専用アンプ AD594/AD595の仕様

		AD594A	AD594C	AD595A	AD595C
熱電対タイプ		J熱電対		K熱電対	
ゲイン		193.4		247.3	
入力オフセット電圧係数		51.70 μV/℃		(℃) × 40.44 μV/℃	
入力バイアス電流		0.1 μA		0.1 μA	
校正誤差@25℃ (最大)		3℃	1℃	3℃	1℃
温度安定性 (最大)		0.05℃/℃	0.025℃/℃	0.05℃/℃	0.025℃/℃
ゲイン誤差 (最大)		1.5 %	0.75 %	1.5 %	0.75 %
出力電圧感度		10 mV/℃	10 mV/℃	10 mV/℃	10 mV/℃
電源電圧	規定性能	$+V_s = +5$ V,　$-V_s = 0$			
	動作	$+V_s \sim -V_s \leq 30$ V			
	無負荷時電流	$+V_s$端子160 μA,　$-V_s$端子-100 μA			

表7　熱電対専用アンプ AD8494/8495/8496/8497の仕様

型名	熱電対タイプ	基準接点温度範囲 [℃]	初期誤差 (最大) [℃] Aグレード	Cグレード	ゲイン誤差 (最大) [%] Aグレード	Cグレード	出力電圧感度 [mV/℃]
AD8494	J	0〜50	3	1	0.3	0.1	5
AD8495	K		3	1	0.3	0.1	
AD8496	J	25〜100	3	1	0.3	0.1	
AD8497	K		3	1	0.3	0.1	

③ 熱電対の温度誤差を補正するOPアンプを使ったリニアライズ回路

松井　邦彦

[用途] 高周波パワー・メータ，トランジスタやMOSFETなどパワー素子の温度計測

● 0〜＋300℃に対するリニアライズ回路

図10にAD594の温度誤差を示します．リニアライズされていないので，熱電対の非直線誤差による温度誤差をもっています．AD594を0〜＋300℃でリニアライズされた出力近似式で表すと，

$$V_{out} \fallingdotseq 3.724 + 0.981958V_a - 11.203725 \times (10^{-6}) V_a^2 \text{ [mV]} \cdots\cdots (5)$$

となります．ただしV_aはAD594の出力電圧 [mV] です．

はじめにV_a^2の項の係数を決めます．-11.203725ですのでOPアンプA_1のゲインG [倍] は，

$$G = \frac{R_3}{R_2} = 11.203725 \cdots\cdots (6)$$

になるはずです．しかし，図11では$R_3 = 4.3$ kΩ，$R_2 = 38.4$ kΩですので，$G \fallingdotseq 0.112$倍($= 4.3$ k$\Omega /38.4$ kΩ)としています．「あれっ，11.203725と100倍違うよ」と思わないでください．2乗回路AD538(アナログ・デバイセズ)の出力電圧V_oとV_aは$V_o = V_a^2/10000$ mVで表されるので，$-11.203725 \times (10^{-6}) V_a^2$の項は，

$$-11.203725 \times (10^{-6}) \times (V_o \times 10000)$$
$$= -11.203725 \times (10^{-2}) \times V_o$$
$$\fallingdotseq -0.112V_o \cdots\cdots (7)$$

となるのです．係数に付いている$-$は，OPアンプA_1

の$-$入力を使用するため，R_3/R_2のゲインは結局-0.112となります．

次にV_aの項の係数を決めます．V_aの係数は，

$$\left\{ \left(\frac{R_3 + R_1}{R_1} + R_3 + VR_1 \right) \right\} \times \left(1 + \frac{R_3}{R_2} \right) = 0.971958 \cdots (8)$$

で表されます．R_3/R_2は0.112に決めましたから，$R_1 = 4.3$ kΩにすると$R_3 + VR_1 = 32.48$ kΩになります．したがって，$R_3 = 32$ kΩとして残りはVR_1で調整するようにしています．V_aの項の係数は$+$ですから，OPアンプA_1の$+$入力を使用します．

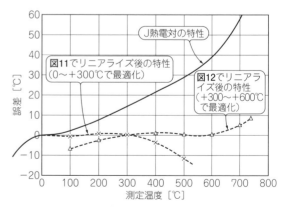

図10　K熱電対用アンプIC AD594の温度精度
リニアライズ回路の有無とターゲット範囲で温度誤差特性に差が出る

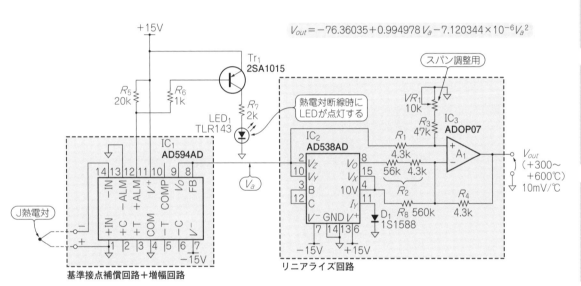

図11 0～+300℃用にリニアライズした測定回路（J熱電対用）

図12 +300～+600℃用にリニアライズした測定回路（J熱電対用）

IC₁～IC₃：アナログ・デバイセズ

ワンチップ　温度　光・赤外線　振動・ひずみ　電流　計測回路集　付録

● リニアライズ効果の確認

それでは，リニアライズの効果を確認してみましょう．J熱電対の場合＋300℃での熱起電力 V_J は16.325 mVです．AD594の出力 V_a は，

$$V_a = (V_J + 16\,\mu V) \times 193.4$$
$$= (16.325\,mV + 16\,\mu V) \times 193.4$$
$$\fallingdotseq 3160\,mV \cdots\cdots\cdots\cdots\cdots (9)$$

です．これは＋316℃に相当しますから，誤差は＋16℃になります．

次に式(5)で表されるリニアライズ回路出力 V_{out} を見てみましょう．式(5)に $V_a = 3160\,mV$ を代入すると，

$V_{out} \fallingdotseq 2995\,mV（+299.5℃）$となって－0.5℃の誤差に改善しました．図10にリニアライズ後の特性（実測値）を示します．

図12に＋300～＋600℃の範囲でリニアライズした回路を，図10にその特性を示します．

ここで紹介したのは2乗までのリニアライズ回路ですので，広い温度範囲に渡ってのリニアライズはなかなか困難です．そのため最近ではA-Dコンバータでディジタル・データに変換した後，マイコンを使ってディジタル的にリニアライズするのが一般的です．マイコンであれば2乗どころか3乗，4乗でも簡単に演算することが可能です．

column ▷ 04　熱電対の形状の選び方

松井 邦彦

　熱電対はシース熱電対，被覆熱電対，極細熱電対，フラット・シート状熱電対など素線の外装や形状によって特徴があります．

技Ⓐ　耐熱/耐圧/耐衝撃の用途には シース熱電対を使う

> ① 外観が細く，熱応答性が良い
> ② 柔軟性があり，ある程度折り曲げられる
> ③ 耐熱性，耐圧性，耐衝撃性に優れている

　シース熱電対は，熱電対素線を酸化マグネシウムなどの粉末状の無機絶縁物の中に埋め込み，電気的に絶縁したあと柔軟な金属シース管で封入したものです．シース管の先端部は図Dのようになっていて，露出型，接地型，非接地型の3種類があります．

　図D(a)の露出型は，熱電対の接合部が露出しているので，非腐食ガス向きです．その代わりに熱応答性は良好です．

　図D(b)の接地型は，熱電対はシース管内に収まっているので，腐食ガスや液体でも大丈夫です．ただし，熱電対の接合部はシース管先端に溶着されているので，熱応答性は露出型と非接地型の中間になります．

　図D(c)の非接地型は，熱電対はシース管内に収まっていますが，シース管には溶着されていません．そのため応答性は一番悪いのですが，電気的な絶縁性が得られます．

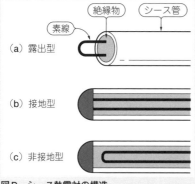

図D　シース熱電対の構造

技Ⓑ　300℃以下の温度環境で 安価な用途には被覆熱電対を使う

> ① 素線を任意の長さに切り，先端部を溶接して使用できる
> ② 折り曲げが可能で，電気的シールドもできる
> ③ 安価
> ④ 高温では使えない

　測定温度が300℃以下のような低い場合は，熱電対素線を耐熱ビニル，ガラス繊維やテフロンなどで絶縁被覆した熱電対があります．このタイプは安価で使い捨てる場合や，折り曲げられるため狭い場所での使用に便利です．被覆には単線被覆（シングル・ワイヤ）とその外観をさらに被覆した二重被覆（デュプレックス・ワイヤ）などがあります．

技Ⓒ　速い熱応答性や微細な箇所への用途には極細熱電対を使う

> ① 熱応答性が非常に速い
> ② きわめて細く，微細な箇所の測定ができる
> ③ センサの抵抗値が高い
> ④ 熱容量が小さい

　熱電対は2種類の金属線を接合した非常にシンプルな構造なので，きわめて細いセンサを作れます．現在，約0.013 mm（13 μm）の線径までのものは比較的容易に入手できます(注A)．このタイプの熱電対は応答が非常に速いのが最大の特徴です（静止空気中で数十ms程度）．また被測定部から熱電対を経て逃げる熱を最小にできるメリットもあります．細いためセンサの抵抗値が高いことも特徴です．

技D　非常に薄い箇所への用途には フラット・シート状熱電対を使う

> ① 非常に薄い
> ② 熱応答性が良い

　表面温度測定用のフラット・シート状の熱電対もあります．測定部の厚さが十〜数十μmと非常に薄いため熱応答性が良く，熱慣性(注B)もたいへん小さくなっています．

注A：ただし，熱電対接合部の直径は線径の3倍程度になる
注B：温度変化に対する抵抗の度合い

0.1℃級の高精度向け 白金測温抵抗体

白金測温抵抗体の基礎知識

松井 邦彦

金属は温度が上がると抵抗値が増大する性質（3000～7000 ppm/℃）をもっています．この性質を応用した温度センサが測温抵抗体です．

● 安定な白金は測温抵抗体に最適

測温抵抗体には白金，銅，ニッケルなどの金属を応用したものがあります．白金（Pt）は次の特徴があります．

① 融点が1768℃と高い
② 化学的・電気的に安定
③ 延性に優れ，極細線や薄膜の加工が容易
④ 抵抗-温度特性の直線性が良い

これらの特徴により，白金測温抵抗体はきわめて安定な特性を示し，使用可能な範囲も−196～＋600℃と広いので，高精度な温度測定には欠かせないセンサです．最大測定温度の規格は＋600℃ですが，測定温度が1000℃を超えるものも開発されています．

● サーミスタや熱電対より高精度で補正が簡単

白金測温抵抗体を温度センサとしてポピュラなサーミスタや熱電対と比べてみましょう．

サーミスタ＜白金測温抵抗体＜熱電対

の順に高価です．使用温度範囲は，

サーミスタ＜白金測温抵抗体＜熱電対

の順に広くなります．これだけだと白金測温抵抗体には特別大きなメリットがないように思えますが，−200～＋600℃の温度範囲に限れば一番測定精度が高く，しかも非常にリニアライズがしやすい温度センサです．

サーミスタにせよ熱電対にせよ，温度特性が複雑で，

表1 巻き線型白金測温抵抗体の温度特性（A級，B級）

測定温度 T [℃]	規格値 R_T [Ω]	最大許容量（巻き線型）			
		A級		B級	
		[℃]	[Ω]	[℃]	[Ω]
− 200	18.52	−	−	± 1.28 *	± 0.55 *
− 100	60.26	± 0.35	± 0.14	± 0.80	± 0.32
± 0	100.00	± 0.15	± 0.06	± 0.30	± 0.12
+ 100	138.51	± 0.35	± 0.13	± 0.80	± 0.30
+ 200	175.86	± 0.55	± 0.20	± 1.30	± 0.48
+ 300	212.05	± 0.75	± 0.27	± 1.80	± 0.64
+ 400	247.09	± 0.95	± 0.33	± 2.30	± 0.79
+ 500	280.98	−	−	± 2.80	± 0.93
+ 600	313.71	−	−	± 3.30	± 1.06
+ 700	345.28	−	−	−	−
+ 800	375.70	−	−	−	−
+ 850	390.48	−	−	−	−

100 Ω（Pt100）の場合，温度 T での抵抗値 R_T は次式によって示される

▶ 0～＋850℃の場合
$$R_T = 100(1 + 3.9083 \times 10^{-3}T - 0.5775 \times 10^{-7}T^2)$$
▶ − 200～0℃の場合
$$R_T = 100\{(1 + 3.9083 \times 10^{-3}T - 0.5775 \times 10^{-7}T^2 - 4.183 \times 10^{-12}(T - 100)T^3\}$$

＊：−196℃での許容差値

正確にリニアライズするには2乗項のほかに3乗項や4乗項が必要です．ところが，白金測温抵抗体では**表1**のように0～＋850℃の範囲では2乗項だけなので，簡単にリニアライズを実現できます．後述しますが，リニアライズ回路によって数％の非直線誤差を0.1％程度に改善できます．

● 定番の巻き線型と量産性に優れた薄膜型に分類できる

白金測温抵抗体はマイカ板やセラミック板に抵抗線

ワンチップ

温度

光・赤外線

振動・ひずみ

電流

計測回路集

付録

59

を巻き付けた巻き線型が主流でしたが，量産性に優れた低価格の薄膜あるいは厚膜のタイプが登場してきました．これら膜タイプの白金測温抵抗体は振動に強い，熱応答性が良いという特徴のほかに，高抵抗値が得やすく回路設計がしやすいという特徴もあります．特に低消費電力が必要な応用では必需品です．形状的にも融通が利き，大面積（数cm²以上）のものから小型のものまで製作可能です．

JIS C 1604：2013では巻き線抵抗素子と薄膜抵抗素子が別々に規格化されています．

薄膜抵抗素子は高抵抗値が得やすいので，回路の低消費電力化に適しています．逆に広い温度範囲での使用は巻き線抵抗素子に比べると劣るため，使用温度範囲が巻き線抵抗素子より狭くなっています．

JIS規格はIEC規格を参考にしているためこのような規格になっていますが，日本のセンサ・メーカの実力は高いです．たとえば，使用温度範囲についていえばJIS規格レベルを超えています．そのため，温度範囲は使用者とメーカの協議によって変更できるようになっています．

● 温度係数は3850 ppm/℃

表1に白金測温抵抗体のJIS規格（Pt100）を示します．0℃での抵抗値は100Ωで，温度係数は3850 ppm/℃（0.385 %/℃）です．感度はサーミスタの－3～－4 %/℃

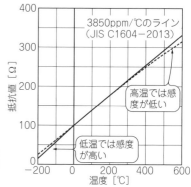

図1　巻き線型白金測温抵抗体の温度特性

（図中）3850ppm/℃のライン（JIS C1604－2013）／高温では感度が低い／低温では感度が高い／抵抗値［Ω］／温度［℃］

に比べると1/10ですが，直線性はきわめて優秀です．

図1に巻き線型白金測温抵抗体の温度特性を示します．JIS規格では抵抗値100Ωのほかに，500Ωと1kΩの抵抗値があります．これらは低消費化や配線抵抗の影響を小さくするのによく使うので良いことです．

● 許容差

白金測温抵抗体の精度は公称抵抗値と温度係数のばらつきで決まります．JISではAA級，A級，B級，C級の4つがあります．許容差δ_rの計算は，A級の場合，

$$\delta_r = \pm (0.15℃ + 0.002 \, |T|) \cdots\cdots\cdots (1)$$

ですから，$T = +450℃$では式(1)から，

---

column▷01　市販されている白金以外の金属測温抵抗体

松井　邦彦

白金測温抵抗体はJIS規格化されているため，センサ・メーカで標準品として売られています．JIS規格にこだわらなければ，白金測温抵抗体以外の測温抵抗体も市販されています．

▶①銅測温抵抗体

温度特性のばらつきが小さく安価．抵抗率が小さいため，必要な抵抗値にするには素子が大きくなってしまいます．高温で酸化しやすいので，使用温度範囲は0～＋180℃が限度です．

▶②ニッケル測温抵抗体

1℃当たりの抵抗変化が大きく安価．300℃付近に変態点があるため，使用温度範囲は－50～＋300℃が限度です．

▶③白金・コバルト測温抵抗体

白金とコバルトの合金を使用しています．超低温用として使用されます．使用温度範囲は－272～＋27℃が限度です．

これらはメーカでは標準外品のため，需要も少なくカタログに載らない場合がほとんどです．温度調節器とか温度計で，銅測温抵抗体やニッケル測温抵抗体，白金・コバルト測温抵抗体を使用できるようになっている場合はそのメーカに問い合わせをしてみるのも一手です．測定器用の温度プローブとして市販されている場合があります．

▶インダクタを銅測温抵抗体として利用する

インダクタは強磁性体のコアに銅線を巻いたものなので，かならずDC抵抗が存在します．これを銅測温抵抗体として使用します．なお高周波信号を与えるとインダクタとして機能するので，必ずDC信号を与えます．インダクタは多くの部品メーカで市販されているので入手は簡単です．そのとき，できるだけDC抵抗の大きなものを選びます．インダクタンス値の大きなものを選べば，チップ・インダクタでも数十ΩのDC抵抗値が得られます．

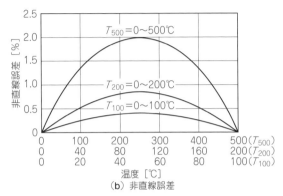

（a）測定回路

（b）非直線誤差

図2 定電流ドライブの基本回路と非直線誤差

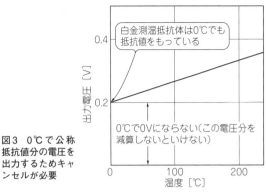

図3 0℃で公称抵抗値分の電圧を出力するためキャンセルが必要

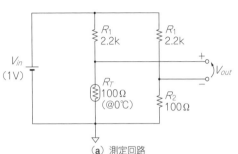

（a）測定回路

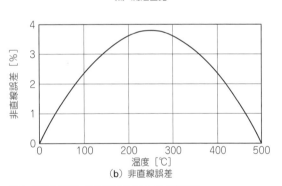

（b）非直線誤差

図4 定電圧ドライブの基本回路と非直線誤差

$$\delta_r = \pm (0.15℃ + 0.002 \times 450℃)$$
$$= \pm 1.05℃$$

となります．用途によってはここまでの精度は必要ありません．そのときは精度の緩い許容差C級を選択すれば，その分安価にできます．

● **基本ドライブ回路と非直線誤差**

白金の抵抗値は温度に対して非常にリニアな特性を示しますが，わずかに非直線誤差があります．

図1に白金測温抵抗体の温度特性を示します．0℃以下の低温では感度が高くなりますが，400℃以上の高温では逆に感度が低くなります．

白金測温抵抗体を使った測定回路は，

（1）定電流ドライブ：回路が簡単．非直線誤差が定電圧ドライブに比べて大きい

（2）定電圧ドライブ：回路が複雑．非直線誤差が定電流ドライブに比べて小さい

の2通りがあります．しかし白金測温抵抗体のリニアライズは簡単なので，多少非直線誤差が増えても回路が簡単な定電流ドライブのほうが私の好みです．

▶定電流ドライブの測定回路と誤差

図2に定電流ドライブの測定回路と非直線誤差を示します．抵抗R_1にもセンサと同じ電流を流していま

すが，これはセンサが0℃で100Ωの抵抗値をもつためです．0℃のときに200mV（＝100Ω×2mA）のゲタをはきます．このゲタをキャンセルして0Vを出力するようにしています（**図3**）．

図2(b)に示すように，白金測温抵抗体の非直線誤差は0～＋100℃の温度範囲では約0.4％（0.4℃）です．0～＋200℃と0～＋500℃では，それぞれ0.8％（1.6℃）と2％（10℃）になります．

▶定電圧ドライブの測定回路と誤差

図4に定電圧ドライブの測定回路と非直線誤差を示します．定電圧動作では定電流動作と比べて直線性は悪くなりますが，これらの誤差はリニアライズ回路で除去できます．白金測温抵抗体の非直線性は素直なので，リニアライズ回路は比較的簡単です．

①0～＋200℃で0～＋2V出力が得られる
定電流ドライブによる温度測定回路

松井　邦彦

［用途］日射計，気温計，露点計，風速計，浸水警報装置

図5に白金測温抵抗体を使った温度測定回路を示します．この回路の感度は10 mV/℃で，0～＋200℃のとき0～＋2V出力が得られるようにします．センサは1 kΩ @0℃タイプを使用しています．AD589（アナログ・デバイセズ）は基準電圧ICで，V_{ref} = 1.24 Vです．

技① 出力電圧の感度を10mV/℃になるように
OPアンプのゲインとゼロ点調整をする

センサR_Tに流れる電流I_Sは，R_1 = 1.24 kΩより，

$$I_S = \frac{V_{ref}}{R_1} = 1\ \text{mA}$$

になります．また，OPアンプA_1の出力電圧V_1は，

$$V_1 = -I_S \times R_T \cdots\cdots\cdots\cdots\cdots\cdots\cdots\cdots (2)$$

になります．

測定温度範囲が0～＋200℃であれば，＋200℃でのセンサの抵抗値は表1よりR_T = 1758.4 Ωです．抵抗値は1000～1758.4 Ωの範囲で変化するので，変化量は758.4 Ωです．

測定温度T［℃］とすると出力電圧V_1は式(2)より，

$$V_1 = -1\ \text{mA}\ \left\{1000\ \Omega + \frac{758.4\ \Omega}{200\ ℃} \times T\right\}$$
$$= -1\ \text{V} - (3.792\ \text{mV/℃}) \times T \cdots\cdots\cdots (3)$$

---

column▷02 長距離でも高精度に測定するための配線

松井　邦彦

白金測温抵抗体の抵抗値は0℃で100Ωと低いので，センサを長く配線するときは配線抵抗を無視できません．センサの温度係数は3850ppm/℃なので，0.385Ωの配線抵抗があると，そこで1℃の温度誤差が発生します．

技Ⓐ 3導線式と4導線式を使うと配線抵
抗の影響を軽減できる

図A(a)に3導線式配線を示します．この回路の出力電圧V_{out}は，次のとおりです．

$$V_{out} = V_1 - V_2$$
$$= i_1(r_1 + R_T + r_3) - i_2(r_2 + R_2 + r_3)\cdots (A)$$

配線材は同一（$r_1 = r_2$）かつ，$i = i_1 = i_2$なのでV_{out}は，

$$V_{out} = i(R_T - R_2) \cdots\cdots\cdots\cdots\cdots\cdots (B)$$

になります．

3導線式配線では配線抵抗r_1，r_2，r_3が等しいという条件が付きますが，通常の2導線式配線に比べると大幅に誤差を小さくできます．

図A(b)に4導線式配線を示します．センサの電流と出力配線を完全に独立できるため，配線抵抗の影響を完全になくすことができます．配線は4本必要ですが，もっとも高い精度が得られるので，計測分野ではよく使用されています．この配線方式はケルビン接続とも呼ばれています．

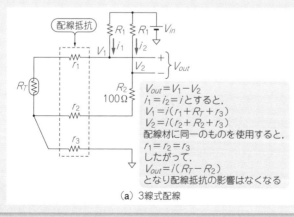

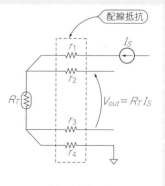

図A　配線方式で配線抵抗をキャンセルできる

（a）3線式配線　　　　　　　（b）4線式配線

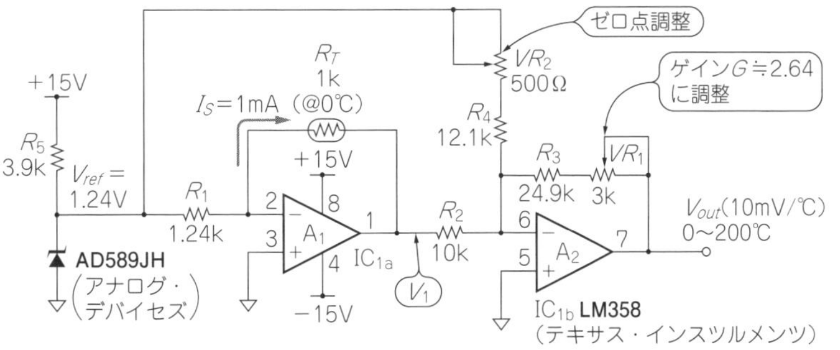

ゼロ点調整

ゲイン$G \fallingdotseq 2.64$
に調整

図5 定電流ドライブによる白金測温抵抗体を使った温度測定回路(リニアライズなし)

R_T 1k
$I_S = 1\text{mA}$ (@0℃)
+15V

R_4 12.1k
R_3 24.9k
VR_2 500Ω
VR_1 3k

+15V
R_5 3.9k
V_{ref} 1.24V
R_1 1.24k

8
3 +
A_1
2 −
4
1
IC$_{1a}$
−15V

AD589JH
(アナログ・
デバイセズ)

R_2 10k
V_1

6 −
A_2
5 +
7
V_{out}(10mV/℃)
0~200℃

IC$_{1b}$ LM358
(テキサス・インスツルメンツ)

になります.

出力電圧 V_{out} の感度を10 mV/℃にするため,OPアンプ A$_2$ のゲインG [倍] を,

$$G = \frac{10\ \text{mV/℃}}{3.792\ \text{mV/℃}} = 2.64$$

にすると,出力電圧 V_{out} は,

$$V_{out} = -GV_1$$
$$= 2.64\ \text{V} + (10\ \text{mV/℃}) \times T \cdots\cdots\cdots (4)$$

になります.

式(4)では2.64 Vが邪魔ですから,これをR_4とVR_2によってキャンセルします.すると,

$$V_{out} = 10\ \text{mV/℃} \times T \cdots\cdots\cdots\cdots\cdots\cdots (5)$$

となり,10 mV/℃の出力が得られます.

② 0~+500℃で0~5V出力が得られる 定電圧ドライブによる3導線式温度測定回路

松井 邦彦

[用途] ディジタル・サーモ・スタット,ディジタル・パネル・メータ,温度調整器,温度ロガー,露点計

技② OPアンプには低入力バイアス電流タイプを使う

図6に定電圧動作のブロック図を,**図7**に基本回路を示します.ここでは0~+500℃のとき0~5V出力が得られるようにします.感度は10 mV/℃です.白金測温抵抗体には1 kΩ@0℃タイプを使用します.

R_0, R_1, R_T で3導線式ブリッジ回路を構成し,ブリッジ回路からの出力電圧 V_1 を差動アンプで増幅します.このとき出力電圧 V_1 は,次式で表されます.

$$V_1 = \frac{R_1\ \Delta R}{(R_1 + R_T)\ (R_1 + R_0)} V_D \cdots\cdots\cdots (6)$$

V_Dはドライブ回路の電圧です.

図7の定数ではV_1の感度は1.395 mV/℃なので,これを10 mV/℃の感度に増幅するために必要なゲインG [倍] は,

$$G = \frac{10\ \text{mV/℃}}{1.395\ \text{mV/℃}} = 7.17$$

です.このとき,差動アンプのゲインGは,

$$G = 1 + \frac{R_7 + VR_2}{R_8} \cdots\cdots\cdots\cdots\cdots\cdots (7)$$

なので,$R_7 = 5.49\ \text{k}\Omega$,$R_8 = 1\ \text{k}\Omega$ にしてVR_2でゲインを+6.5~+7.5倍の間で調整できるようにします.

この回路ではブリッジ抵抗の影響を受けないよう,入力抵抗$R_3 = R_4 = 1\ \text{M}\Omega$と高くしているので,OPアンプには低入力バイアス電流タイプのものが必要です.

表2にFET入力OPアンプの仕様を示します.

ドライブ電圧V_Dはシャント・レギュレータICのTL431(テキサス・インスツルメンツ)を使っています.TL431の仕様を**表3**に示します.出力電圧の温度係数は50 ppm/℃ですが,ほとんどの用途ではこれで間に合うでしょう.

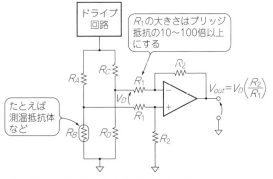

図6 3導線式定電圧ドライブ回路のブロック図

ドライブ回路

R_1の大きさはブリッジ抵抗の10~100倍以上にする

R_A R_C R_1 R_2

V_D
$V_{out} = V_D \left(\frac{R_2}{R_1} \right)$

たとえば
測温抵抗体
など

R_B R_D R_1 R_2

温度 / 光・赤外線 / 振動・ひずみ / 電流 / 計測回路集 / 付録

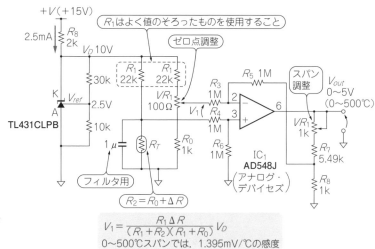

図7　3導線式定電圧ドライブによる白金
測温抵抗体を使った温度測定回路（リニア
ライズなし）

$$V_1 = \frac{R_1 \Delta R}{(R_1 + R_2)(R_1 + R_0)} V_D$$
0〜500℃スパンでは，1.395mV/℃の感度

表2　FET入力OPアンプの仕様

型名	入力オフセット電圧(最大)[mV]	オフセット・ドリフト(最大)[μV/℃]	入力バイアス(最大)電流[pA]	オープンループ・ゲイン(最小)[dB]	スルー・レート(最小)[V/μs]	GB積(最小)[MHz]	メーカ名
AD548J	3	20	20	106	1	0.8	アナログ・デバイセズ
AD711J	3	20	50	100	16	3	
LF411	2	20	200	88	8	2.7	テキサス・インスツルメンツ
LF356	10	5(標準)	200	88	12(標準)	5(標準)	

表3　3導線式定電圧ドライブに使った基準電圧IC
TL431の電気的特性

基準電圧	2.495 V ± 55 mV
温度係数	50 ppm/℃
出力電圧	2.5 〜 36 V
最小カソード電流	標準0.4 mA / 最大1.0 mA
基準電圧端子の入力電流	標準2 μA

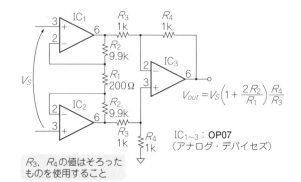

$$V_{out} = V_S \left(1 + \frac{2R_2}{R_1}\right) \frac{R_4}{R_3}$$

IC$_{1\sim3}$：OP07
（アナログ・デバイセズ）

R_3，R_4の値はそろった
ものを使用すること

図8　高精度測定回路に使用する差動アンプ

技③ より高精度に測定したいときは3つの OPアンプを用いた差動アンプを使う

表2のFET入力OPアンプは温度ドリフトなどの
DC特性があまり良くないので，より高精度に測定し
たいときは図8に示すようなOPアンプを3個使った
差動アンプ回路を使います．

OPアンプが3個も必要ですが，1 MΩという高い入
力抵抗がないので，OP07のようなバイポーラ入力タ
イプの高精度OPアンプが使用できます．

③ 定電流ドライブで使えるリニアライズ回路

松井 邦彦

[用途] 地殻変動計測用温度計，温度電気伝導度検層装置，レーザ・ダイオード用温度調節器，温度ロガー

技④ センサの出力電圧を入力へ戻し，正帰還によってフル・スケール付近をもち上げることでリニアライズする

表1にあるように白金測温抵抗体の誤差は温度 T の2乗項までなので，それほど面倒ではありません．

図9に正帰還型リニアライズを採用した回路を示します．このリニアライズでは，センサの出力電圧 V_1 を入力に戻しています．OPアンプ A_3 で極性を反転しているので，これで正帰還になります．正帰還によって，500℃付近で飽和した出力をもち上げています．フル・スケール（500℃）近くではより多くもち上げ，0℃付近ではほとんどもち上げないため，きれいにリニアライズすることができます．リニアライズ後の出力 V_1 は，次式のとおりです．

$$V_1 = -1\,mA \times R_T + KR_TV_1$$
$$= \frac{-1\,mA \times R_T}{1 - KR_T} \cdots\cdots\cdots\cdots\cdots\cdots (8)$$

1kΩ@0℃タイプの白金測温抵抗体を使用した場合，$K = 0.041/\mathrm{k\Omega}$ に設定することで，2%あった誤差を0.1%程度に改善できます（表4）．

この回路の調整は図9を参考にしてください．調整に使用するダミー抵抗の値は表5のようになります．抵抗値が半端な値なので，数本の抵抗を直並列に接続し，最後にマルチメータで確認するとよいでしょう．多回転型のポテンショメータを使用してもかまいません．

図10にリニアライズ前後の非直線誤差を示します．2%ほどあった誤差がリニアライズによって0.1%と小さくなっています．

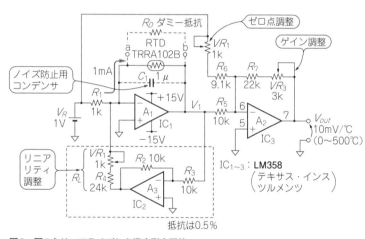

図9 図5をリニアライズした温度測定回路

調整方法
(1) 0℃の抵抗値に相当する1kΩの抵抗をTRRA102Bの代わりに接続して VR_1 でゼロ点調整を行う．
(2) 100℃の抵抗値に相当する1.385kΩの抵抗を接続し，VR_3 でゲイン調整を行う．
(3) つぎに500℃の抵抗値に相当する2.809kΩを接続して，VR_2 でリニアリティ調整を行う．
(4) 各調整を行うたびに少しずつ値がずれるので，何回か繰り返して0～500℃の全域で合わせ込む

表4 $K = 0.041$ での出力電圧
リニアライズ後，ゼロ点調整した $-(V_1 + 1.043)$ はほぼ比例している

温度 [℃]	V_1 [V]	$-(V_1 + 1.043)$ [V]	非直線性 [%]
0	−1.043	0	
100	−1.468	0.425	−0.07
200	−1.895	0.852	−0.04
250	−2.108	1.065	−0.05
500	−3.175	2.132	0

表5 ダミー抵抗の値
各温度で1kΩタイプの白金の抵抗値に等しい値を使って調整する

温度 [℃]	抵抗値 [Ω]
0	1000
50	1194
100	1385
200	1758.4
250	1940.7
500	2809

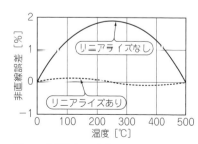

図10 定電流ドライブでのリニアライズの効果
2%の誤差を0.1%程度まで減らせる

④ 定電圧ドライブで使えるリニアライズ回路

松井 邦彦

［用途］超低温用温度測定装置，レーザ・ダイオード用温度調節器，インライン温度計，温度記録計，温度ロガー

技⑤ OPアンプの出力を入力に戻し，白金測温抵抗体へのドライブ電圧を大きくすることでリニアライズする

図11に定電圧ドライブでのリニアライズ回路を示します．この回路ではOPアンプA_2の出力V_{out}を入力電圧V_{in}に戻しています．正帰還量はR_3，VR_3，R_4で決まります．すなわち，V_{out}が大きくなると白金測温抵抗体へのドライブ電圧V_Bが大きくなり，その結果V_{out}が大きくなってリニアライズされます．

出力電圧V_{out}は，

$$V_{out} = G + \frac{R_1 \, \Delta R (V_{in} + K \, V_{out})}{(R_1 + \Delta R + R_0)(R_1 + R_0)} \cdots\cdots (9)$$

となります．ここで，

$$V'_{out} = G \, R_1 \, \Delta R \, V_{in} + \frac{K \, V_{in}}{(R_1 + \Delta R + R_0)(R_1 + R_0)}$$

とすると，

$$V_{out} = \frac{V'_{out}}{1 - K \dfrac{V'_{out}}{V_{in}}} \cdots\cdots\cdots\cdots\cdots\cdots\cdots (10)$$

になります．式(10)は式(8)と同じ形になっています．

リニアライズ前後の誤差を図12に示します．4％ほどあった誤差が0.1％程度に改善されているのがわかります．

白金測温抵抗体では比較的簡単な回路でリニアライズできるので，アナログ回路でのリニアライズも依然として活躍しています．

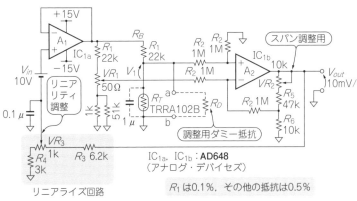

図11 図7をリニアライズした温度測定回路

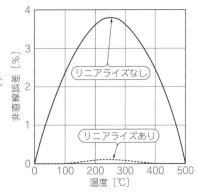

図12 定電圧ドライブでのリニアライズの効果

⑤ 応用範囲の広い白金測温抵抗体用の温度表示回路

松井 邦彦

● 3 1/2桁表示用A-DコンバータMAX138を使った温度表示回路

3 1/2桁表示用A-Dコンバータを使った温度表示回路を図13に示します. このままではわかりにくいので, 図14に, センサ回路部分のみを取り出しました.

図14で, V_{ref} はA-Dコンバータの基準電圧, V_{in} はA-Dコンバータの入力電圧です. したがって,

$$V_{ref} = V^+ \times R_1/(R_1 + R_2 + R_t)$$
$$= V^+ \times R_1(R_3 + R_t)$$
$$V_{in} = V^+ \times \{R_t/(R_1 + R_2 + R_t) - R_0/(R_1 + R_2 + R_0)\}$$
$$= R_3(R_t - R_0)/\{(R_3 + R_t)(R_3 + R_0)\} \cdots\cdots (11)$$

です.

また, A-Dコンバータの表示 DIS は,

$$DIS = 1000 \times (V_{in}/V_{ref}) \cdots\cdots\cdots\cdots\cdots (12)$$

なので, 式(11)より,

$$DIS = 1000 \times R_3(R_t - R_0)/R_1(R_3 + R_0) \cdots (13)$$

となります.

式(13)で注目したいのは, V^+ の項がなくなったことです. そのため, 精度は抵抗のみで決まります. これをレシオメテックな動作といいます.

技⑥ 回路の調整はセンサの代わりに0℃での相当値の抵抗をつなぐ

図13の調整は以下の手順で行います.

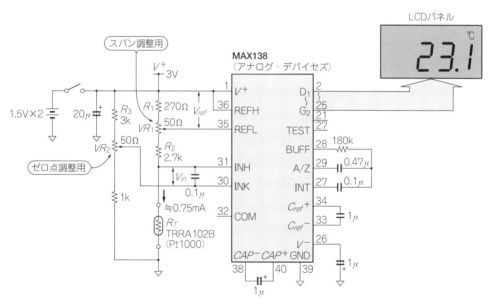

図13 3 1/2桁表示用A-Dコンバータを使った白金測温抵抗体用温度表示回路 (0〜100℃, 表示は-199.9〜+199.9℃)

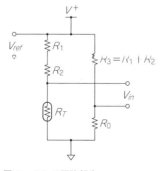

$$V_{ref} = \frac{R_1 \cdot V^+}{R_1 + R_2 + R_t} = \frac{R_1 \cdot V^+}{R_3 + R_t}$$

$$V_{in} = \left(\frac{R_t}{R_1 + R_2 + R_t} - \frac{R_0}{R_1 + R_2 + R_0}\right) \cdot V^+ = \frac{(R_t - R_0) \cdot R_3}{(R_3 + R_t)(R_3 + R_0)} V^+$$

A-Dコンバータの表示 DIS は,

$$DIS = \frac{V_{in}}{V_{ref}} \times 1000 = \frac{\dfrac{(R_t - R_0) R_3}{(R_3 + R_t)(R_3 + R_0)} V^+}{\dfrac{R_1 \cdot V^+}{R_3 + R_t}} \times 1000$$

$$= \frac{(R_t - R_0) R_3}{R_1(R_3 + R_0)} \times 1000$$

図14 センサ回路部分

67

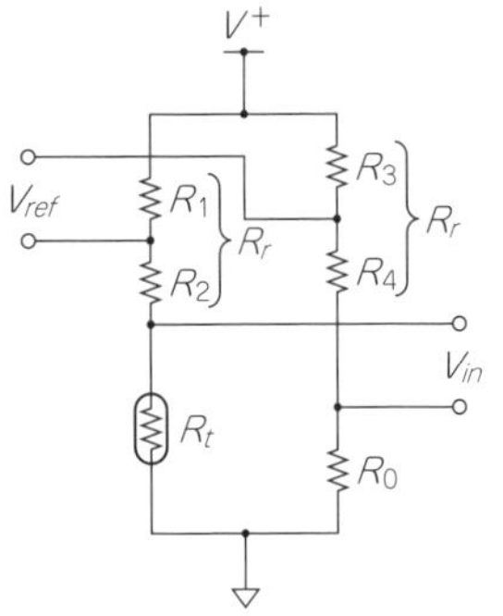

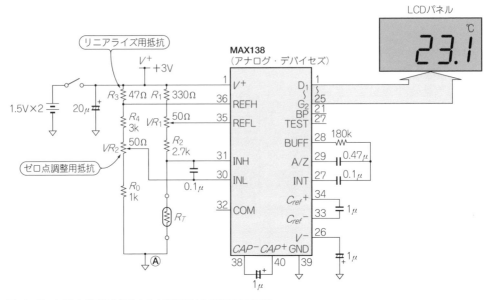

$$V_{ref} = \left(\frac{R_1}{R_1+R_2+R_t} - \frac{R_3}{R_3+R_4+R_0}\right)V^+ = \left(\frac{R_1}{R_r+R_t} - \frac{R_3}{R_r+R_0}\right)V^+$$

$$= \frac{R_1(R_r+R_0) - R_3(R_r+R_t)}{(R_r+R_t)(R_r+R_0)}V^+$$

$$V_{in} = \left(\frac{R_t}{R_1+R_2+R_t} - \frac{R_0}{R_3+R_4+R_0}\right)V^+ = \left(\frac{R_t}{R_r+R_t} - \frac{R_0}{R_r+R_0}\right)V^+$$

$$= \frac{R_r(R_t-R_0)V^+}{(R_r+R_t)(R_r+R_0)}$$

$$DIS = \frac{V_{in}}{V_{ref}} \times 1000 = \frac{\dfrac{R_r(R_t-R_0)}{(R_r+R_t)(R_r+R_0)}V^+}{\dfrac{R_1(R_r+R_0)-R_3(R_r+R_t)}{(R_r+R_t)(R_r+R_0)}V^+} \times 1000$$

$$= \frac{R_r(R_t-R_0)}{R_1(R_r+R_0)-R_3(R_r+R_t)} \times 1000$$

リニアライズの項

図15　リニアライズ回路を付けたセンサ回路部分

図16　リニアライズ回路を付けた白金測温抵抗体用温度表示回路

① センサの代わりに1kΩ(センサの0℃での抵抗値に相当)の抵抗をつなぎます. そして, VR_2で表示がゼロになるように調整します(ゼロ点調整).

② 次に1.385kΩ(センサの100℃での抵抗値に相当)をつなぎ, VR_1で表示が100.0になるように調整します.

③ センサをつなぎます.

これで分解能0.1℃で温度表示ができます.

技⑦ 白金測温抵抗体の非直線性誤差を補正するためリニアライズ回路を追加する

式(13)でわかるように, A-Dコンバータの表示DISは(R_T-R_0)に比例するので, 白金測温抵抗体自身が持つ非直線性誤差は残っています. 非直線性誤差は100℃スパンで約0.3〜0.4℃程度です.

そこで, 図13にリニアライズ回路を追加してみましょう. 図15を見てください. V_{ref}とV_{in}を計算すると, 以下のようになります.

$$V_{ref} = V^+ \times |R_1/(R_1+R_2+R_t) - R_3/(R_3+R_4+R_0)|$$
$$V_{in} = V^+ \times R_t /|(R_1+R_2+R_t) - R_0/(R_3+R_4+R_0)| \cdots\cdots\cdots (14)$$

したがって, 式(12)よりA-Dコンバータの表示は, 次式で示されます.

$$DIS = 1000 \times R_r(R_t-R_0)$$
$$/|R_1(R_r+R_0) - R_3(R_r+R_t)| \cdots\cdots (15)$$

ⓐ項

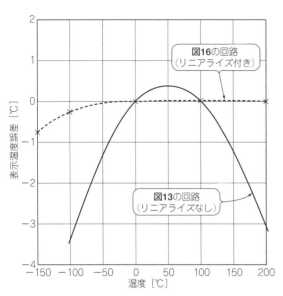

図17 リニアライズ後の特性

ニアライズ後の特性を示します．リニアライズの追加で，0～200℃を0.1℃の精度で測定可能です．－側は0～－100℃を0.2℃の精度で測定可能です．

● **電圧変動の影響**

図13および図16の回路は，3V（1.5Vのバッテリ2個）で動作するので，電源電圧の変動（＋2.5～3.5V）があります．前述したように，電源電圧には依存しないレシオメトリックな回路にしたとはいえ，若干心配です．

そこで＋2.5～7Vまで電源電圧を変えてみました．その結果，ゼロ点の変動はなく，フルスケールの変動は1桁以内だったので，まったく問題ありません．

心配なら，図16の(A)点をグラウンドではなく，COM（32番ピン）に接続するとよいでしょう．COM-V⁺間の電圧は常に3.05Vになります．ただし，COM端子は2mA程度しか電流を吸い込めません．図の定数では，COMに流れる電流は約0.75×2＝1.5mAなので問題ありません．

この回路はMAX138（アナログ・デバイセズ）だけではなく，ほかのA-Dコンバータでも使用できます．また当然ですが，白金測温抵抗体だけではなく，ほかのセンサにも使用可能なので，比較的応用範囲の広い回路です．

式(15)と式(13)とを比較すると，式(15)には@項が分母に入っています．これがフルスケール付近でセンサの感度低下を補償（リニアライズ）してくれます．

図16にリニアライズを追加した回路を，図17にリ

---

column▶03 白金測温抵抗体の種類と特徴

松井 邦彦

▶①取り扱いやすいマイカ型白金測温抵抗体

マイカ（雲母）板に白金抵抗素線を巻き付け，絶縁用マイカ板で挟み込んだものです．丈夫で取り扱いが容易なため，工業用として広く使用されています．

▶②高温で使用できるセラミック封入型白金測温抵抗体

スパイラル状に形成した高純度の白金抵抗素線をアルミナ・セラミック本体に装着し，その底部を耐熱フリットで固定したものです．白金抵抗素線に加わる熱ひずみを小さくできるので次の特徴があります．

(1) 高温まで使用できる
(2) 抵抗値のドリフトが小さい
(3) 再現性と長期安定性に優れている

▶③耐水性に優れたガラス封入型白金測温抵抗体

特殊なガラス本体に白金抵抗素線を巻き付け，0℃

での抵抗値を調整したあと，特殊ガラスに封入したものです．熱応答が速く，絶縁性，耐水性，耐ガス性などに優れています．

▶④量産に適した薄膜型白金測温抵抗体

セラミック・ボビンに白金薄膜を形成した白金測温抵抗体です．金属皮膜抵抗の量産技術が応用でき，量産による低価格化が得やすい特徴があります．

▶⑤工業用として一般的な金属保護管付き白金測温抵抗体

セラミック封入型白金測温抵抗体を，酸化マグネシウムを充填した金属シース管で封入した白金測温抵抗体です．柔軟性があり，応答性が速く，耐環境性が高いという特徴があります．金属管以外では耐薬品性に優れているテフロン管や，とくに高温で使用する場合の石英ガラス管などがあります．

⑥ 熱電対効果をキャンセルする高精度温度測定回路

藤森　弘己

● 概要

　測温抵抗体(RTD)は，温度測定に使用されるセンサとして熱電対やサーミスタと並んでポピュラなものです．センサとして頑丈で，信号線の接続点での熱電対効果による誤差を適切に処理できればたいへん高精度の測定が可能です．

　図18の回路は，測温抵抗体に流す励起電流の方向を周期的に反転し，その差電圧を測定することにより熱電対効果をキャンセルするA-D変換回路です．AD7730は，24ビット分解能のΔΣ型A-Dコンバータで，レシオメトリック動作が可能です．

技⑧ 電流方向を切り替えて差電圧を測ると寄生熱電対の影響をキャンセルできる

　AD7730(アナログ・デバイセズ)はブリッジ回路用AC励起信号のためのパルス信号出力をもっており，A-D変換をこの信号に同期して行います．測温抵抗体を励起する双方向の電流信号は，このパルス出力(ACXピン)から，電圧-電流変換回路(IC_1, IC_2)を介して作られます．

　AD7730は，この回路では±2.5 Vのアナログ電源(AV_{DD} = + 2.5V，AGND = − 2.5 V)で動作しているので，このパルス出力は±2.5 Vの振幅をもちます．

　このためV-I変換回路により，±100 μAの定電流を発生します．

　この電流は測温抵抗体に加えられ，その温度の抵抗値に比した電圧を発生します．この電圧を測るため，基準抵抗R_7にも同じ電流を加え，ここで発生した電圧をA-D変換の基準電圧[REF(+)とREF(−)の差電圧]としてレシオメトリック測定を行います．したがって，ここには温度安定性の良い抵抗が必要です．

　信号経路の中で発生する寄生熱電対の影響は，短時間であればDCなので，電流の方向を切り替えて逆向きに測り，その差電圧を測ることによりキャンセルされます．AD7730は，これらの動作を行う内部機能を備えています．

　使用するアンプは，単電源でレール・ツー・レール入出力の安価なCMOS OPアンプが多数提供されているので，こちらを使うのもよいでしょう．

● ワンポイント

　この回路では，A-Dコンバータのアナログ電源を負側にシフトして使用していることに注意してください．そのため，ディジタル電源は+3Vまでで，5Vのロジック回路は直接には使用できません．

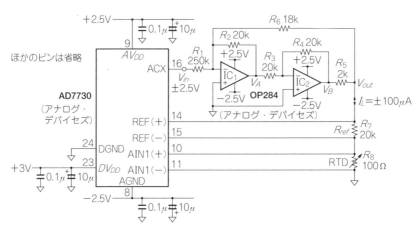

図18　熱電対効果の影響をキャンセルするRTD測定用A-D変換回路

Appendix 1　無調整で0.1％精度! 温度センサ以外も応用OK!

温度センサの抵抗値を高精度に測定する回路

センサには抵抗可変型といって，抵抗値の変化から温度などの物理状態を読み取るものが多くあります．抵抗値は，**図1**に示すブリッジ回路で測定するのが基本です．

本稿では，このようなブリッジ回路を使わないで，サーミスタや白金測温抵抗体の抵抗値を高精度に測定する実例を2種類紹介します．前半は先輩から受け継いだ標準的な方法です．後半は筆者が考えた方法です．いずれも無調整で，0.1％程度以上の高精度測定に応用できます．

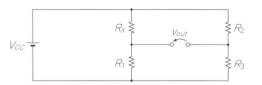

ブリッジは抵抗値測定の基本回路．V_{out} がゼロのとき，R_X は，
$$R_X = R_1 R_2 / R_3$$
から求まる．R_1の絶対値とR_2/R_3の比だけに依存し，電源 V_{CC} は値に関係しない

図1　抵抗値測定のための基本回路「ブリッジ回路」

① 被測定抵抗に電流を流し電圧に変換して測定するテクニック

太田　健一郎

ここで紹介する，抵抗値測定の方式には下記の利点があります．

①無調整で組み立てられる．
②経時変化の恐れが少ない．
③誤差要因が除かれているので高精度に測定できる．精度が基準抵抗（R_A, R_B）の絶対精度とA-D変換のレシオ・メトリック精度だけで決まる．
④OPアンプのオフセット，ドリフト，電源電圧や基準以外の抵抗誤差は測定精度に関係しない．
⑤ポテンショ・メータに当たるA-D変換精度は用途に合わせて選べばよい．

技① 一定の電流を抵抗に流し電圧に変換して測定する

テスタのように定電圧を抵抗に加えて電流を検出する方法は，抵抗値と電流値が反比例するので，後の処理が面倒です．そこで，一定の電流を被測定抵抗に加えて電圧を検出するのが普通です．

最も簡単な回路例を**図2**に示します．OPアンプの両入力端子電圧は等しいので，R_1 に流れる電流 I_S は，次式で求まります．

$$I_S = V_{ref} / R_1 \quad \cdots\cdots\cdots\cdots\cdots\cdots\cdots (1)$$

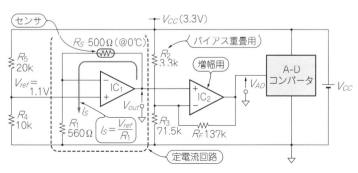

図2
被測定抵抗（サーミスタ）の値を電圧値に変換しA-D変換回路に入力する回路

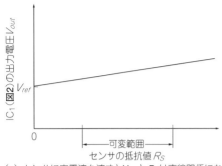

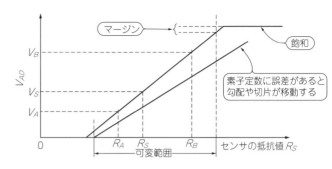

（a）センサに定電流を流すとV_{out}とR_Sは直線関係になる

（b）オフセットを与えて増幅し，可変範囲がA-D変換範囲に収まるよう調整する

図3　図2のセンサ抵抗値R_SとOPアンプ出力V_{out}およびA-Dコンバータ入力電圧V_{AD}の関係

すなわち，図2の回路定数であれば，センサ抵抗R_Sによらず，約2mAの一定電流となります．したがってOPアンプIC_1の出力V_{out}は，

$$V_{out} = V_{ref} + V_{ref}R_S/R_1$$
$$= V_{ref}(1 + R_S/R_1) \cdots\cdots\cdots\cdots\cdots (2)$$

となります．この関係を図3(a)に示します．

技② オフセット電圧を加算しアンプで増幅する

OPアンプ出力V_{out}の変化幅はわずかですから，A-D変換器の入力範囲に合わせて増幅します．定数の計算例は後述しますが，約7倍に増幅します．

このまま増幅するとV_{ref}の成分も増幅されてA-D変換器の入力範囲を超えてしまいます．そこで，R_S可変範囲がA-D変換範囲に収まるようにオフセットを与えます．通常の抵抗計を設計するなら，ゼロとフルスケール間が対象ですが，センサの場合は基準値を中心として正負の可変範囲で考えます．

これらのコンディショニングをして，プリアンプ出力を図3(b)のようにします．

技③ 素子や電源電圧のばらつき，経時変化への対処法として基準抵抗を2本追加してキャリブレーションする

図3(b)のアンプ出力V_SをA-D変換すれば，R_Sを求めることができるはずです．

もし，すべての回路素子に精密部品を使い，OPアンプにもオフセットがないものを使えば正確な測定ができると思いますか．数学的にはできますね．しかし量産した場合，素子のばらつき誤差の累積や温度変化によって，図3(b)の特性直線が平行移動したり，傾きが変化したりして測定結果に誤差を生じます．そこで累積誤差を補償するため，いくつかのトリマという調整用の部品を設けるのですが，製造工数もかかり，経時変化にも難があります．

センサ抵抗R_Sを測定する直前に，図4のように2つ

の基準抵抗R_AとR_Bに切り替えてアンプ出力V_A, V_Bを測定します．通常，ゼロ点とフルスケールで較正するのと同様です［図3(b)］．すると，1つの直線に対して2点が決まり，この直線の方程式が決まります．

仮に100台作れば，その方程式は1台ごと少しずつ異なるでしょう．しかしそのユニット，そのときの環境に対しては正しい特性を表わす方程式です．

そのあとで，スイッチをR_Sに戻して，アンプ出力V_Sを測定すれば，初等数学でR_Sが求まります．上記(R_A, V_A), (R_B, V_B), (R_S, V_S)の3点が一直線上にあることから，図4のアナログ・スイッチのオン抵抗を無視すると，

$$V_A = AR_A + B \cdots\cdots\cdots\cdots\cdots\cdots (3)$$
$$V_B = AR_B + B \cdots\cdots\cdots\cdots\cdots\cdots (4)$$
$$V_S = AR_S + B \cdots\cdots\cdots\cdots\cdots\cdots (5)$$

となるので，定数AとBを消去すると，

$$R_S = R_A + \frac{(R_B - R_A)(V_S - V_A)}{V_B - V_A} \cdots\cdots (6)$$

となります．これをマイコンなどで計算します．

素子や電源電圧がばらつくと，AやBはばらつきます．しかし，式(6)はAもBも含まないので，ばらつきの影響が原理的にありません．

精度を決めるのは，R_A, R_Bの精度とA-D変換精度だけです．その代わりR_AとR_Bには，高精度かつ温

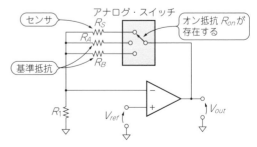

図4　素子や電源電圧のばらつき，経時変化への対処法
センサ抵抗R_Sを測定する直前に2つの基準抵抗に切り替えてV_{out}を測定

度係数が小さいもの，例えば，金属箔チップ抵抗MPシリーズ(誤差0.05%，温度係数5 ppm/℃，アルファ・エレクトロニクス)を使用します．

ちょっとくどいかもしれませんが，式(6)でV_A，V_B，V_SはA-D変換の基準電圧V_{ref}に対する分圧比です．分母にも分子にも1次式で入っているため，キャンセルされて精度には影響しないのです．このテクニックをレシオ・メトリックといいます．

冒頭に計測とは基準との比較であると述べましたが，式(6)はその定義にかなって倍率を求めています．

技④ ケルビン端子法でスイッチICのオン抵抗の影響を排除する

皆さんの中には「原理的にはよくても実際の切り替えスイッチには内部抵抗があって実現できない」と思う方がいるかもしれませんね．確かに一般のアナログ・スイッチは，内部抵抗R_{on}が100 Ω程度あります．しかし，あってもかまわないのです．

図5には，端子部のアナログ・スイッチのオン抵抗R_{on}を考慮した抵抗の等価回路を示しました．すなわち電流端子と電圧検出端子とを分離し，R_{on}における電圧降下を除外するのです．端子[3]～[4]には微小電流しか流さないようにすれば，電圧降下は無視できて正確に抵抗R_Sの両端電圧を取り出すことができます．

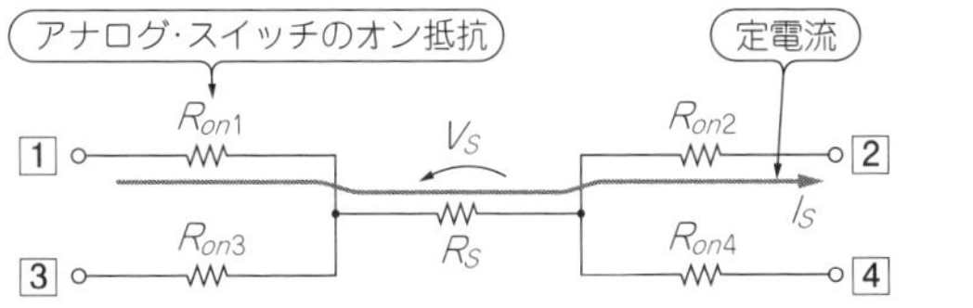

電流は端子[1]から[2]へ流す．R_S両端の電圧$V_S = I_S R_S$は電圧端子[3]と[4]をハイ・インピーダンスで受けて測る．するとR_{on1}～R_{on4}の抵抗の影響を受けない

図5 アナログ・スイッチのオン抵抗R_{on}の影響を受けないようする方法

この方法をケルビン端子法またはForce/sense端子法ともいいます．

例えば，100 mΩといった低抵抗に大電流を流して電流を測定するようなときには，端子のはんだ付け部分の接触抵抗や，配線パターン抵抗の影響を避けるのに必須の手法です．また，直流電源のリモート・センス法も同じ手法です．

抵抗を切り換えるときは，電流端子と電圧端子とを連動させます．一見複雑に見えますが，アナログ・スイッチ素子としてCMOSマルチプレクサ4052などを使えば，安価(例えば50円)です．

実際の回路と定数の計算例

● センサ抵抗値と温度の関係

例として温度を測る際に用いる白金測温抵抗体の抵抗値を検出する回路を設計してみます．T［℃］における抵抗R_T［Ω］は，$R_0 = 500$ Ωを選ぶと次式で求まります．

$$R_T = 500(1 + 3850 \times 10^{-6}T) \cdots\cdots (7)$$

この式を使って，抵抗値から温度を逆算します．

今，測定温度範囲を－30～＋75 ℃として対応数値を**表1**に示します．なお，電源電圧は5 V，アナログ振幅は3.3 Vとします．

● R_2，R_3，R_Fの算出

図6に回路構成を示します．

初段は，**図2**に述べたセンサR_Sに比例する電圧V_{out}を発生させる部分，ただし電流ブースタを付けました．2段目は，増幅とバイアスを加える部分です．

V_{out}は，式(2)の記号を代えて次のようにします．

$$V_{out} = V_{ref}(1 + R_S / R_1) \cdots\cdots (8)$$

一方V_{out}とV_{AD}の関係は，鳳-テブナンの定理から，

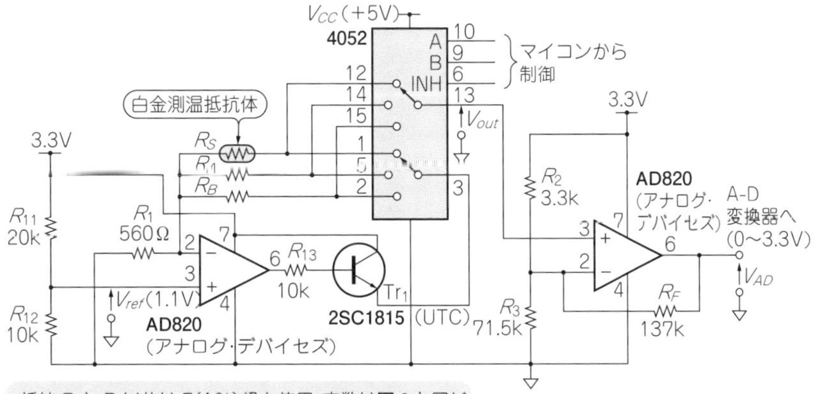

図6
白金測温抵抗体の抵抗値検出回路例

抵抗R_AとR_B以外はF(1%)級を使用．定数は**図2**と同じ

$$V_{out} = \frac{3V_{ref}}{1+\dfrac{R_2}{R_3//R_F}} + \frac{V_{AD}}{1+\dfrac{R_F}{R_2//R_3}} \quad \cdots\cdots\cdots (9)$$

となります. // は並列接続を表す記号です.

　見当として, V_{ref} = 1.1 V, R_S には 2 mA の定電流を流すことにして, R_1 = 560 Ω とします. 自己発熱を抑えるため, 電流は少ないほうが良いですが, 今回は代わりに通電時間を 100 μs と短くしました.

　A-D 変換入力範囲は 0～3V_{ref} なので, 出力 V_{AD} はマージンをみて, 表1 で RS が最小のとき V_{AD} = 0.25V_{ref}, R_S が最大のとき V_{AD} = 2.75V_{ref} とします. この条件を式(8)と式(9)に入れると, R_2, R_3, R_F 間の比率を計算することができ, 96 系列抵抗値から,

　R_2 = 33 kΩ, R_3 = 71.5 kΩ, R_F = 137 kΩ

が 1 つの解です. このとき, V_{out} の後段におけるゲイン [式(9)の第2項分母] は約7です. 基準抵抗は任意なので, R_A は 470 Ω (−15.5 ℃ 相当), R_B は 610 Ω

(+57.1 ℃ 相当) としました. 以上の考察をまとめたのが, 図6と図7です.

＊

　温度センサに JIS A 級 (±0.15 ℃) を, 基準抵抗に誤差 0.05 %, 温度係数 5 ppm/℃ の金属箔抵抗を使い, 測定レンジを高低2分割して測定精度 ±0.3 ℃, 分解能 0.1 ℃ の電池動作の測定器 (写真1) を量産した経験があります. A-D コンバータは, 分解能 10 ビット (誤差 ±3 ビット) のマイコン内蔵のものを利用しました. 12 ビットの A-D 変換器を使えば, 単レンジでも同じ性能を達成できます. センサは, プリント基板上に載せました. リード線を長くするときは, その抵抗を 3 線式などで補償する必要があります[1].

表1　白金測温抵抗体の抵抗値と端子間電圧

温度 T [℃]	抵抗値 R_S [Ω]	V_{out}/V_{ref}	V_{out} [V]	V_{AD} [V]
−30.0 (下限)	442.25	1.79	1.97	0.27
22.5 (中点)	543.31	1.97	2.17	1.65
75.0 (上限)	644.38	2.15	2.37	3.03

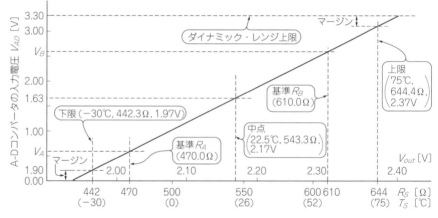

図7
センサ抵抗値 (温度) と A-D コンバータ入力電圧との関係

写真1
電流を被測定抵抗に流し電圧に変換する方法を採用している温度測定器 (測定精度 ±0.3 ℃, 分解能 0.1 ℃, 電池動作)

② のこぎり歯状波発振回路に被測定抵抗を組み込み周期を測定するテクニック

太田 健一郎

基準抵抗と時間の比（周波数の逆数比）で比較する方法（カウンタ方式）について解説します．前項と同じく，素子のばらつきを自己補正するため精度が良く，調整項もありません．

カウンタ方式は，センサを電源に接地することができ，さらに発振タイプであるのにセンサには直流しか流れないので，リード線を長くしてもノイズ対策が容易です．ノイズを積分で軽減する効果もあります．また，部品精度が不要のため，とても安価に構成できます．センサをリモートで数多く配置する工業計測では，通信がパルス・レート（FM）になるので便利です．

図2にサーミスタで温度を測る例を示しましたが，これも一般的に使える手法です．前項で説明した増幅以降のA-D変換部分をこちらの方法に組み換えることも，もちろん優れた方法です．

● のこぎり歯状波発振回路の動作と設計

▶動作

図8(a)にのこぎり歯状波発振回路の基本形を示します．

定電流でコンデンサC_Aを充電し，しきい値に達したら放電させ，一定時間休止後，再び充電するサイクルを繰り返すと，**図8**(b)のような発振電圧波形が得られます．

▶定電流充電回路

図9に定電流充電回路を示します．電流I_Sは，

$$I_S = V_{ref}/R_S \cdots\cdots\cdots\cdots\cdots\cdots (10)$$

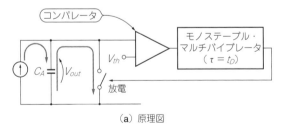

（a）原理図

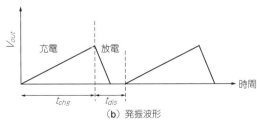

（b）発振波形

図8 のこぎり歯状波発振回路の基本形と発振波形

となります．トランジスタにはFETを使うのが理想ですが，バイポーラ型でも電流増幅率βは相殺されるので，測定精度には影響しません．

▶コンパレータで充放電の切り替えポイントを設定

コンデンサC_Aの電圧は充電とともに直線的に上昇し，t秒後にしきい値V_{th}に到達すると，コンデンサの電荷Qは次のようになります．

$$Q = C_A V_{th} = I S t_{chg} \cdots\cdots\cdots\cdots\cdots (11)$$

V_{th}の検出は，教科書的にはコンパレータを使いますが，しきい値精度は不要なので，安価なCMOSのゲートICで十分です．なお，放電フィードバックがあるので，ゲート自体にヒステリシス特性はなくてもかまいません．

▶放電回路

しきい値に達すると同時にコンデンサを放電します．放電と休止時間を一定に保持するため，時定数回路（モノステーブル・マルチバイブレータ）を使います．なお，放電のピーク電流を緩和するため電流制限抵抗を挿入しました．

技⑤ 基準抵抗による2点キャリブレーションにより発振周期から抵抗値を測定する

式(10)と式(11)から，

$$R_S = t_{chg} V_{ref}/V_{th} C_A = K t_{chg} \cdots\cdots\cdots (12)$$
$$K = V_{ref}/V_{th} C_A \cdots\cdots\cdots\cdots\cdots (13)$$

ただし，t_{chg}：C_Aの充電時間

一方，**図8**(b)から，

$$f_{osc} = 1/(t_{chg} + t_D) \cdots\cdots\cdots\cdots (14)$$

ただし，t_D：C_Aの放電時間

と発振周波数を定義します．すると式(12)～(14)から，

$$R_S = K(1/f_{osc} - t_D) \cdots\cdots\cdots\cdots (15)$$

となります．R_Sを式(15)から求めたいのですが，Kとt_Dを与えるパラメータの誤差が心配です．そこでR_Sの代わりに，前項で説明した4端子の扱いで，基準抵抗R_Aに切り換えたときの発振周波数f_Aと，R_Bに切

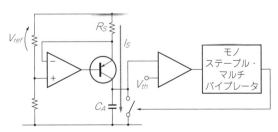

図9 のこぎり歯状波発振回路の定電流発生部

り換えたときの発振周波数f_Bを求めます.

R_Sのときの発振周波数をf_Sとすると,式(15)から次の式(16)～(18)が誘導されます.

$$R_S = K(1/f_S - t_D) \cdots (16)$$
$$R_A = K(1/f_A - t_D) \cdots (17)$$
$$R_B = K(1/f_B - t_D) \cdots (18)$$

3つの式からKとt_Dは消去できて,

$$R_S = (R_B - R_A)\frac{1/f_S - 1/f_A}{1/f_B - 1/f_A} + R_A \cdots (19)$$

と簡明な式を得ます.すなわち基準抵抗と,3つの時間比率から測定するわけで測定の理にかなっています.

基準抵抗の精度は要求仕様によって選択します.周波数は絶対値ではなく,レシオ・メトリックを使っているのがミソです.測定桁数は,カウンタのゲート時間を長くするか,周波数を上げれば増やせます.当然ですが,OPアンプのオフセットや,コンデンサのばらつきや放電(休止)時間のばらつきなどは,すべて相殺されてR_Sの測定精度には影響しません.したがって製造に調整工程は不要です.電圧測定の2重積分方式を思い出された方もいらっしゃるでしょう.

定数設計例

サーミスタは#PB3-437(10.74 kΩ@25℃,B定数:

3840kΩ,芝浦電子の選別品)をコラムの図Aの定数でリニアライズし,測定範囲を6k～43 kΩ(+90～-30℃相当)としました.基準抵抗を両端(6.2 kΩ,39 kΩ)とします.

基準電圧V_{ref}は,$V_{CC}=3$Vを抵抗分圧して$0.3125 V_{CC}$とし,コンデンサはポリエステルで0.022μF,しきい値はCMOSゲートICで検出し,$V_{th}≒0.5 V_{CC}$,放電時間t_Dは20μsに設定しました.このとき$R_S = 10$kΩとすると,

- 充電電流:$i_{chg} = 0.3125 × 3/(10 × 103)$
  $= 0.094$mA
- 充電時間:$t_{chg} = 0.022 × 0.5 × 3/0.094 = 0.35$ms
- 放電時間:$t_D = 20$μs(固定)

となります.したがって,発振周波数f_{osc}は,

$$f_{osc} = 1/(t_{chg} + t_D) ≒ 2.7\text{kHz}$$

となります.図10に示すのは,実際のサーミスタの抵抗値検出回路例です.

精度は±0.1％で計算どおり

基準抵抗は,0.1％のERAシリーズ(パナソニックインダストリー)を使用しました.表2と図11に示すように,測定結果は理論どおり0.1％の精度が得られます.この方式(カウンタ方式)は,いわゆるA-D変

column 01 サーミスタとそのリニアライズ

太田 健一郎

サーミスタの抵抗値は,図A(a)のように温度に対して指数関数的に大幅に変化します.

例えば,-30℃で116.8kΩのものが,70℃では2.223 kΩと50倍も変化します.そこで,測定の便のため,変化幅を圧縮するのが普通です.これをリニアライズといいます.

例えば,上限を圧縮するには並列抵抗を下限をもち上げるには直列抵抗を挿入します[図A(b)].直

列抵抗は自己発熱防止の電流制限も兼ねます.図A(c)にリニアライズ結果例を示します.

リニアライズは,温度範囲や対象サーミスタの種類,そのほかの条件に合わせて行います.実際には,リニアライズした抵抗値を測定して,マイコンのROMに記憶してある温度と抵抗値との換算表から温度を求めます.

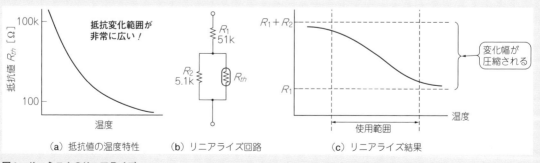

(a) 抵抗値の温度特性　(b) リニアライズ回路　(c) リニアライズ結果

図A　サーミスタのリニアライズ

温度センサの抵抗値を高精度に測定する回路

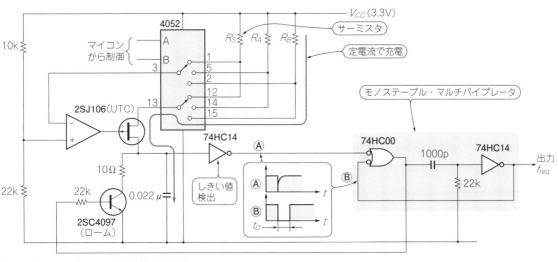

図10 実際のサーミスタの抵抗値検出回路例

表2 サーミスタを使った温度測定回路(図10)の特性

相当温度 [℃]	センサ抵抗設定値		実験値		計算値	
	センサ抵抗値 [kΩ]	リニアライズ した抵抗値R_S [kΩ]	発振周波数f_{osc} [kHz]	発振周期 $1/f_{osc}$ [ms]	周波数から式(19) による抵抗値R_C [kΩ]	R_Cに対する R_Sの誤差 [%]
99.1	1.000	6.081	3.4393	0.2908	6.085	0.072
57.1	3.300	8.199	2.6053	0.3838	8.202	0.037
35.5	6.800	11.100	1.9555	0.5114	11.104	0.035
25.0	10.00	13.461	1.6258	0.6151	13.465	0.031
− 4.0	33.00	25.136	0.8863	1.1283	25.137	0.006
− 34.8	151.0	43.224	0.5200	1.9231	43.217	− 0.015
− 27.2		R_B 39.00	0.5755	1.7377	39.000	0.000
94.6		R_A 6.200	3.3806	0.2958	6.200	0.000

実験では灰色の部分を4ダイヤル抵抗器で設定.
測定誤差は6k〜43kΩにわたり0.1%以下になっていることがわかる.

換器より非直線ひずみが少なくて,良い精度がでます.
　最小2乗法で縦軸との切片を求めると23.4 μsとなり,これは式(14)のt_Dを示します.私はこの回路で,精度±0.5℃@25℃,分解能0.1℃の電池動作の温度計を量産した経験があります.

まとめ

　抵抗測定の方式を2つ紹介しました.いずれも数学的に単純で,誤差要因もありません.また,ともに量産実績があります.
　温度計測は,回路自体も温度変化に晒されることがあるので,その影響を受けないことが特に重要です.この手法は,電圧測定や容量の測定にも応用できます.マイコンなどを使って自己補償する方法は,製造の調整工程に比べて安価で信頼性にも優れています.皆さんも,とことん合理性を追及してはいかがでしょうか.

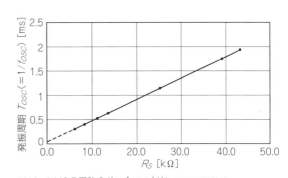

図11 図10の回路のサーミスタ抵抗-発振周期特性

◆参考文献◆
(1) 小川実吉:温度センサとセンサICの実用知識,トランジスタ技術,2003年12月号,pp.146‐148,CQ出版社.
(2) アルファ金属箔抵抗器カタログ,アルファ・エレクトロニクス.https://www.alpha-elec.co.jp/

ワンチップ
温度
光・赤外線
振動・ひずみ
電流
計測回路集
付録

第3部

光を測る/光で測る回路

定番光センサ 「フォトダイオード」と回路

フォトダイオードの基礎知識

松井 邦彦

● 血液の分析や放射線の検出に

フォトダイオードは，次に示す製品や装置に応用されています．

- TVなどのリモコン
- 照度計
- 画像やディジタル・データを伝送する光伝送装置
- 血液などの分析装置
- 放射線の検出装置

放射線は，シンチレータと呼ばれる材料で光に変えるとフォトダイオードで検出できます．シンチレータの変換効率がS/Nに影響するという欠点はありますが，光センサの量産技術が応用できるため，安価で入手性もよく，使いやすいという利点があります．

● 安価なわりに高性能なのが最大の魅力

入手しやすいフォトダイオードを**表1**に示します．

フォトダイオードは，安価で高性能なうえに，幅広く応用できます．ぜひ使ってほしいセンサの1つです．次に示す5つの特徴があります．

① 入射光量と出力電流の直線性が良い

安価な汎用フォトダイオードでも0.1％程度のリニアリティが得られます．

② ダイナミック・レンジが広い

フォトダイオードのダイナミック・レンジは6～8桁にも及びます．そのため，ログ・アンプを使うこともあります．フォトダイオード用のログ・アンプも市販されています．

③ 温度特性が良い

安価なフォトダイオードでも100 ppm/℃程度の感度ドリフトが得られます．暗電流は通常2倍/10℃なので，低電流まで測定したいときは，暗電流の小さなものを使います．

④ 応答速度が速い

通信用のフォトダイオードでは，数十GHzの入射光に対応したものもあります．

⑤ ばらつきが小さい

一般的な半導体型センサは，ばらつきが100％を超えるものもあります．フォトダイオードは通常10％以下です．選別品ではさらに良くなります．

表1 入手しやすいフォトダイオード

型　名	メーカ名	短絡電流	暗電流	ピーク感度波長 [nm]	端子間容量 [pF]	備　考
NJL6502R-1	日清紡マイクロデバイス	500 nA (1000 lx)	0.5 nA (5 V)	580	35(0 V)	フォトダイオード 照度計用，リニアリティ良好(0.1 ～ 10⁵ lx)
NJL7502L		46 μA (100 lx)	0.1 μA (20 V)	560	–	フォトトランジスタ Cdsセルの置き換えに便利
S4707-01	浜松ホトニクス	6.6 μA (100 lx)	5.0 nA (10 V)	960	14(10 V)	PIN型フォトダイオード 光電スイッチ用，遮断周波数は20 MHz
S8729-04		5 nA (100 lx)	2.0 nA (5 V)	960	16(5 V)	PIN型フォトダイオード 汎用，受光面が2.0×3.3 mmと大面積
HPI307	コーデンシ	75 μA (1000 lx)	30 nA (10 V)	940	95(0 V)	PIN型フォトダイオード 高出力

● 光が当たると電流が流れる

一般的なダイオードと同じように，フォトダイオードも PN 接合で構成されています（図1）.

フォトダイオードに波長 λ の光が入射すると，1個のフォトン（光子）の吸収によって光電流となる一対のキャリア（電子と正孔）を生じて，光電流が流れます. これを励起といいます.

励起が生じる条件は，フォトンのもつエネルギーがフォトダイオードの材料のエネルギー・ギャップ E_g よりも大きいことです. たとえると，障害物競争のようなものです. ハードルの高さを E_g とすると，このハードル以上に足を上げないとハードルを越えられません. 足の高さに相当するのがフォトンのもつエネルギーです.

波長 λ の光のもつエネルギー E_{ph} は，次の式(1)で表せます.

$$E_{ph} = \frac{hc}{\lambda} \quad \cdots\cdots\cdots\cdots\cdots\cdots\cdots (1)$$

ただし，h：プランク定数 [Js] (6.626×10^{-34})，c：光の速さ [m/s] (3×10^8)，λ：光の波長 [m]

（a）エネルギー・バンド

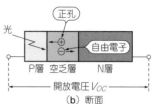

図1 一般的なダイオードと同じようにフォトダイオードも PN 接合で構成されている
光のもつエネルギーがフォトダイオードの材料のエネルギー・ギャップ E_g よりも大きいときに電流が流れる

（b）断面

$E_{ph} > E_g$ のときは電流が発生し，$E_{ph} < E_g$ のときは発生しません. 仮に波長 λ = 1100 nm とすると，式(1)より E_{ph} = 1.1 eV です. シリコンのエネルギー・ギャップ E_g は，1.11 eV です. フォトダイオードの材料にシリコンを使うと，波長 λ >1100 nm の光に対しては，感度がないことがわかります.

① フォトダイオードの出力電流が 1 μA 以上と大きいときに使う抵抗による I-V 変換回路

松井 邦彦

[用途] 光ファイバ通信，監視カメラ，光-電気変換装置，レーザ・ダイオード評価装置

技① フォトダイオードの使い方の基本：出力電流を抵抗で電圧に変える

フォトダイオードの出力電流を電圧に変換できる最も簡単な方法です. 図2に示すのは，抵抗を使った I-V 変換回路です. フォトダイオードの出力電流を I_{sig}，フォトダイオードの負荷抵抗を R_L とすると出力電圧 V_{out} は，次の式(2)で表されます.

$$V_{out} = I_{sig} R_L \quad \cdots\cdots\cdots\cdots\cdots\cdots\cdots (2)$$

ただし，I_{sig}：フォトダイオードの出力電流 [A]，R_L：負荷抵抗 [Ω]

● ダイナミック・レンジは大きくとれない

この回路は，簡単で安価な代わりに，ダイナミック・レンジはそれほど大きくとれません. フォトダイオードの出力電流が大きいときに使います.

図3にフォトダイオードの負荷特性を示します. R_L = 1 kΩ のときは1000 lx までダイナミック・レンジがあるのに，R_L = 10 kΩ のときは400 lx までしかダイナミック・レンジがありません. フォトダイオードが光電流によって順方向にバイアスされたことが原因です.

技② 逆バイアスをかけるとダイナミック・レンジを広げられる

フォトダイオードは，PN 接合のダイオード構造なので，出力電圧は順方向電圧（図3では0.3～0.4 V）で頭打ちになってしまいます. R_L を大きくして出力電圧を大きくすると，小さな光電流で出力電圧が飽和します. 通常はフォトダイオードに逆バイアスをかけます. これでダイナミック・レンジが広がります.

また，逆バイアス電圧を加えるとフォトダイオードの端子間容量 C_T も小さくなるので，より高速で応答するというメリットも生まれます. ただし，逆バイアスによって暗電流が増加するので，DC 精度が若干劣化します.

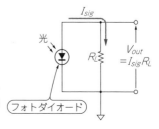

図2 フォトダイオードの出力電流を抵抗で電圧に変えるのが使い方基本

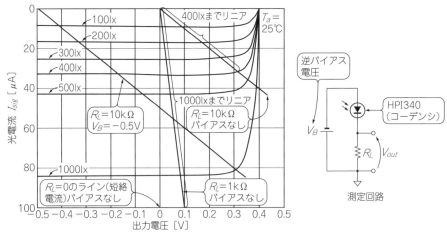

図3 フォトダイオードに逆バイアスをかけるとダイナミック・レンジが広がるがDC精度が悪くなる

② フォトダイオードの出力電流が1p～1μA以下と小さいときに使うI-V変換アンプ

松井 邦彦

[用途] 照度計，露出計，光血液分析器，放射光量測定器，光ファイバ通信装置

技③ I-V変換アンプはダイナミック・レンジが広くとれる

OPアンプによるI-V変換回路（トランスインピーダンス・アンプ回路）を図4に示します．

この回路は，バイアス電圧がゼロで動作します．フォトダイオードのリーク電流を最も小さくできるので，最も広いダイナミック・レンジを得ることができます．

フォトダイオードに逆バイアスをかけてもかまいません．リーク電流は増えますが，フォトダイオードの端子間容量C_Tを減らせます．このとき，フォトダイオードには短絡電流（図3の$R_L = 0$のライン）が流れ，入射光強度に対して非常に高いリニアリティが得られ

ます．

技④ 帰還抵抗値は1M～1GΩと高くする

トランスインピーダンス・アンプ回路の出力電圧V_{out}は，次の式(3)で表されます．

$$V_{out} = -I_{sig}R_F \cdots\cdots\cdots\cdots\cdots\cdots\cdots (3)$$
ただし，I_{sig}：フォトダイオードの出力電流[A]，R_F：帰還抵抗[Ω]

用途にもよりますが，帰還抵抗R_Fの値は1M～1GΩと相当高くします．

技⑤ 発振防止用のコンデンサを帰還抵抗に接続する

フォトダイオードの端子間容量C_Tが大きいとOPアンプが発振しやすくなるので，発振防止用にコンデンサC_Fが必要です．C_Fの大きさはフォトダイオードの端子間容量C_Tと同じ値を目安にします．

技⑥ 安価な抵抗器で高抵抗を作れるT型帰還回路を採用する

トランスインピーダンス・アンプ回路は，帰還抵抗R_Fに高抵抗が必要です．しかし，抵抗値の高い抵抗器は高価です．

図5に示すT型帰還回路を使うと，抵抗値の低い安価な抵抗器で，高抵抗が作れます．ただし，この回路を使うときはDC精度が劣化するので注意してくださ

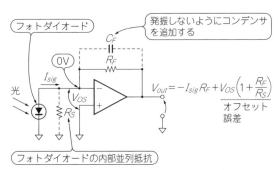

図4 バイアス電圧がゼロでも動作するのでフォトダイオードのリーク電流を小さくできる
OPアンプによるI-V変換回路（トランスインピーダンス・アンプ回路）

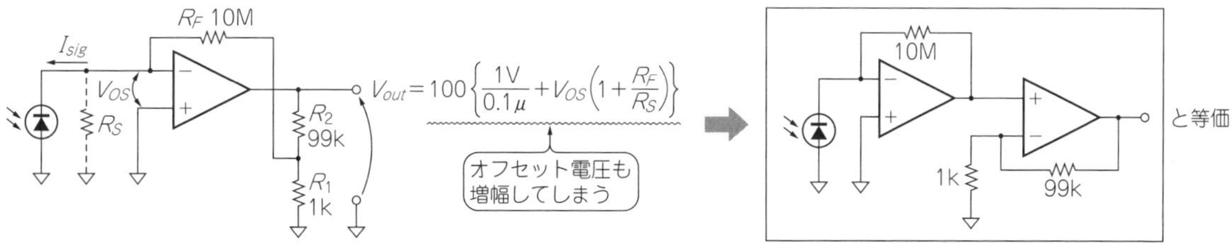

$$V_{out} = 100\left\{\frac{1\,\mathrm{V}}{0.1\,\mu} + V_{OS}\left(1 + \frac{R_F}{R_S}\right)\right\}$$

オフセット電圧も
増幅してしまう

と等価

図5 T型帰還回路は抵抗値の低い安価な抵抗器で高抵抗を作れる
大きな電圧ゲインをもつのでDC精度の劣化に注意

い．低抵抗で高抵抗を実現するために，大きな電圧ゲインをもってしまうからです．後段に100倍のアンプが付いたのと同じなので，OPアンプのオフセット電圧が100倍に増幅されてしまいます．

たとえば，OPアンプのオフセット電圧が10 mVとすると，出力には1 V(= 10 mV × 100)もの大きなオフセット電圧が存在してしまいます．

高精度が要求されるときは，帰還抵抗R_Fにできるだけ抵抗値の高い抵抗器を使います．

技⑦ オフセット電圧調整が不要な超低入力バイアス電流のOPアンプを使う

トランスインピーダンス・アンプ回路を照度計へ応用する方法を**図6**に示します．フォトダイオードにはNJL6502R-1(日清紡マイクロデバイス)を使います．

NJL6502R-1の出力電流は，0.5 nA/lxと小さいので，OPアンプは，FET入力タイプが最適です．電灯のちらつきを防止するために，コンデンサC_1 = 0.047 μFを入れています．これは，発振防止も兼ねています．

NJL6502R-1の暗電流は0.5 nAと小さいので，一般的な用途では問題ありません．暗電流が大きいフォトダイオードは，内部並列抵抗が小さいということなので，帰還抵抗が大きいとオフセット電圧を増幅してしまいます．オフセット電圧とドリフトの小さなOPアンプが必要です．

▶オフセット電圧の調整を避けるためのOPアンプ選び

分解能が100 pA程度でよければOP97F(アナログ・デバイセズ)のようなOPアンプが使えます．OP97F

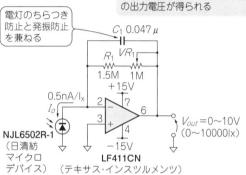

1lxあたりの入力電流I_{in}は，
I_{in} =500nA/1000lx
　　　=0.5nA/lx
したがって，帰還抵抗($R_1 + VR_1$)を2MΩにすると，1lxあたり1mVの出力電圧が得られる

電灯のちらつき
防止と発振防止
を兼ねる

V_{out} =0〜10V
(0〜10000lx)

NJL6502R-1
(日清紡
マイクロ
デバイス)　(テキサス・インスツルメンツ)

図6 0.5 nA/lxの小さな出力電流を電圧に変換する定石回路「トランスインピーダンス・アンプ」
照度計への応用例

は，バイポーラ入力ながら内部で入力バイアス電流補償を行っているので，入力バイアス電流が標準値30 pA(最大値150 pA)と小さな値になっています．オフセット電圧は，標準値30 μV(最大値75 μV)と十分小さな値なので，ほとんどの用途では調整不要です．

分解能が1 pA以下になると，OPアンプの価格は急激に高くなります．この場合は，CMOS汎用OPアンプを使うと安価にできます．**表2**に微小電流で使えるOPアンプの仕様を示します．入力バイアス電流の単位がpAになっているのには驚きです．

表2 オフセット電圧調整が不要な超低入力バイアス電流のOPアンプ

型名	メーカ名	入力バイアス電流 [pA]	オフセット電圧 [mV]	ドリフト [μV/℃]	GB積 [MHz]	電源電圧 [V]	電源電流 [A]
LMC6001A	テキサス・インスツルメンツ	0.01	0.35	2.5	1.30	4.5 〜 15.5	0.50
LMC6001B							
LMC6001C			1.00				
LPC662I		0.04	6.00	1.3	0.35	5 〜 15	0.40
AD8615	アナログ・デバイセズ	0.20	0.10	3.0	2.30	2.7 〜 5.5	1.70
AD8605		0.20	0.30	1.0	10.00	2.7 〜 5.5	1.00
AD8627		0.25	0.50	2.5	5.00	5 〜 26	0.63
AD8641		0.25	0.75	2.5	3.00	5 〜 26	0.20
AD795		1.00	0.50	3.0	1.60	± 4 〜 ± 18	1.30

③ フォトダイオードの出力電流がさらに微弱なときに使う チャージ・アンプ回路

松井　邦彦

[用途] 光分析装置，放射線スペクトロメトリー，粒子線検出装置，フォトン・カウンティングCT装置，ダスト・モニタ

技⑧ 光の最小単位であるフォトン（光子）の量を測るにはチャージ・アンプ回路を使う

　チャージ・アンプ回路（電荷‐電圧変換回路）は，電荷を電圧に変換します．

　電荷を時間微分したものが電流なので，フォトダイオードにも使えます．フォトダイオードの出力電流が微弱になればなるほど，チャージ・アンプ回路の出番です．フォトダイオードから出力される電荷は，フォトン（光子）の入射エネルギーに比例するので，チャージ・アンプ回路を使うとエネルギー分析ができます．

　通常，光はフォトンの集まりで明るく光って見えます．極端に微弱な光では，フォトンは離散的になるので，フォトンの数をカウントするほうが精度良く光量を測定できます．これを光子計測法やフォトン・カウ

ント方式と呼びます．フォトンは光の最小単位なので，チャージ・アンプ回路を使うと測定できます．

　図7(a)に示すのは，チャージ・アンプの基本回路です．フォトダイオードが出力する電荷をQ_{out}とすると，出力電圧V_{out}は，次の式(4)で表されます．

$$V_{out} = \frac{Q_{out}}{C_F} \quad\cdots\cdots\cdots\cdots (4)$$

　ただし，Q_{out}：フォトダイオードが出力する電荷量 [C]，C_F：帰還用コンデンサ [F]

　図7(b)に示すのは，チャージ・アンプ回路の例です．帰還抵抗R_FはDCレベル安定用で，これがないとアンプが積分回路になり，出力が飽和します．

　OPアンプには，低雑音のものが必要です．ここではOP27を使っています．しかし，バイポーラ入力タ

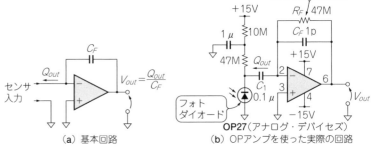

図7　フォトダイオードの出力電流がものすごく微弱でも大丈夫！ チャージ・アンプ回路

(a) 基本回路　　　(b) OPアンプを使った実際の回路

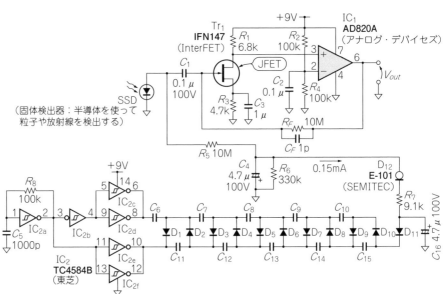

図8　チャージ・アンプ回路の初段にJFETを追加すると低雑音化される 放射線検出回路への応用例

表3 チャージ・アンプ回路の帰還用コンデンサC_Fには温度補償型セラミック・コンデンサを使う

シリーズ名	メーカ名	容量値 [F]	許容差	温度特性	定格電圧 [V]	外形 [mm]
GJM/GRM	村田製作所	0.1 p ~ 0.12 μ	F ~ M	C0G/CH	6.3 ~	0.250 × 0.125 ~
C シリーズ	TDK	0.5 p ~ 0.22 μ	F ~ K	C0G/CH	16 ~	0.4 × 0.2 ~
–	SYFER	0.47 p ~	F ~ M	C0G	10 ~	1.6 × 0.8 ~
–	NOVACAP	0.3 p ~ 0.1 μ	F ~ M	C0G	16 ~	0.4 × 0.2 ~

イプなので帰還抵抗R_Fをそれほど大きくできないので，初段に低雑音JFETを使います．

技⑨ 帰還用コンデンサには温度補償型セラミック・コンデンサを使う

図8に示すのは，低雑音JFET IFN147（InterFET）で低雑音化したチャージ・アンプ回路を使った放射線検出回路です．OPアンプの−入力は＋4.5 Vに設定されているので，OPアンプが正常に動作すれば＋入力（JFETのドレイン電圧）も＋4.5 Vになります．IFN147の入力雑音は0.7 nV/$\sqrt{\text{Hz}}$（$I_{DSS} = 10$ mA時）です．ここまで必要ないのでドレイン電流は，0.7 mA（＝(9V − 4.5V)/6.8kΩ）にしています．このとき，JFETの相互コンダクタンスg_mは，約10 mSなので，JFET段でのゲインは68倍（＝6.8 kΩ×10 mS）になります．初段で68倍もゲインを稼いでいるので，次段のOPアンプには低雑音特性は要求されません．

帰還用コンデンサC_Fは式（4）より，感度を決める大切な部品なので，安定なものを選びます．表3に示す温度補償型セラミック・コンデンサまたはマイカ・コンデンサを使います．

フォトダイオードには，必ず接合（端子間）容量C_Jがあるので，逆バイアスをかけて使います．ここでは

−50 Vが必要なので，＋9 Vの電源から倍電圧整流（コッククロフト・ウォルトン）回路で作っています．

● 究極のチャージ・アンプ回路を目指す

フォトダイオードは逆バイアス電圧を加えて使います．このとき問題になるのがリーク電流です（逆バイアスはセンサ容量を小さくするため）．図7(b)の抵抗帰還型チャージ・アンプ回路の帰還抵抗R_Fは，S/Nの点からいうと大きい方がよいです．しかし，あまり大きくするとフォトダイオードのリーク電流によってR_Fで電圧降下が生じます．これがアンプの動作電圧範囲を超えてしまうと，アンプが正常に動かなくなります．通常はR_Fの値を小さくしておく必要があります．

多数のフォトダイオードを使用する場合は，フォトダイオードのリーク電流に合わせてR_Fを変えるのが難しいので，一番リーク電流の大きなフォトダイオードに合わせてR_Fを設定します．しかし，S/Nの点では最悪の結果になってしまいます．これがいやならフォトダイオードの選別が必要です．

技⑩ 帰還抵抗の代わりにダイオードを使う（ダイオード帰還型）

別の方式を考えてみました．図7(b)の帰還抵抗R_Fの代わりにダイオードを使うというアイデアです．これをダイオード帰還型チャージ・アンプと勝手に命名しました．これならフォトダイオードのリーク電流が大きくてもダイオードの順方向電圧でシャントされるので，アンプが飽和しません．

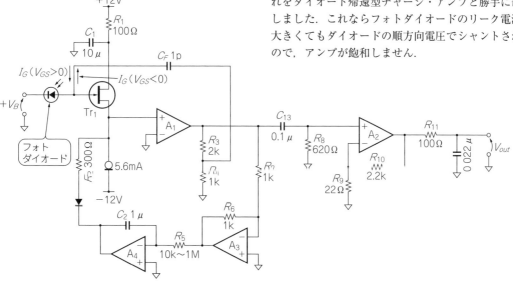

図9 初段JFETのゲート電流を利用して帰還抵抗R_Fを取り除くとS/Nが良くなる

技⑪　JFETのゲート電流を利用して帰還抵抗を取り除く（ゲート電流帰還型）

チャージ・アンプ回路は，S/Nの点から帰還抵抗$R_F = \infty$が一番です．しかし，帰還抵抗R_FがないとDC電位がセットされないという不具合が生じます．

究極のチャージ・アンプ回路として光帰還型があります．これは帰還抵抗$R_F = \infty$で使用して，アンプが飽和しそうになると初段のJFET直近に配置したLEDの光でリセットします．一定時間ごとにリセットが繰り返されるので，当然デッド・タイムが発生します．

リセット時は出力電圧が急変するので，リセット直前／直後のカウントは禁止です．そこで，初段FETのゲート電流を利用して帰還抵抗R_Fを取り除いたチャージ・アンプ回路を考えてみました．

図9にゲート電流帰還型チャージ・アンプ回路を示します．初段のTr_1はV_{GS}が一定なので，ゲート電流は$V_{GS}>0$のとき上，$V_{GS}<0$のとき下方向に流れます．

ところがドレイン電流をだんだんと増やしていくと，I_{DSS}を超えたあたりからゲート電流の向きが逆転します．これを利用してTr_1のドレイン電流制御によりI_{GSS}を自由にコントロールできます．このため，$R_F = \infty$でも出力電圧は0Vで一定となります．

この回路には，リセット期間がないので，デッド・タイムの発生などの心配は無用です．フォトダイオードのリーク電流が逆のときに，Tr_1はPチャネルを使います．

column▶01　フォトダイオードは光量と出力電流がきれいに比例する

技Ⓐ　電流出力で使うとフォトダイオードの持ち味が引き出せる

センサは電圧出力と電流出力の2つのタイプに分けられます．

通常のセンサは電圧出力ですが，フォトダイオードは電流出力で使います．

図Aに示すのは，フォトダイオードの内部等価回路です．図Bに示すのは，フォトダイオードの特性例です．電流出力は，電圧がゼロ，すなわちy（電流）軸に沿った特性です．図Aの回路で負荷抵抗$R_L = 0$Ωのときの特性です．このときの出力電流を短絡電流I_{SC}といいます．

短絡電流I_{SC}は，図Bに示す次の特徴のほかに，

- 光量に対するリニアリティが非常に良い
- 温度特性が良い
- ダイナミック・レンジが非常に広い

というメリットもあります．これは，電流出力ならではの特徴です．

● 電圧出力では性能が悪くて使いものにならない

電圧出力は，電流がゼロ，すなわちx（電圧）軸に沿った特性です．

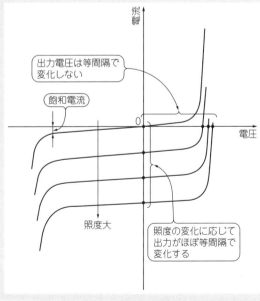

出力電圧は等間隔で変化しない

飽和電流

照度大

照度の変化に応じて出力がほぼ等間隔で変化する

図B　電流出力（y軸に沿った特性）は照度に対するリニアリティがとても良い

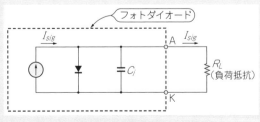

図A　性能の良い電流出力は負荷抵抗$R_L = 0$のとき
フォトダイオードの内部等価回路

④ 100Vの電圧を安定化して出力する フォトダイオード用バイアス電圧生成回路

松井 邦彦

[用途] PINフォトダイオードのドライブ回路

フォトダイオードは，数十～数千Vのバイアス電圧が必要なことがあります．逆バイアス電圧を加えるのは，フォトダイオードの端子間容量を小さくして，高速性あるいはS/Nを改善するためです．

技⑫ 約100Vの電圧を発生させるにはコッククロフト・ウォルトン回路を使う

図10に示すのは，コッククロフト・ウォルトン回路を応用したバイアス電圧発生回路です．±12Vの電源から約100Vの電圧が得られます．

コッククロフト・ウォルトン回路は，コンデンサ$C_1 \sim C_{10}$とダイオード$D_1 \sim D_{10}$で構成されています．

ここで入力の5倍の電圧が得られます．

コッククロフト・ウォルトン回路に入力する電圧は，OPアンプTL071（テキサス・インスツルメンツ）による発振回路（発振周波数10kHz）で作っています．電源電圧が±12Vのとき，OPアンプの出力電圧は約$20V_{P-P}$なので，図10に示す回路の出力電圧は$100V(＝5 \times 20V)$になります．

目的の電圧値にするために，定電流ダイオードE-501（SEMITEC）を使います．E-501は$500\mu A$の定電流ダイオードなので，$200k\Omega$の可変抵抗VR_1で0～100Vまで電圧を変えられます．ただし，余裕を見て0～80Vで使います．

松井 邦彦

図Aの回路で負荷抵抗$R_L = \infty$での特性になります．このときの出力電圧を開放電圧V_{OC}と言います．V_{OC}はショックレーのダイオード方程式より，次の式（A）で求められます．

$$V_{OC} = \left(\frac{kT}{q}\right) \ln\left(\frac{I_{sig}}{I_S} + 1\right) \cdots\cdots\cdots\cdots (A)$$

ただし，I_{sig}：光電流（光量に比例）[A]，I_S：逆方向飽和電流 [A]，k：ボルツマン定数（1.38×10^{-23}）[J/K]，T：絶対温度 [K]，q：電子の電荷（1.6×10^{-19}）[C]

式（A）より，次のことがわかります．

- V_{OC}は，I_{sig}の対数に比例（リニアリティが悪い）
- I_Sは大きな温度係数をもつ（温度特性が悪い）
- kT/qは常温で約26mV．0.33%/℃の温度係数をもつ（温度特性が悪い）

このように，V_{OC}は光量に対してリニアリティもなく，温度変化も大きいため，ほとんど使われることがありません．

技⑬ 電流出力で使うにはI-V変換回路を使う

しかし，ここで疑問がわきます．
「$R_L = 0\Omega$の状態って，どうやって実現するの？」
これを解決するのが，図Cの電流-電圧変換回路（I-V変換回路）です．

OPアンプは，＋入力と－入力が同じ電圧になるように動作するので，図CのようにフォトダイオードをつなぐとK（カソード）の電圧はゼロになります．A（アノード）はGNDにつながっているので，端子間電圧はゼロになります．しかも，OPアンプの帰還抵抗R_Fには，光電流I_{sig}が流れるので，このときのI_{sig}は短絡電流I_{SC}ということがわかります．OPアンプの出力電圧V_{out}は，次の式で表されます．

$$V_{out} = I_{sig}R_F \cdots\cdots\cdots\cdots\cdots\cdots\cdots (B)$$

ただし，I_{sig}：光電流 [A]，R_F：帰還抵抗 [Ω]

フォトダイオードの空乏層には電界が働いているので，空乏層で生じた電子はN層（K，カソード）に正孔はP層（A，アノード）に移動します．そのため，光電流I_{sig}は，K（カソード）→A（アノード）の方向に流れると覚えてください．

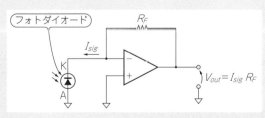

図C フォトダイオードを電流出力で使うためにI-V変換回路が必要だ

C_{P1}とC_{P2}はスイッチング・ノイズ除去のために入れています.

技⑬ 低消費電流タイプの基準電源ICを使ってバイアス電圧を安定化する

図10のバイアス電圧発生回路は, 定電流ダイオードE-501の温度特性が+0.15 〜 −0.25%/℃とよくないため出力電圧の精度という点でもう一歩です. 場合によっては, 高精度なバイアス電圧が欲しいときがあります.

図11は, 入力された電圧を安定化する回路です. 基準電源ICには低消費電流タイプのLM385Z(テキサス・インスツルメンツ)を使います. 最小動作電流が7μAと小さいのが特徴です. ただし, この値は出力電圧が+1.24 Vのときです. +2.5 Vにしているので, 20μA程度になります.

R_3とR_4の電圧は+1.25 Vなので, R_1とR_2の電圧は, +2.5 Vになります. その結果, R_5の電圧も+2.5 Vになります. R_6には$(2.5\,V/R_2) + (2.5\,V/R_5)$という電流が流れるので, 出力電圧$V_B$は, $(2.5\,V/R_2 + 2.5\,V/R_5)R_6 + 5\,V$になります. 図11の回路定数では$V_B = 80\,V$になります. Tr_1には耐圧が100 VのIFN6450(InterFET)を使っていますが, できればもう少し高耐圧のものがほしいところです.

技⑭ できるだけ低消費電流のOPアンプを選ぶ

この回路は, いかに低消費電流にするかがポイントです. そのため, OPアンプにはICL7612というCMOSタイプを使っています. このOPアンプは, 電源電流を設定できます. ここでは, 10μAに設定しています. もちろん, R_5にはICL7612(ルネサス エレクトロニクス)とLM385Z(テキサス・インスツルメン

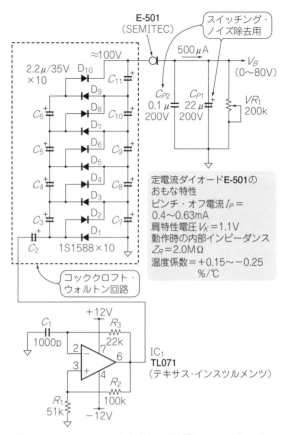

図10　±12 Vから100 Vを生成する回路電源定石回路「コッククロフト・ウォルトン回路」を応用したバイアス電圧発生回路

ツ)の回路電流(約30μA)が流れるので, R_5にはそれ以上の電流(47.5μA)が流れるようにします. このようにして, 回路全体で50μAという小さな消費電流で動作します.

最近のロー・パワーOPアンプや基準電源ICの中には, さらに小さな消費電流で動くものがあります.

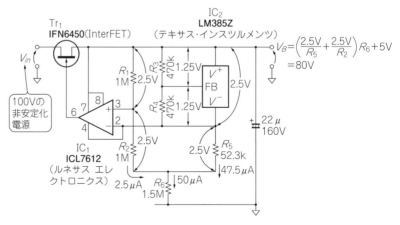

図11　入力された電圧を安定化する
Tr_1には耐圧が100 V以上のものを使う

⑤ 微弱な光を計測する高感度アンプと 高速な光の変化を計測するアンプ

服部 明

フォトダイオードを使った光の計測には大きく分けて2通りあります.

1つは，それほど高速の応答性は必要ありませんが，できるだけ高感度で，しかも広ダイナミック・レンジで微弱な光の強度を計測する応用です.

一方，逆にダイナミック・レンジを犠牲にして，できるだけ高速に光の変化を計測する応用があります.

● 広ダイナミック・レンジで微弱な光の強度を計測する回路

図12の回路は0.001fCの微弱光(晴れた日で，新月の夜の明るさ)から0.33fCの明るさ(晴れた日で，満月の夜の明るさ)までの計測を可能とする応用回路です.

フォトダイオードのアノード端子はグラウンドに接続されているので，理論的に真っ暗な状態での暗電流はゼロとなります. この状態で，出力がゼロとなるように100kΩのトリマでオフセット校正がかけられるようになっています. この回路では，フォトダイオード電流が10pAのときに出力電圧が10mV，10nAのときに10Vの出力が得られる増幅率をもったI-Vコンバータ回路となっています.

微弱光の計測のため1000MΩという大きなフィードバック抵抗を使っていますが，より明るい光の計測(大きなフォトダイオード電流)の場合，抵抗値を小さくして応用することもできます.

技⑮ リーク電流を最小限にする実装とリークの少ない抵抗を選ぶ

この回路を実現するための実装にはいくつかの注意点があります. それは，OPアンプの入力端子に流れ込むリーク電流を最小限にする実装，フィードバック抵抗に使われる抵抗器もできるだけリークの少ないパッケージのものを選びます. また，この回路は0〜70℃の温度範囲で動作させることを考慮した設計となっ

ています. 非反転端子の100ΩはFETトップのOPアンプのバイアス電流とフォトダイオードの内部抵抗値の全温度範囲での変化を考慮した値となっています. また，1000MΩに並列につながれている10pFはノイズ除去と回路の安定性を考えたうえでの値となっています. さらに，後段のフィルタは所要帯域外の高域ノイズ除去の役割を担います.

● 高速な光の変化を計測する回路

図13の回路は高速応答を可能とする回路です. フォトダイオードのアノードは−10Vにバイアスされているため，光がない状態でも暗電流が発生します.

技⑯ 暗電流をキャンセルする方法として 同じ特性のフォトダイオードを使う

この暗電流を簡単にキャンセルする方法として，同じ特性をもったフォトダイオードを図13のように接続して光が当たらないように実装し，同じ値の暗電流をダミーとして発生させてキャンセルすることができます.

技⑰ 3個直列接続として抵抗医の浮遊容量を抑える

最大100μAのダイオード電流で出力が10Vとなるように設計されており，フィードバック抵抗は設計上100kΩですが，実装上は33.2kΩを3個直列に使っています. これは，抵抗器の浮遊容量をできるだけ小さく抑えるためのくふうです. C2はセラミック可変キャパシタ(1.5pF)で，パルス応答出力がもっとも優れた結果となるように校正します. この回路の帯域は約2MHzとなっており，高速な光の変化を約90dBのダイナミック・レンジで計測します.

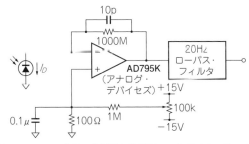

図12 AD795Kを使った微弱光計測用フォトダイオード・アンプ

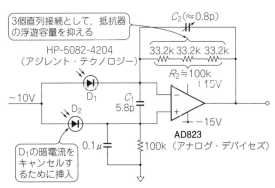

図13 AD823を使った光計測用高速応答フォトダイオード・アンプ

動き検知によく使う 赤外線センサ回路

1 フォトダイオードより高感度！ フォトトランジスタの基本回路

上田　智章

［用途］光-電気変換装置，照度計，光ファイバ通信装置

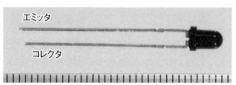

エミッタ

コレクタ

写真1　フォトトランジスタ LTR-4206E（ライトオン）

フォトトランジスタはバイポーラ・トランジスタと同じ構造で，ベース-コレクタ間の接合部に光を照射することで光を検出するデバイスです．光により発生した起電力が増幅されるため，感度はフォトダイオードより高くなりますが，応答速度は劣ります．

写真1に，代表的なフォトトランジスタLTR-4206E（ライトオン）の形状とピン配置を示します．トランジスタのベース電流は，入射光に伴う光電流で供給しています．

技① 許容損失は80℃で設計する

図1に示すように周囲温度に対する許容損失の制約

があります．許容損失は，コレクタ-エミッタ間電圧とコレクタ電流の積で求まります．**図1**を見ると，20℃なら100mWまで，40℃では80mWまで，80℃では20mWまでしか使えません．この条件を超えるとデバイスが破壊することがあります．

直射日光があたる場所や車のダッシュボード上に置かれる機器は，60℃を超えることがあるので，許容損失は80℃で設計する必要があります．電源電圧が5Vならコレクタ電流は4mAが上限になるので，設計は1m～2mAで使います．おおむね500lx程度の赤外線の入射光で飽和して，コレクタ-エミッタ間電圧は最大0.4Vになります．電源電圧が12Vなら，コレクタ電流は0.5m～1mAまでに抑えるべきでしょう．**図2**にフォトトランジスタの基本的な使い方を示します．

LTR-4206Eは可視光を遮断するパッケージに封入されているので，赤外線を使った防犯装置や制御，通信などに適しています．ただし，ピーク感度波長がデータシートに記載されていません．

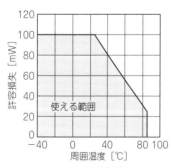

図1　LTR-4206Eの周囲温度と許容損失の制約

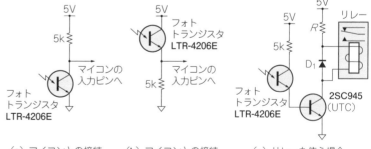

（a）マイコンとの接続（光ON⇒"L"レベル）　（b）マイコンとの接続（光ON⇒"H"レベル）　（c）リレーを使う場合（光ON⇒リレーON）

図2　フォトトランジスタLTR-4206Eを用いた基本的な使い方

② 赤外線フォトダイオードを応用した 脈波センサ回路

上田 智章

フォトダイオードは，物質に光を当てると起電力が発生する光起電力効果（内部光電効果）を利用した光検出デバイスです．

BPW34（**写真2**，Vishay Semiconductors）は，波長950 nm付近の近赤外線域に最大感度をもったPINフォトダイオードです．PIN接合型は，P層とN層の間に電気抵抗の大きな真性層（I層，intrinsic layer）を入れることで高速応答を実現していますが，I層をもつため逆バイアス電圧を加えて使います．

図3にBPW34の波長に対する相対スペクトル感度を示します．実用領域となる半値帯域幅は，600 n～1050 nmの範囲です．**図4**に，BPW34の照度に対する逆光電流値を示します．照度に対して流れる逆光電流は良好な直線性を示しています．

PINフォトダイオード用受光回路の例を**図5**に示します．この回路では，逆光電流が100 μAのときに出力電圧が1 Vになるように電流変換抵抗を10 kΩに設定していますが，検出する光量の範囲に応じて変更します．電流制限抵抗は強い光が入射した場合の保護用ですが，そのような心配がない場合には省略できます．

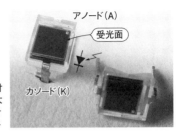

写真2 波長950nm付近の近赤外線域に最大感度をもったPINフォトダイオード BPW34

アノード(A)
受光面
カソード(K)

技② 指先の毛細血管が膨張・収縮するときの吸光度の変化をフォトダイオードで捉える

図6に，指先で脈波を計測する赤外線脈波センサの回路図を示します．波長940 nmの赤外線を使っています．血液中のヘモグロビンは赤外線を吸光する性質を持っています．赤外線を照射したとき，反射して戻ってくる赤外線照度は，脈拍によって指先の毛細血管が膨張・収縮による吸光度の変化で，1～2％変化します．脈波センサは，このことを応用しています．

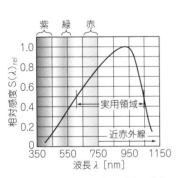

図3 BPW34の波長と相対感度の関係

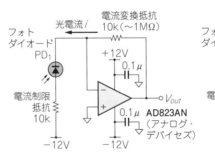

（a）バイポーラ電源の場合

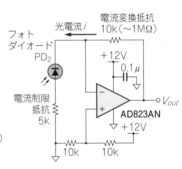

（b）単電源の場合

図5 PINフォトダイオード用受光回路

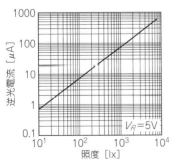

図4 BPW34の照度と逆光電流の関係
良好な直線性を示している

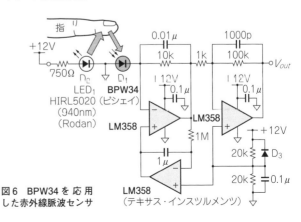

図6 BPW34を応用した赤外線脈波センサ

ワンチップ
温度
光・赤外線
振動・ひずみ
電流
計測回路集
付録

③ マウス・ホイールの光学式エンコーダに使われている フォトインタラプタ回路

漆谷 正義

［用途］マウス・ホイール，カメラのオート・フォーカス（AF）リング

● マウス・ホイールの回転方向検出のしくみ

マウスのホイールやカメラのオート・フォーカス（AF）リングには，光学式のエンコーダが内部に組み込まれています．図7にそのしくみを示します．リングが矢印の方向に回転すると，フォトインタラプタ PH_1 と PH_2 の光が，AFリングなどといっしょに回転する歯によって遮られます．

図8に示すのは，PH_1 と PH_2 の出力波形です．PH_1 と PH_2 は，互いの出力の位相差が90°になるように取り付けられています．

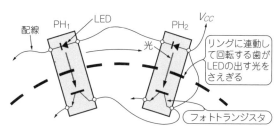

図7 光学式エンコーダが回転方向や回転数を検出するしくみ

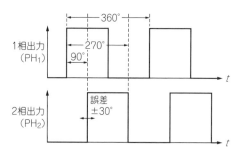

図8 ロータリ・エンコーダの出力波形

技③ ヒステリシスをもつ回路でフォトインタラプタの出力を十分増幅する

図9に示すように，フォトインタラプタの出力電圧は，光出力とともに低下するポイントがあります．また歯の止まる位置によっては，光が遮られて，出力が中間電位になることがあります．

そのため，フォトインタラプタの出力は，ヒステリシスをもつ回路を挿入するなどして十分増幅する必要があります．

図10にフォトインタラプタとマイコンのインターフェース回路を示します．光出力1.24 Vで"H"→"L"，1.12 Vで"L"→"H"となります．ヒステリシス量は R_6 で変更できます．

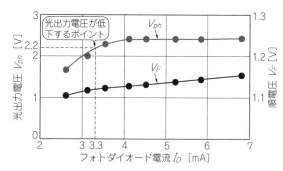

図9 フォトインタラプタ内のダイオードに流れる電流と光出力

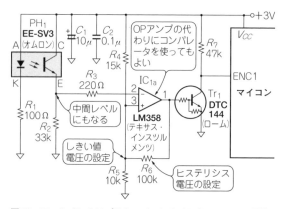

図10 フォトインタラプタとマイコンのインターフェース回路

4 センサ・ライトに使える赤外線センサ回路

よしひろし

[用途] センサ・ライト，監視カメラ，炎検知

人に限らず，犬や猫，壁や塀，車など，物体からは赤外線が放出されています．これらの赤外線を検出するのが赤外線センサです．

写真3の赤外線センサPaPIRs（パナソニック インダストリー）は，動く物を検出します．照明器具や家電機器，セキュリティ装置などに使われています．主な仕様を表1に示します．写真3に示したのはシリコン・レンズ品で，レンズ径3mm，本体高さが6mmと小さいです．外形は少し大きくなりますが，検知エリアの広いポリエチレン・レンズ品もあります（https://www3.panasonic.biz/ac/j/control/sensor/human/index.jsp）．

消費電流が待機時に1μA，動作時でも2μA以下と低いことも特徴です．なお，PaPIRsはPanasonic Passive Infrared sensorの頭文字の組み合わせです．

技④ 温度が変化すると電荷が移動する焦電効果を利用する

赤外線を利用すると，離れたところからでも対象物の温度を測定できます．PaPIRsは温度を測定するのではなく，「人がいるらしい」状況を検知して出力します．焦電型赤外線センサに分類され，焦電効果と呼ばれる現象を利用したセンサです．

焦電効果では温度が変化すると電荷の移動が発生します．この現象から信号出力を得るのが焦電型赤外線センサです．

技⑤ 背景との温度差で人を検知する

人体の温度はほぼ一定であり，短時間に変化することはあまりありません．なぜ焦電効果で移動が検知できるのでしょうか．センサの仕様書を見ると背景との温度差が記述されています．センサの検知対象に温度が低い壁や庭木などがあるとします．検知対象内に人が入ると，人に対応する部分の温度が，背景温度から人体表面の温度に上昇したように見えます．一方，人がいた部分から人が消え背景がのぞくと，温度が背景温度まで低下したようになります．このようにしてセンサ上では温度が変化したのと同じような状況になります．この結果，センサ上で焦電効果が発生してセンサからの出力を得ることができます．

● 検知するための条件

このような原理からわかるように，人の移動が速すぎると出力が得られる前に通過してしまいます．また，移動が遅すぎると電荷の移動も非常に遅く満足な出力が得られません．また，背景との温度差が少なすぎても出力を得ることができず，検知が不可能です．背景と温度差がある物体が移動すれば人体に限らず，猫や犬，車なども検出できますし，検出エリア内でライタを点火するなどしても出力が得られます．

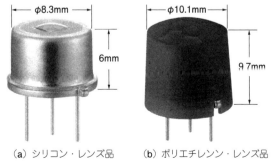

（a）シリコン・レンズ品　　（b）ポリエチレンン・レンズ品

写真3　人，犬，猫，壁，塀，車などから放射されている赤外線を検出するPaPIRs

表1　赤外線人体検知センサPaPIRs（シリコン・レンズ品）の主な仕様

項　目	仕　様
動作電圧	3～6V
消費電流	スリープ・モード：1μA
	スタンバイ・モード：1.9μA
出力電流	最大100μA
出力電圧	最大V_{DD} − 0.5V
動作温度	− 20 ～ + 60℃
サイズ	φ8.3 × 高さ6mm（レンズ含む）
検知エリア	検出距離　3m
	水平方向　58°（± 29°）
	垂直方向　34°（+ 12° ～ − 22°）
	検出ゾーン　4本
温度差	背景との温度差4℃以上
移動スピード	1.0 m/s
対象サイズ	700 mm × 250 mmを想定

ワンチップ

温　度

光・赤外線

振動・ひずみ

電　流

計測回路集

付　録

● センサの検知出力を内蔵している

　一般に焦電センサの出力はそれほど大きくありません．通常は微弱なアナログ信号をOPアンプで増幅したあと，コンパレータで信号の大小を判定して検知出力とします．PaPIRsではこれらの回路が本体内部に組み込まれているので，検知結果をディジタル出力として得ることができます．

　図11にモーション・センサの内部ブロックと，センサ・ライトに使える最も簡単な応用回路を示します．モーション・センサ内部に機能が埋め込んであるので，AC出力にLEDライトを接続すれば，このように簡単な回路でLEDライトを点灯／消灯できます．

技⑥ *RC*の時定数で点滅時間を調整する

　センサ出力でダイレクトにセンサ・ライトを駆動すると，人体検知に反応して短時間で点滅することがあ

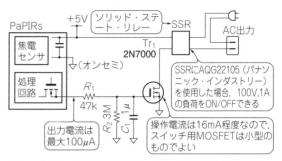

図11　センサ・ライトに使えるPaPIRsの最も簡単な応用回路

ります．それを避けるために，Tr_1のゲートにコンデンサC_1を並列に接続しています．この回路ではR_2/C_1の時定数で人体検知OFF後の点灯時間を調整できます．

---

⑤ セキュリティに使える多チャネル焦電型赤外線センサ回路

渡辺　明禎

［用途］セキュリティ・システムの人体検知，監視カメラ，炎検知

　焦電型赤外線センサは焦電効果を利用した赤外線検出器で，人体から発している赤外線を検知できます．これを利用すると，人の侵入を知らせるセキュリティ・システムなどに使うことができます．

　この用途には複数の設置箇所が必要で，多チャネルの検出器が必要となることが多くあります．ここでは，多チャネルの赤外線検出器用回路を紹介します．

● 焦電型赤外線センサの信号電圧の変化

　図12は，人が焦電型赤外線センサに近づいたときの出力電圧の変化です．焦電型赤外線センサはPZT（チタン酸ジルコン酸鉛）などの強誘電体セラミックス，LiTaO3（タンタル酸リチウム）などの単結晶などが主に使われ，平常時（図12の①）では，これらの材料における分極は空気中のイオンで中和されています．したがって，電極間には電圧が発生していません．

　ここに人が近付くと，人から発生している赤外線により材料の温度が若干上昇し，分極が減少します．したがって，表面のイオンによる電荷との間に不均衡が生まれ，電圧が発生します（図12の②）．

　この状態で時間がたつと，表面の電荷が電極から離れ，再び平衡状態となります（図12の③）．人が離れると，再び平衡状態がくずれ（図12の④），時間がたつともとの状態（図12の⑤）になります．

技⑦ OPアンプの出力電圧は数百mVあるので10ビットのA-Dコンバータでも高感度な検出ができる

　焦電型赤外線センサの出力電圧は5mV程度と小さいので，検出回路にはアンプなどが必要になります．OPアンプによる増幅器を使った多チャネル焦電型赤外線センサ回路を図13に示します．

　ゲインは1MΩ／10kΩ＝100なので，出力電圧は数百mVとなり，マイコンなどの内蔵10ビットA-Dコンバータでも高感度な検出が可能です．

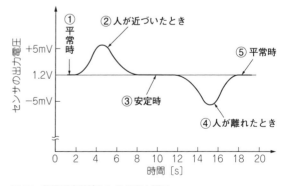

図12　焦電型赤外線センサの出力電圧

技⑧ 検出器に含まれる雑音を取り除くため増幅器にはフィルタ回路をつける

検出器に含まれる雑音を取り除くために，増幅器にはローパス・フィルタ（1MΩと0.047 μFで構成，f_C = 3.4Hz），とハイパス・フィルタ（10 kΩと100 μFで構成，f_C = 0.16 Hz）を付け，バンドパス・フィルタを構成しています．

これによりハム成分はローパス・フィルタで，直流によるドリフト成分はハイパス・フィルタで除去でき，焦電型赤外線センサの応答時間である1〜3秒程度の成分だけを増幅できます．

技⑨ 外付け増幅器を使わない場合は16ビットA-Dコンバータを使う

図14は16ビットA-Dコンバータを用いた場合の回路です．

A-DコンバータにMAX1169（アナログ・デバイセズ）を使うと，その基準電圧は4.096 Vなので，最小分解のLSB = 4.096 V/65536 = 0.0625 mVとなり，焦電センサの出力を外付け増幅器なしで高分解能に検知できます．

技⑩ 多チャネル化する場合はCMOSアナログ・スイッチを使う

多チャネル化はCMOSアナログ・スイッチの74HC4051を使いました．焦電センサからのノイズを除去する目的で，f_C = 3.4 Hzのローパス・フィルタを付けました．

A-Dコンバータの出力は直流ドリフト成分，雑音などを含んでいるので，マイコンのソフトウェアによるディジタル・フィルタで信号成分だけを取り出します．

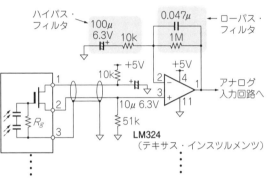

図13 多チャネル焦電型赤外線センサ回路

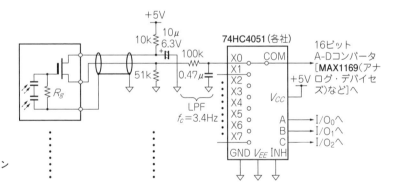

図14
アナログ・スイッチと16ビットA-Dコンバータを使った回路

95

第4部

力やひずみや振動を測る回路

超音波センサと圧電素子

圧電素子の基礎知識

松井　邦彦

圧電素子は，振動（衝撃）センサや超音波センサとして市販されています．それぞれの用途を次に示します．

● **振動（衝撃）センサ**

振動（衝撃）センサは，次に示す製品や装置に応用されています．

- ゲーム機
- 携帯電話
- ディジタル・カメラ
- パソコン（ハード・ディスクの衝撃検知）
- 窓ガラスの破壊検知（泥棒避け）

表面実装タイプも市販されています．
振動センサには圧電素子を使ったもの以外にも次に示すものがあります．

- 静電容量式
- 渦電流式
- レーザ・ドップラ式
- 動電式

いずれも非接触で測定できますが，センサ単体では販売されておらず大型で高価です．圧電素子を使った振動センサは，接触式ですが，非常に安価で，しかも小型です．そのため，民生機器に多く使われています．

● **超音波センサ**

超音波センサは，次に示す製品や装置に応用されて

写真1　リード・タイプの超音波センサ MA40S4R/S（村田製作所）

写真2　表面実装タイプの超音波センサ MA40H1S-R（村田製作所）

います．

- 自動車のバック・ソナー
- 魚群探知機
- 医療器の超音波CT
- 超音波洗浄機
- 加湿器
- 超音波モータ
- 軸力計
- 非破壊検査装置

写真1はリード・タイプの超音波センサです．表面実装タイプ（**写真2**）も市販されています．

1 振動センサの出力インピーダンスをほぼゼロにできるバッファ・アンプ回路

松井 邦彦

[用途] ゲーム機, 携帯電話, ディジタル・カメラ, プロジェクタ, パソコン

技① 出力は非常に高インピーダンスのためバッファ・アンプを後段につける

振動センサの出力は非常に高インピーダンスです. そのままでは後段の回路で扱いにくいです. そこで, 図1に示すバッファ・アンプを使います. すると, 振動センサの出力インピーダンスをほぼ0Ωにできます.

出力電圧 V_{out} [V/g] は, 次式で表されます.

$$V_{out} = \frac{Q_S}{C_S} \cdots\cdots\cdots\cdots\cdots (1)$$

ただし, Q_S：感度 [C/g], C_S：振動センサの静電容量 [F]

技② 精度を高めるためには静電容量のばらつきが少ない振動センサを使う

静電容量 C_S が振動センサの出力に影響を与えることがわかります. 精度を高めるには, 静電容量 C_S のばらつきが少ない振動センサを使う必要があります.

例として, 感度 $Q_S = 0.153$ pC/g, 静電容量 $C_S = 480$ pF を式(1)に代入すると出力電圧 V_{out} [V/g] は,

$$V_{out} = 0.153 \, \text{pC}/g \div 480 \, \text{pF}$$
$$\approx 0.32 \, \text{mV}/g$$

となります.

技③ 最低使用周波数は低域カットオフ周波数で決める

図1の回路は, ハイパス・フィルタを構成するので, DC信号は出力されません. ハイパス・フィルタの低域カットオフ周波数 f_{CL} [Hz] は, 次式で表されます.

$$f_{CL} = \frac{1}{2} \pi \, C_S (R_{in} /\!/ R_S) \cdots\cdots\cdots\cdots (2)$$

ただし, C_S：振動センサの静電容量 [F], R_{in}：アンプの入力抵抗 [Ω], R_S：振動センサの絶縁抵抗 [Ω]

例として, 感度 $Q_S = 0.153$ pC/g, 静電容量 $C_S = 480$ pF, 絶縁抵抗 $R_S = 500$ MΩ を式(2)に代入すると低域カットオフ周波数 f_{CL} [Hz] は,

$$f_{CL} = \frac{1}{2} \pi \times 480 \, \text{pF} \times (50 \, \text{M}\Omega /\!/ 500 \, \text{M}\Omega)$$
$$\approx 6.6 \, \text{Hz}$$

となります. R_{in} が大きいので, FET入力タイプのCMOS OPアンプを使います.

振動センサの最低使用周波数は, 低域カットオフ周波数 f_{CL} で決まります. 最高使用周波数は, 共振周波数(数k〜数十kHz)で決まります.

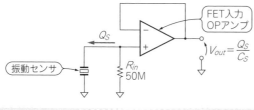

Q_Sを0.153pC/g, C_Sを480pF, R_Sを500MΩとすると,

$$V_{out} = \frac{Q_S}{C_S} \qquad f_C = \frac{1}{2\pi C_S(R_{in}/\!/R_S)}$$
$$= \frac{0.153\text{pC}/g}{480\text{pF}} \qquad = \frac{1}{2\pi \times 480\text{pF} \times (50\text{M}\Omega/\!/500\text{M}\Omega)}$$
$$= 0.32\text{mV}/g \qquad \approx 6.6\text{Hz}$$

（a）プリアンプ回路と組み合わせる

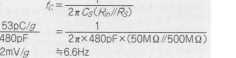

（b）振動センサの等価回路

図1 バッファ・アンプ回路を使うと振動センサの出力インピーダンスをほぼゼロにできる

② 振動センサの静電容量が測定精度に与える 影響をなくせるチャージ・アンプ回路

松井 邦彦

[用途] パソコン，物体検知機，近接スイッチ，気泡センサ，水位センサ

図1の回路は簡単でよいのですが，感度が振動センサの静電容量C_Sで決まるため，自由度は低いです．感度を任意に決めることができて，微小振動の検出もできるチャージ・アンプ回路を紹介します．

技④ 高精度化には帰還容量に温度補償型 セラミック・コンデンサを使う

図2に示すのは，振動センサ用のチャージ・アンプ回路です．出力電圧V_{out} [V/g] は，次式で表されます．

$$V_{out} = \frac{Q_S}{C_F} \cdots\cdots\cdots\cdots\cdots\cdots\cdots (3)$$

ただし，Q_S：感度 [C/g]，C_F：帰還容量 [F]

帰還容量C_Fが感度に影響を与えることがわかります．帰還容量C_Fに温度補償型セラミック・コンデンサを使うと，振動センサの静電容量が測定精度に影響

column▶01　圧電素子で振動や超音波を検出するしくみ

松井 邦彦

● 圧電素子は振動を与えると電圧が発生し電圧を与えると振動する

圧電素子に外部から衝撃や振動を与えると，その大きさに比例した電圧（または電荷）が発生します．これを圧電効果といいます．電圧を加えると振動（ひずみ）が発生します．これを逆圧電効果といいます．

振動センサに加わる力をF [N] とすると振動センサに発生する電荷Q [C] は次式で表されます．

$$Q = Fd \cdots\cdots\cdots\cdots\cdots\cdots\cdots\cdots (A)$$

ただし，F：振動センサに加わる力 [N]，d：圧電ひずみ定数 [m/V]

平行板コンデンサの静電容量の式（$Q = CV$）より振動センサの出力電圧V_{out} [V] は次式で表されます．

$$V = Fg_V \frac{t}{S} \cdots\cdots\cdots\cdots\cdots\cdots\cdots (B)$$

ただし，F：振動センサに加わる力 [N]，t：振動センサの厚さ [m]，S：振動センサの表面積 [m²]，g_V：電圧出力係数 [Vm/N]

技Ⓐ 圧電特性を示すには圧電セラミクスに分極処理を施す

圧電素子には，ロッシェル塩や水晶などの単結晶が多く使われていました．その後，圧電セラミクスと呼ばれるチタン酸バリウム$BaTiO_3$やチタン酸ジルコン鉛$PbTiO_3$などが登場し，振動センサだけでなく超音波センサにも使われるようになりました．最近では製造技術が進歩して，耐衝撃が$10000\,g$を超える振動センサも市販されています．

圧電セラミクス（チタン酸バリウム$BaTiO_3$やチタン酸ジルコン鉛$PbTiO_3$など）は高温で焼き固めた多結晶の強誘電体です．図A(a)のような結晶構造になっています．このままでは圧電特性を示しません．結晶内部の電気双極子が任意の方向を向いているので，全体では双極子モーメントがゼロになるためです．そこで，分極処理を行います．圧電セラミクスに数kV/mmの強電界を加えて図A(b)のように結晶内部の電気双極子を一定方向に揃えます．図A(c)のように，強電界を取り除いたあとも双極子モーメントが残るため大きな圧電特性を示します．

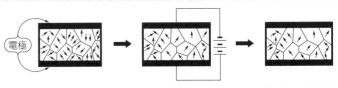

（a）焼成後　　　（b）強電界で分極処理　　　（c）強電界を取り除いたあと（残留分極）

図A　圧電セラミクスに分極処理を施すと圧電特性を示すようになる

を与えなくなるので高精度化できます.

例として,感度$Q_S = 0.153$ pC/g,帰還容量$C_F = 270$ pFを式(3)に代入すると出力電圧V_{out} [V/g]は,

$$V_{out} = 0.153 \text{ pC}/g \div 270 \text{ pF} \fallingdotseq 0.57 \text{ mV}/g$$

となります.

低域カットオフ周波数f_{CL} [Hz]は,次式で表されます.

$$f_{CL} = \frac{1}{2\pi C_F R_F} \cdots\cdots\cdots\cdots\cdots\cdots (4)$$

ただし,C_F:帰還容量 [F],R_F:帰還抵抗 [Ω]

例として,帰還容量$C_F = 270$ pF,帰還抵抗$R_F = 50$ MΩを式(4)に代入すると低域カットオフ周波数f_{CL} [Hz]は,

$$f_{CL} = \frac{1}{2\pi \times 270 \text{ pF} \times 50 \text{ MΩ}} \fallingdotseq 11.8 \text{ Hz}$$

となります.

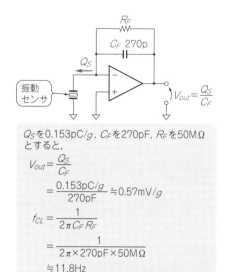

Q_Sを0.153pC/g,C_Fを270pF,R_Fを50MΩとすると,

$$V_{out} = \frac{Q_S}{C_F}$$
$$= \frac{0.153\text{pC}/g}{270\text{pF}} \fallingdotseq 0.57\text{mV}/g$$
$$f_{CL} = \frac{1}{2\pi C_F R_F}$$
$$= \frac{1}{2\pi \times 270\text{pF} \times 50\text{MΩ}}$$
$$\fallingdotseq 11.8\text{Hz}$$

図2 チャージ・アンプ回路を使えば振動センサの静電容量が測定精度に与える影響をなくせる

---

③ 最もシンプルな自励発振型と周波数安定度が高く高精度な他励発振型の超音波センサ駆動回路

松井 邦彦

[用途] バック・ソナー,物体検知,近接スイッチ,車両検知,魚群探知機

超音波センサの送信器の駆動回路には,自励発振型と他励発振型があります.自励発振型は安価で手軽に駆動回路を作りたいときに使います.他励発振型は周波数安定度が高いので高精度が必要なときに使います.

技⑤ 安価で手軽に作るには自励発振型を使う

自励発振型の発振回路は水晶振動子のように,超音波センサの共振特性を利用して発振させます.超音波センサのQは水晶振動子のように数十万と高くはあり

ませんが,数百〜数千はあります.したがって,高精度を必要としなければ,周波数安定度に問題はありません.

図3(a)は,コントロール端子をもった発振回路です.グラウンドをトランジスタTr_2のコレクタに接続しているのでTr_2がONしているときに発振します.発振が安定するまでには,少し時間がかかります.

図3(b)にOPアンプを使った発振回路を示します.直列共振周波数近くで発振するので,図3(a)の回路

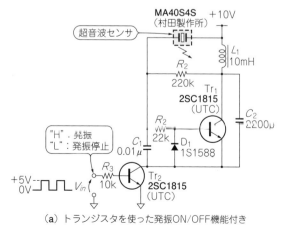

(a) トランジスタを使った発振ON/OFF機能付き

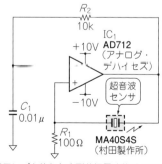

(b) OPアンプを使うと直列共振周波数近くで発振できる

図3 安価で手軽な自励発振型駆動回路

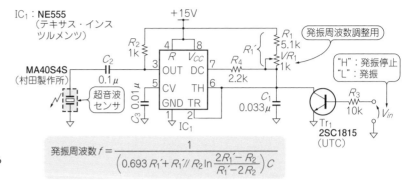

IC₁：NE555
（テキサス・インス
ツルメンツ）

MA40S4S
（村田製作所）

発振周波数調整用

"H"：発振停止
"L"：発振

Tr₁
2SC1815
(UTC)

図4　発振周波数を自由に決められる
他励発振型駆動回路

発振周波数 $f = \dfrac{1}{\left(0.693\,R_1' + R_1' /\!/ R_2 \ln \dfrac{2R_1' - R_2}{R_1' - 2R_2}\right)C}$

より効率が良くなります．OPアンプは，スルーレートが10 V/μs程度以上のものであれば使えます．

技⑥ 発振周波数を自由に決めたい場合は他励発振型を使う

図4にタイマIC NE555（テキサス・インスツルメンツ）を使った他励発振型駆動回路を示します．

NE555の発振周波数の温度係数は50 ppm/℃（10 kHz以下）です．周波数が高くなると上昇します．

発振周波数が40 kHz以上になると温度係数は，100～200 ppm/℃くらいです．したがって，10℃の温度変化に対して周波数の変化量は約100 Hzです．この程度であれば，問題ありません．

ただし，外付け部品の温度係数は考慮していないので，抵抗R_1とR_2には金属皮膜抵抗，コンデンサC_1にはポリプロピレンまたはポリスチレンなど温度係数の小さいものを使います．広帯域型の超音波センサを使うときは，ポリエステル・コンデンサでもよいでしょう．

④ 超音波センサが出力するmVオーダの信号を 100倍以上に増幅する

松井　邦彦

［用途］バック・ソナー，物体検知，近接スイッチ，車両検知，魚群探知機

技⑦ 最もシンプルなOPアンプを使った受信回路のゲインは100倍以上に設定する

超音波センサが受信する信号は，大きいときで1 Vくらいですが，小さいときは1 mV程度です．したがって，後段の回路で扱いやすい電圧まで増幅するには，少なくとも100倍以上のゲインが必要です．

図5にOPアンプを使った受信回路を示します．受信周波数が40 kHzと高いので，高速タイプのOPアンプが必要です．精度やひずみはある程度許容できるので，一般的なOPアンプTL082，LF356，LF357（いずれもテキサス・インスツルメンツ）でも大丈夫です．

さらにゲインが必要なときはもう1段，アンプ回路

を追加します．OPアンプ1個のゲインは100倍以下にします．

● 差動アンプを使うと安価かつ高ゲインな受信回路が作れる

図6に差動アンプ μA733C（テキサス・インスツルメンツ）を使った受信回路を示します．μA733Cはゲインを10倍，100倍，400倍に設定できますが，ゲインを大きくするほど入力抵抗が小さくなるので，100倍で使います．入出力ともに差動なので，シングルエンド出力に変換するため，高速OPアンプを使います．高速OPアンプがなければトランスでも代用できます．

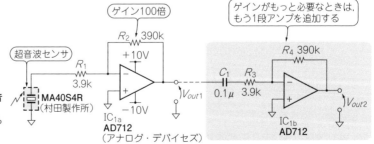

ゲイン100倍

ゲインがもっと必要なときは，
もう1段アンプを追加する

超音波センサ

図5　OPアンプを使った最もシンプルな超音波受信回路
ゲインは100倍．さらにゲインが必要なときはもう1段同じアンプ回路を追加する

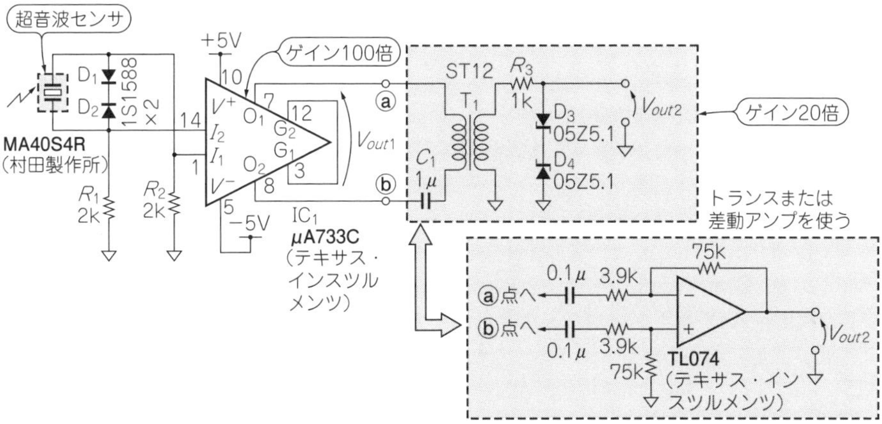

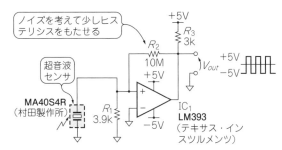

図6 差動アンプを使うと安価で高ゲインの超音波受信回路が作れる
高速OPアンプがなければトランスでも代用できる

技⑧ コンパレータを使った受信回路はディジタル回路とのインターフェースがしやすい

図7にコンパレータIC LM393（テキサス・インスツルメンツ）を使った受信回路を示します．

コンパレータはOPアンプのように位相補償されていないので，その分高速動作が可能です．しかし，アンプとして使うと発振するので，図7ではコンパレータとして使っています．したがって，出力電圧は+5Vか-5Vの2通りしかありません．しかし，出力電圧がそのままディジタル信号になっているので，ディジタル回路とのインターフェースをとりやすいで

図7 コンパレータを使った超音波受信回路
出力電圧が+5Vか-5Vの2通りなのでディジタル回路とのインターフェースがしやすい

す．ノイズを避けるため，正帰還で約±1mVのヒステリシス電圧を与えています．

---

5 物体の有無を超音波で検知してLEDの点灯状態で知らせる回路

松井 邦彦

［用途］近接スイッチ，車両検知，パチンコ

図8に示すのは，超音波センサを使った物体検知回路です．

送信用超音波センサの駆動部は，タイマIC NE555を使った他励発振型になっています．周波数調整用ボ

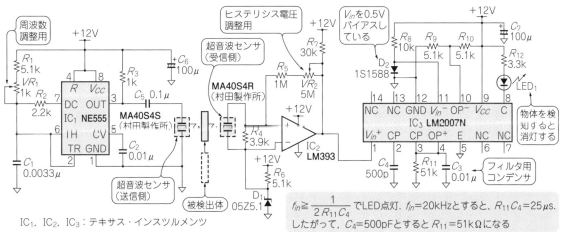

$$f_{in} \geqq \frac{1}{2R_{11}C_4}$$ でLED点灯．f_{in}=20kHzとすると，$R_{11}C_4$=25μs．したがって，C_4=500pFとするとR_{11}=51kΩになる

IC₁, IC₂, IC₃：テキサス・インスツルメンツ

図8 超音波センサを使うと物体の有無を検知できる

リュームVR₁で受信用超音波センサの出力電圧が最大になるように調整します．通常は40 kHzにしておけば大丈夫です．超音波センサが受信した信号は，コンパレータIC LM393で方形波になります．

コンパレータIC LM393の出力は周波数-電圧コンバータIC LM2907N（テキサス・インスツルメンツ）に接続します．LM393の出力電圧では，LM2907NのLレベルが不足しているので，V_{IN}^-（11番ピン）をダイオードの順方向電圧（約0.6 V）でバイアスしています．LM2907Nの出力電圧V_{out}は，次式で表されます．

$$V_{out} = V_{CC} \, f_{in} \, C_4 \, R_1 \quad\cdots\cdots (5)$$

ただし，V_{CC}：電源電圧［V］，f_{in}：入力周波数［Hz］，C_4：容量［F］，R_1：抵抗［Ω］

図8の定数ではf_{in} = 40 kHzでフルスケール（= 12 V）となります．したがって，LM2907NのOP⁻（10番ピン）に6 V（= $V_{CC}/2$）の電圧を加えると，20 kHz以上でLEDが点灯します．物体が超音波をさえぎると，受信用超音波センサの出力信号がなくなりLEDが消灯します．

物体を検知したときにLEDを点灯させるには，LM2907NのOP⁺（4番ピン）とOP⁻（10番ピン）を逆に接続します．

column 02　超音波センサのしくみと使い分け

● 超音波センサの動作原理

図Bに超音波センサの構造を示します．2枚の圧電素子（または1枚の圧電振動子と金属板）を貼り合わせています．これをバイモルフ振動子と呼びます．超音波センサは，バイモルフ振動子をコーン型共振板に貼り合わせた複合共振子構造になっています．

超音波センサに超音波が入射すると圧電素子が振動して電圧が発生します．また，圧電素子に電圧を印加すると超音波が発生します．

● 超音波センサは2つの共振周波数をもつ

図C(a)に示すのは超音波センサの等価回路です．LCRの直並列回路になっていることがわかります．

図C(b)に示すのは超音波センサのリアクタンス特性です．容量性（コンデンサとして見える）と誘導性（コイルとして見える）をもつことがわかります．これは水晶振動子やセラミック振動子のようなQの高い発振素子にも見られる特性です．

超音波センサは2つの共振周波数を持っています．低い方の共振周波数を直列共振周波数f_Rと呼び，R，L，Cの直列回路で共振します．このとき超音波セ

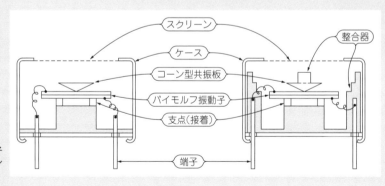

図B　超音波センサの構造
2枚の圧電素子（または1枚の圧電振動子と金属板）を貼り合わせたものをバイモルフ振動子と呼ぶ

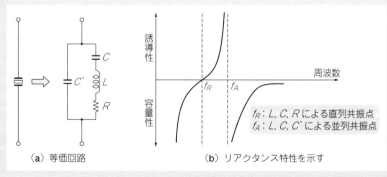

図C　超音波センサは容量性と誘導性を合わせもつ

（a）等価回路　　　（b）リアクタンス特性を示す

f_R：L, C, Rによる直列共振点
f_A：L, C, C'による並列共振点

⑥ たった1個のシュミット・トリガでできる発振回路

鈴木 憲次

図9は1個のシュミット・トリガによる発振回路です.

技⑨ 電源電圧による発振周波数の変動が大きいので，安定した電源を使う

シュミット・トリガ回路の発振周波数f_{OS}［Hz］は，次式で求められます.

$$f_{OS} = \frac{1}{C_1 R_a}$$

この式から$f_{OS} = 40\,\text{kHz}$，$C_1 = 0.01\,\mu\text{F}$とすると，$R_a = 2.5\,\text{k}\Omega$になります.そこで$R_a$を固定抵抗2.2 kΩ（$R_1$）と可変抵抗1 kΩ（$VR_1$）にして，発振周波数が

松井 邦彦

ンサのインピーダンスは図Dのように最小となります.高い方の共振周波数を並列共振周波数f_Aと呼び，L，C，C'の並列回路で共振します.このとき超音波センサのインピーダンスは，図Dのように最大となります.

技⑬ 受信用と送信用で共振周波数が異なるので使い分ける

送信用の超音波センサは，直列共振周波数f_Rで最大感度になります.受信用の超音波センサは，並列共振周波数f_Aで最大感度になります.

水晶振動子のようにQが10000もあれば，$f_R = f_A$と考えて差し支えありません.しかし，超音波センサのQは水晶振動子ほど大きくはないためf_Rとf_Aには数kHzの差があります.そのため，受信用で超音波を送信すると，最大感度周波数から数kHzずれたところで使うことになります.超音波センサによっては十分な信号レベルが得られません.カタログに送信用と受信用が別々に記載されているときは，混同して使わないようにしてください.

● 超音波センサの種類

▶汎用型

周波数範囲は，20 k～数十kHz（通常40 kHz程度）です.受信用と送信用に分かれて市販されているのが一般的です.

▶送受信を1個で行える広帯域型

1つの超音波センサで送受信ができるように，2つの共振特性をもたせることで帯域幅を広げています.

▶屋外でも使える防滴型

汎用型の超音波センサはケースが密閉されていな

いので，屋外での使用は困難です.防滴型の超音波センサはケースが密閉構造になっているので屋外でも使えます.自動車のバック・ソナー（後方障害物検知器）などに使われています.

▶水中専用

水中に超音波を放射し，反射波を測定することで魚群探知器や測探器として使えます.水中で使うことを前提にしているので空気中では使えません.水密性や機械的強度が高く，許容電力も数十～1 kWと大きいです.

▶医療機器に向く高分子膜タイプ

最近では圧電素子ではなく高分子膜で作られた超音波センサも市販されています.超音波センサから効率よく超音波を放射するには，対象物と超音波センサの音響インピーダンスをマッチングさせる必要があります.高分子膜タイプの音響インピーダンスは，圧電素子に比べると水や生体の値に近いので，超音波診断装置に適しています.共振周波数は，1 M～100 MHzと高いです.

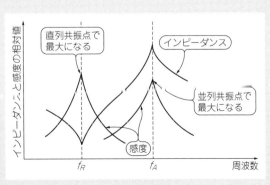

図D　超音波センサは2つの共振周波数をもつ

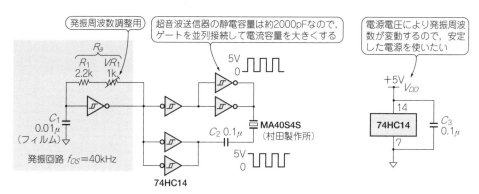

図9 シュミット・トリガによる送信回路

40 kHzになるように調整します.

74HC14の残った5個のシュミット・インバータ回路をドライブ回路に使います. 超音波送信用素子の容量は2000 pFもあるので, ドライブするときには充放電電流が流れます. そこでシュミット・インバータを2個並列接続して電流容量を増やします.

7 大きな送信出力が得られるマルチバイブレータによる発振回路

鈴木 憲次

技⑩ 電源電圧まで駆動すると大きな送信出力が得られる

図10はCMOS標準ロジックIC 4011による回路です. 4000シリーズの動作電圧は3～18 Vなので, 電源電圧を15 Vとすると, 超音波送信用素子の駆動電圧は15 V_{P-P}となり, 大きな送信出力が得られます.

マルチバイブレータ回路の発振周波数f_{OM} [Hz] は, 次の式で求められます.

$$f_{OM} = \frac{1}{2.2\, C_1 R_a}$$

この式からf_{OM} = 40 kHz, C_1 = 0.001 μFとすると,

R_a = 11.4 kΩになります. そこでR_aを固定抵抗4.7 kΩ (R_1) と可変抵抗10 kΩ (VR_1) にして, 発振周波数が40 kHzになるように調整します.

4011内蔵の, 残った2個のNANDをドライブ回路にします. 電流容量を大きくして出力を増やしたいときには, 4049を追加してゲートを3個並列に接続します.

発振制御端子によって40 kHzの出力をコントロールできるので, 距離も測定できます. なお, 2SC1815をレベル・コンバータにすれば, TTLレベルで発振を制御できます.

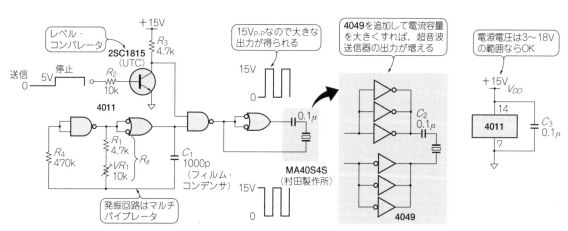

図10 マルチバイブレータによる送信回路

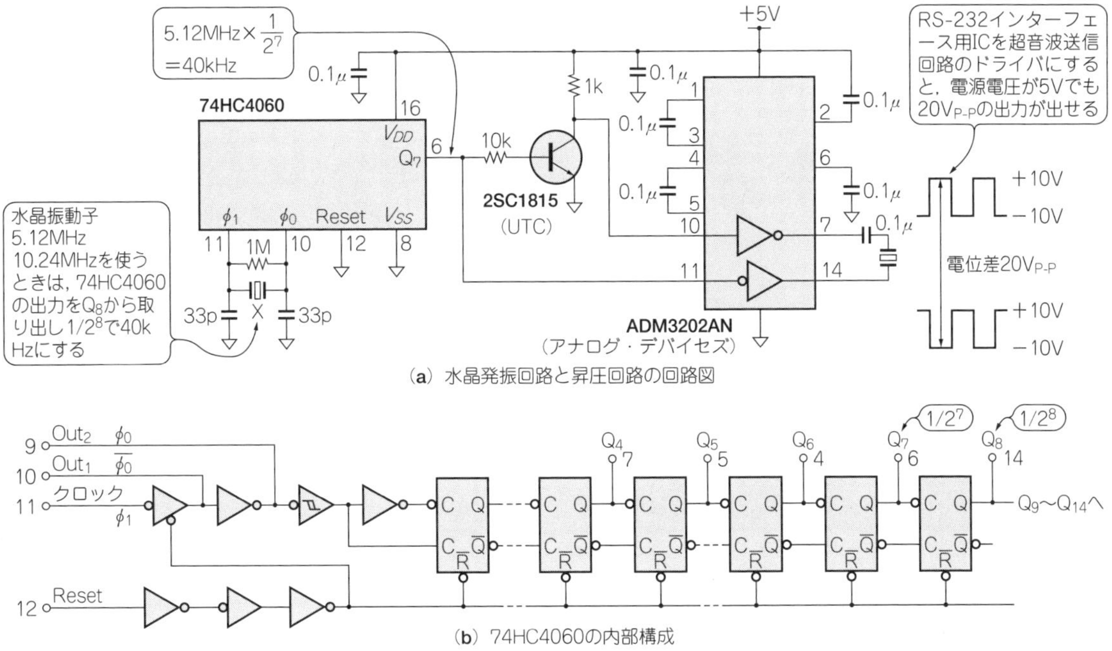

$5.12\,\text{MHz} \times \dfrac{1}{2^7} = 40\,\text{kHz}$

74HC4060

V_{DD}
Q_7
ϕ_1 ϕ_0 Reset V_{SS}

水晶振動子
5.12MHz
10.24MHzを使う
ときは，74HC4060
の出力をQ_8から取
り出し$1/2^8$で40k
Hzにする

1M
33p X 33p

2SC1815
(UTC)

RS-232インターフェース用ICを超音波送信回路のドライバにすると，電源電圧が5Vでも20V$_{P-P}$の出力が出せる

+5V

1k
0.1μ

0.1μ

0.1μ

0.1μ

0.1μ

0.1μ

ADM3202AN
(アナログ・デバイセズ)

電位差20V$_{P-P}$

+10V
−10V

+10V
−10V

(a) 水晶発振回路と昇圧回路の回路図

9 Out$_2$ ϕ_0
10 Out$_1$ $\overline{\phi_0}$
11 クロック ϕ_1

Q_4 Q_5 Q_6 Q_7 (1/2^7) Q_8 (1/2^8)

7   5   4   6   14

C Q C Q C Q C Q C Q C Q Q$_9$〜Q$_{14}$へ
C $\overline{Q}$ C $\overline{Q}$ C $\overline{Q}$ C $\overline{Q}$ C $\overline{Q}$ C $\overline{Q}$
R   R   R   R   R   R

12 Reset

(b) 74HC4060の内部構成

図11 水晶発振子による送信回路

技⑪ 抜群の周波数安定度を得るには水晶発振回路を使う

発振周波数がCRで決まる発振回路では，製作したあと周波数カウンタで40kHzに調整しなければなりません．ここでは水晶発振回路にして，発振周波数を無調整にします．水晶発振回路なので周波数変動は，およそ$\pm 10\,\text{ppm} \sim \pm 200\,\text{ppm}$以内です．

図11(a)は74HC4060で5.12MHzの水晶発振回路とし，分周して40kHzを得ます．74HC4060の内部構成は，**図11**(b)のようにインバータと分周回路です．そこでインバータでピアースC-B型水晶発振回路とし，分周回路で$5.12\,\text{MHz} \times 1/2^7 = 40\,\text{kHz}$とします．

また，74HC4060のリセット端子を"L"にすると発振，"H"にすると発振停止になるので，超音波の発射時間のコントロール端子とします．

技⑫ RS-232用ICを利用すると電源電圧が5Vでも20V$_{P-P}$でドライブできる

超音波送信用素子のドライブ電圧を高くすると，超音波出力も大きくなります．ここでは回路の電源電圧は5Vのままで，昇圧回路で20Vにします．

ところでRS-232インターフェースICは，TTLレベルの5Vを，$\pm 10\,\text{V}$に振ります．そこで超音波のドライバにして，電源電圧が5Vでも20V$_{P-P}$でドライブできるようにします．ここではADM3202AN(アナログ・デバイセズ)を使いました．

力 / ひずみセンサと回路

目に見えないほど微小な変形を測定する
ひずみゲージの使い方

西田 恵一

ひずみゲージの基礎知識

どんな物体でも引張力または圧縮力が加わると，単位断面積あたりの力（応力という）に比例して変形します．変形の量は加える力が強くなるほど大きくなり，物体の強度の限界を超えると壊れます．

物体がどのくらい破壊しにくいかを調べる方法の1つに，物体に加えられた力によって生じる表面の微少な変形，つまり伸びと縮みを測るひずみ測定があります．これには，**写真1**に示すひずみゲージという箔状のセンサを使います．

ひずみゲージを使えば，力が加えられた物体のひずみを検出することができます．そしてこのひずみの量から，物体の強度を知ることができます．

ひずみを利用すれば，重さ，圧力，加速度などを測定することができます．

ひずみゲージは，次のような製品に応用されています．

- ディジタル式体重計
- 米の分量を自動的に量れる電気釜
- 自動的に洗剤の分量を指示してくれる洗濯機

● 構造はいたってシンプル…抵抗体と絶縁フィルムの組み合わせ

図1に示すように，ひずみゲージは，とてもシンプルな構造をしています．

樹脂などで形成された絶縁シートの上に，金属でできた抵抗体を格子状に折り返したエレメントが貼り付けられています．エレメントは，銅ニッケル合金など，抵抗値の温度特性がとても安定している金属材料が使われています．

以前は，細いワイヤ状に加工された抵抗線を何ターンか折り返して，樹脂のベース，つまり一番下層の絶縁シート上に固定していたものです．近年では，金属を箔状に圧延し，これをベースと接着して，高度な写真技術によってエッチングで形成するものが大半です．

こうして作られたひずみゲージを測定対象の物体の

写真1 ひずみゲージFLAB-5-11の外観（東京測器研究所）

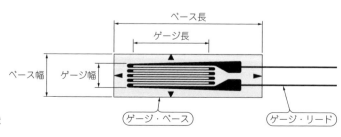

図1 ひずみゲージの構造

ベース長
ゲージ長
ベース幅
ゲージ幅
ゲージ・ベース
ゲージ・リード

表面に接着剤で貼りつけ，ひずみゲージの抵抗変化を通じて，物体の表面の微少な伸び縮みを測るのです．

● ゲージ抵抗による分類と選び方

ゲージ抵抗によってひずみゲージを分類すると**表1**(a)のようになります．

一般的な応力測定用には，古くから120Ωが使われています．4枚を組み合わせて，荷重計などのセンサ(業界では変換器という)を作る場合には350Ωが使われます．

一部には60Ωというのも存在しますし，240Ωというものも，まれですが存在します．しかし，これらは直列にしたり，並列にしたりして，ほとんどの場合120Ωで使います．500Ω，1000Ωというものも存在しますが，これらは特殊です．海外では応力測定用にも350Ωを使用する場合が多いようです．

ゲージ抵抗は，高いほど消費電力が減るのでそのぶん高い電圧を加えることができます．高い電圧を加えられることは，それだけ結果として得られる検出電圧も大きくなるので，μVオーダのひずみ電圧を増幅するアンプの設計が楽になります．

それでは，ゲージ抵抗は高ければ高いほうが良いのかというと，一概にそうとも言えません．高いゲージ抵抗では，リード線延長時などにノイズの混入の可能性が増大します．一般に，有利な抵抗値がこの120Ω近辺になっているわけです．

なぜ，きりの良い100Ωなどで統一されなかったのかというと，電気的な理由があるわけではなく，「最初に120Ωが使われたから」ということのようです．

● ゲージ長による分類と選び方

ひずみゲージをゲージ長によって分類すると**表1**(b)のようになります．

ゲージ長は，通常の短いもので0.1mmから，長いもので60mmとか90mmなどといったものが数多く作られています．通常は2mmや5mmが最も多く使われます．

▶短いタイプが必要とされる例

複雑な構造のもので，応力が集中しそうな部分のひずみを詳しく測る場合は，極力短いゲージ長が必要になります．長いタイプを使うと，大きくひずんだ部分

表1 ひずみゲージの分類

ゲージ抵抗	用　途
120Ω	一般的なひずみ測定用
350Ω	4枚以上組み合せて，ロード・セルや変位計，加速度計，圧力計などの変換器に使用する

(a) ゲージ抵抗による分類

ゲージ長	用　途
0.1mm，0.2～5mm	複雑な形状の機械(エンジン，工作機械)などの測定
2mm，5mm	一般的な金属，樹脂などの複雑でない形状の測定
10mm，30mm，60mm，90mm	コンクリート，木，複合材料

細部のひずみを測りたいときはゲージ長の短いものを，全体的な平均値として測りたいときは長いものを使う

(b) ゲージ長による分類

と，それほどひずんでない部分が平均化されてしまいます．その結果，強度が不足になっているかもしれないという事象を見逃してしまいます．

短いゲージ長では，測ろうとする部分の熱放散が悪いと，ひずみゲージの自己発熱を招いたり，最悪の場合焼き切れてしまいます．ひずみゲージの自己発熱は測定値のエラーの原因となります．

そのため，後述のブリッジ電圧を下げて測定するなどの工夫が必要になることもあります．

▶長いタイプが必要とされる例

コンクリートやFRP(Fiber Reinforced Plastics；繊維強化プラスチック)といった異種の材料が混ざっている材料(複合材料)などでは，あちこちに小さなひずみの不均等が生じています．

このような場合は，総合的なひずみで論じられますから，ある程度，着目する距離の平均値を測定したいこともあるわけです．

● ひずみゲージの型名

ゲージ・リードは，ひずみゲージから直接出ている細い単線のことで，ビニル線とは違います．この単線は約20mmととても短く，また弱いので，測定器まで伸ばして直接接続することはできません．

以前は使用者が，必要な長さの平行ビニル線(延長のための被覆線)に，ゲージ・リードの先をつなぎ替

FLAB － 5 － 11 － 1 LJC － F

	シリーズ名		ゲージ長[mm]		適合温度係数	リード線長さ[m]		配線の数		鉛フリーの場合
FLAB	一般用	1		11	鉄	1	LJC	2線	F	鉛フリー
QFAB	高温用	2		17	ステンレス	3	LJCT	3線		
CFLAB	低温用	5		23	アルミ	5				
GFLAB	プラスチック用									

図2 ひずみゲージの型名の例(東京測器研究所)

えて測定器に接続したものです.

その中継部分には, ゲージ端子と呼ばれる絶縁シートの上に短い(プリント基板と同じ)電極パターンを配置した小さい部品が使われていました. しかし, 最近ではよほど凝った測定以外には使われなくなり, ひずみゲージにビニル線が最初から取り付けられているタイプのほうが多く出荷されています. ビニル線の長さは, 1m, 3m, 5mといった種類があるので, ますます種類は増えてしまうことになります.

図2に示すのは, ひずみゲージの型名の例です. このようにとても多品種のひずみゲージが用意されています.

▶実際のひずみゲージ

実験用ならば, **表2**に示す鉄用またはアルミ用の最も代表的なひずみゲージで十分でしょう. これらは, 東京測器研究所のWeb(https://tml.jp)で注文できます.

表2　実際のひずみゲージ(東京測器研究所)

型　名	ゲージ長	用　途	ビニル線の長さ
FLAB-2-11-1LJC-F	2mm	鉄用	1m
FLAB-5-11-1LJC-F	5mm	鉄用	1m
FLAB-2-23-1LJC-F	2mm	アルミ用	1m
FLAB-5-23-1LJC-F	5mm	アルミ用	1m

1小さくなるため, 結果的に抵抗値は100万分の2増えます.

つまり, 一般的にひずみゲージの抵抗変化は, 物体の伸び縮みの約2倍変化します.

▶感度を表す重要なパラメータ「ゲージ率」

このひずみ量に対する抵抗値の変化量をゲージ率と呼び, 次式で表されます.

$$K = \frac{1}{\varepsilon} \frac{\Delta r}{R} \quad\cdots\cdots\cdots\cdots\cdots\cdots (1)$$

ただし, R：ひずみゲージの元の抵抗値, Δr：抵抗変化分, ε：物体のひずみ量, K：ゲージ率(約2)

ゲージ率Kは2.00ちょうどではなく, ひずみゲージの個別差によって多少増減し, ロットにより5〜6%くらい変動します. 本稿では便宜上2.00とします.

通常, 詳しいゲージ率は, ひずみゲージのロット別に測定して, パッケージに記載されます.

● ひずみゲージの測定範囲

ひずみ測定における目的と試験内容によって, 扱うひずみ量はさまざまです.

ひずみゲージの最小分解能は100万分の1です. 物

ひずみゲージの性能

● ひずみゲージの感度

▶ひずみゲージの伸び縮みと抵抗値変化の関係

物体に貼られたひずみゲージは, 物体の伸び縮みに追従して形状が変化します.

例えば, 物体が100万分の1伸びると, ひずみゲージの抵抗体の長さも100万分の1伸びるので, 抵抗値は100万分の1増えるように思うかもしれませんが, 実は伸びたぶんだけやせ細り, 断面積が約100万分の

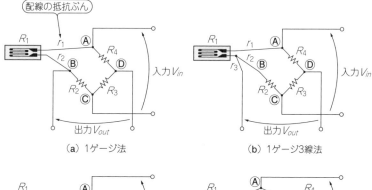

(a) 1ゲージ法　　　　　　(b) 1ゲージ3線法

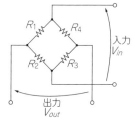

図3　微小な抵抗の変化を検出したいときに利用するホイートストン・ブリッジ回路

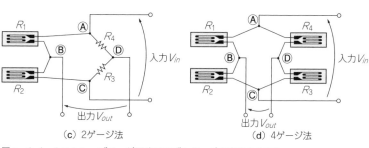

(c) 2ゲージ法　　　　　　(d) 4ゲージ法

図4　ホイートストン・ブリッジ回路にひずみゲージを応用する方法

体が破壊する寸前の状態まで測定しようとすると，測定範囲は1000分の1オーダくらいまで大きくなります．

ひずみ測定の世界では，100万分の1の変形量を便宜的な単位として扱い，これを10^{-6}ひずみまたは$\mu\varepsilon$（マイクロイプシロン）などと表します．簡単にμと書いて，マイクロと呼ぶこともあります．

● 微小なひずみ量の検出方法

▶ホイートストン・ブリッジを使って差分だけを取り出す

このように扱うひずみ量の最小単位はとても小さいので，式(1)に示すひずみ量（$\Delta r/R$）もとても小さな値です．

直接ディジタル・テスタの抵抗レンジなどで測ろうとしても，下位の桁は読み取りが困難です．1mの物差しで髪の毛の直径が測れないのと同じです．直接測るには，ディジタル方式なら最低でも1999999のように7桁の抵抗測定能力が必要です．アナログ方式の場合は，超高精度な回路が必要になり，現実的ではありません．

こんなときは，図3に示すホイートストン・ブリッジ回路を利用します．

抵抗値の差分だけを取り出すことによって，検出感度を上げることができます．特に，抵抗値のとても小さい変化量を測るときにとても有効です．この回路を使えば，ディジタル・テスタと後述のアンプ回路で，ひずみ測定が可能になります．

▶ホイートストン・ブリッジとは

ホイートストン・ブリッジは，4つの同じ値の抵抗で構成されます．

4つの抵抗値がまったく同じなら，対角から与える電圧V_{in}の大きさにかかわらず，もう1つの対角に得られる電圧V_{out}は0です．

図3に示すR_1をひずみゲージに置き換えて，図4(a)のように接続します．ひずみゲージの抵抗の初期値が，ほかの3つの抵抗とまったく同じなら，V_{out}は0です．

ひずみゲージが貼られた物体によって伸縮して，抵抗値がΔrぶん増加して$R_1 + \Delta r$になったとすると，出力電圧V_{out}は次のようになります．

$$V_{out} = \frac{\Delta r}{4R} V_{in} \cdots\cdots\cdots\cdots\cdots\cdots\cdots (2)$$

これに式(1)を代入すると，次式のようになります

$$V_{out} = \frac{K}{4} \varepsilon V_{in} = \frac{\varepsilon}{2} V_{in} \cdots\cdots\cdots\cdots\cdots (3)$$

● ホイートストン・ブリッジ構成法のいろいろ

図4に示すひずみゲージを使った各種のホイートストン・ブリッジ回路について簡単に説明しましょう．

▶1ゲージ法

ひずみを測りたい場所に1枚だけ貼る方法です．

最も簡単な結線法ですが，配線の抵抗ぶんr_1とr_2の温度変化による影響によって，測定値にドリフトが発生する可能性があります．リード線長は1m以内が無難です．

▶1ゲージ3線法

1ゲージ法と同じ用途です．

r_1, r_2, r_3が同一の抵抗値変化ならば，リード線が何mでも温度変化による測定値のドリフトがキャンセルされます．

▶2ゲージ法

板や棒の曲げ成分を測るときに使います．板の裏表に貼った場合，伸び縮み成分はキャンセルされます．R_1とR_2が同じ種類，同じロットのゲージならば温度変化によるドリフト分もキャンセルされます．

▶4ゲージ法

主に，ロード・セルなど各種変換器に使う結線法です．

外乱に強く，長い配線でブリッジと測定器間を接続しても，安定して信号を取り込めます．

温度による変形や変質への対応

● 測定の対象は応力による変形

物体は，力だけでなく，温度によっても大きく変形します．

もともと，ひずみ測定の大きな目的は応力による変形量です．変形量から応力を算出し，強度を推測するのですから，温度変化に起因する変形は，ひずみ測定では測定対象から除去したい成分です．

温度変化に起因する変形率のことを線膨張係数と呼びます．**表3**に示すのは，代表的な物質の線膨張係数です．理科年表などに記載されています．

実際は，合金や樹脂などいろいろと工夫された材料が出回っていて，それらの線膨張係数は少しずつ違うので，厳密な測定をする場合は，材料メーカから独自の線膨張係数のデータを取り寄せたり，自分であらかじめテスト片を作ったりして実測します．

表3 主な物質の線膨張係数

材　料	1℃あたりの線膨張係数
鉄	11.8×10^{-6}
銅	16.5×10^{-6}
ニッケル	29.8×10^{-6}
ステンレス	$14 \sim 17 \times 10^{-6}$
アルミニウム	$23 \sim 24 \times 10^{-6}$
ガラス	$8 \sim 10 \times 10^{-6}$
コンクリート	$7 \sim 14 \times 10^{-6}$

● 温度の影響を受けにくい自己温度補償型ゲージ

　表3からわかるように，鉄は温度が1℃上昇すると$11.8\,\mu\varepsilon$も伸びます．これは$1.7\,\mathrm{kg/mm^2}$の応力を受けたのと同じひずみです．このように，熱による物体の変形量は意外に大きいものです．

　特に，使用時の温度変化があり，1ゲージ法を採用する場合は，自己温度補償型のひずみゲージを使います．これは，ひずみゲージの抵抗温度係数を測定対象の物質の線膨張係数とちょうど逆の特性をもたせることによって，温度による変形成分をキャンセルし，力による変形成分のみを検出できるようにしたものです．

　表2や図2に示すように，鉄，アルミ，ステンレスといった代表的な物質用のひずみゲージが作られています．

● ひずみゲージや接着材の変形，変質への対処

▶温度が上昇するとベース材料は変質する

　ひずみゲージはベースが樹脂でできた絶縁シートですから，室温が上がると柔らかくなったり，変質して絶縁性が悪化して導電体になったりします．その結果，さまざまなエラーが発生し，ひずみを正しく検出できなくなります．

　抵抗体に使う金属自身も，高温下ではいろいろな特性変化が現れます．そこで，ひずみゲージ各社はさまざまな工夫を凝らし，高温でも使えるタイプを開発しています．

▶接着剤の選択

　ひずみゲージを貼る接着剤もたいへん重要です．

　室温では，主に瞬間接着剤が使われますが，低温環境では結露などの影響もあり，大きいひずみを測るときに剥がれたり，接着剤が固まらない，といった問題が発生します．

　これらのいろいろな使用環境に合った接着剤も用意されています．一般的な接着剤は，高温では120℃くらいまでしか使えませんが，これ以上では特殊なエポキシ系やフェノール系接着剤が使われます．

　図5にひずみゲージの貼り方を示します．正しい前処理などをしないと，測定中に剥がれるなどのトラブルが発生することがあります．

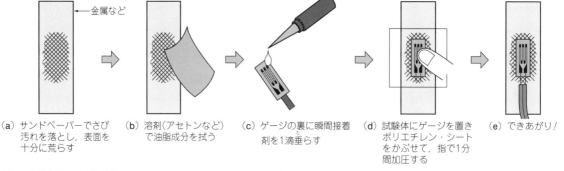

(a) サンドペーパーでさび汚れを落とし，表面を十分に荒らす　(b) 溶剤(アセトンなど)で油脂成分を拭う　(c) ゲージの裏に瞬間接着剤を1滴垂らす　(d) 試験体にゲージを置きポリエチレン・シートをかぶせて，指で1分間加圧する　(e) できあがり！

図5　ひずみゲージの貼り方

1 ホイートストン・ブリッジの出力信号を増幅する ひずみゲージ用計装アンプ

西田　恵一

　図6に示すのは，ひずみゲージと抵抗で構成したホイートストン・ブリッジの出力信号を増幅するアンプ回路です．

　表4に主な仕様を示します．

技① ホイートストン・ブリッジ用の抵抗には高精度で超安定なタイプを使う

▶温度変化が小さいこと

　破線で囲まれたR_2，R_3，R_4の3本の抵抗が，図3に示したホイートストン・ブリッジを構成しており，最も重要な部品です．この抵抗には，誤差0.1%程度，温度係数1〜5ppm程度のとても高精度で温度による

安定度の優れたタイプを使います．

　金属皮膜抵抗器の温度係数は約100ppmです．これは，1℃変化すると100万分の1抵抗値が変化することを意味しています．式(1)からわかるように，この温度変化をひずみに換算すると，1℃あたり$500\,\mu\varepsilon$相当の変化が発生し得るということです．さらに，抵抗は3辺にありますから，これがおのおの最悪の方向に値が変化すると，トータルで$1500\,\mu\varepsilon/℃$の変化になります．

　こういう理由からホイートストン・ブリッジを構成する抵抗は，できるだけ温度による変化の少ないものを選ぶ必要があるわけです．

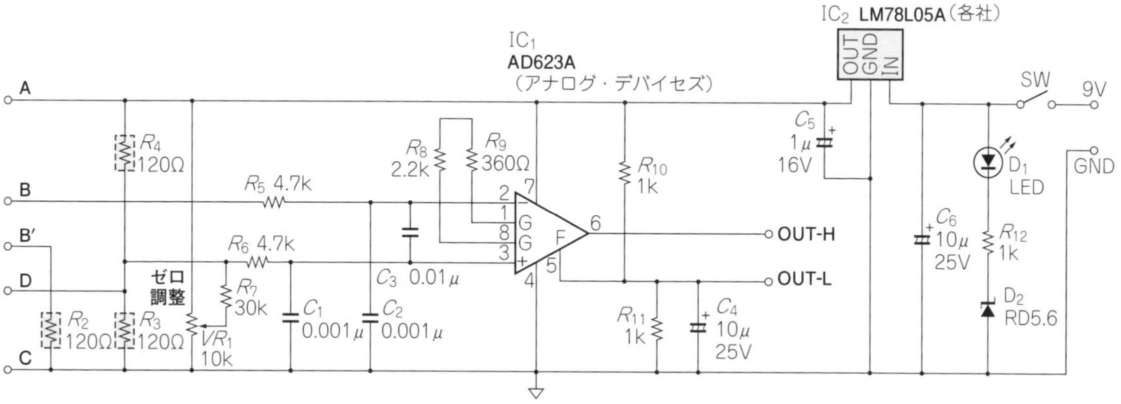

※R_2, R_3, R_4は**図4**に示したホイートストン・ブリッジの一部を構成する.
2ゲージ法ではR_2は不要. 4ゲージ法ではR_2, R_3, R_4は不要

図6 測定範囲±22000 $\mu\varepsilon$, 感度0.1 mV/$\mu\varepsilon$のひずみゲージ用計装アンプ

▶誤差が小さいこと…感度とのトレードオフ

抵抗の絶対精度もある程度必要です.

誤差は, ホイートストン・ブリッジの初期的なずれ
を増大させます.

ひずみゲージを使う場合, ブリッジ出力の初期値は
たいていゼロにはなりません. 必ず, 多回転の半固定
抵抗器などを使ってバランスを取ってから測定を始め
ることになります.

初期値のずれがあまりに大きいと, 調整範囲を大き
くする必要が出てきます. その結果, 調整がクリティ
カルになったり, 調整抵抗R_7を小さくする必要がで
てきますが, R_7を小さくすると感度が低下してしま
います.

高精度抵抗は, **表5**に示すようなメーカが作ってい
ます.

技② 入力オフセット電圧の温度ドリフトの小さいOPアンプで増幅する

ひずみゲージの出力信号を増幅するアンプもとても
重要です. 特に, 入力オフセット電圧の温度ドリフト
ができるだけ小さいことが望まれます.

温度ドリフトの小さい高価なOPアンプと, 多数の
高精度抵抗などで差動アンプを構成しますが, ここで
は1つのパッケージに温度ドリフトの小さい精密な差
動アンプを内蔵した計装用のアンプIC AD623A(アナ
ログ・デバイセズ)を使いました. 外付け抵抗1本で
ゲインが決まるのでとても便利です.

表5 高精度抵抗を扱っているメーカの例

メーカ名	シリーズ名	URL
アルファエレクトロニクス	FLA, MA	https://www.alpha - elec.co.jp
ビシェイ	VKR	https://www.vishay.com/en/resistors - fixed/
東京測器研究所	KOR	https://tml.jp

表4 製作したひずみゲージ用計装アンプの主な仕様

項　目		仕様など
測定モード		1ゲージ法, 2ゲージ法, 4ゲージ法
ブリッジ電源		5 V
測定範囲		± 22000 $\mu\varepsilon$
感度		0.1 mV/$\mu\varepsilon$
ゼロ点の最大温度ドリフト	1ゲージ法	13.1 $\mu\varepsilon$/℃
	2ゲージ法	9 $\mu\varepsilon$/℃
	4ゲージ法	0.8 $\mu\varepsilon$/℃
感度の温度ドリフト		200 ppm/℃
初期バランス範囲		± 1800 $\mu\varepsilon$
応答周波数範囲		DC～3 kHz(－3 dB)
電源		006P積層電池

表6にAD623Aの主な電気的特性を示します. なお
最近では, テキサス・インスツルメンツなど各半導体
メーカから改良版が多数リリースされています. 入出
力の動作範囲やゲイン設定抵抗が異なるので注意が必
要です.

技③ ホイーストン・ブリッジと計装アンプには高精度で安定度の良好な5V電源を使う

ブリッジの電源は, アンプと同じ5Vにします.

電源用IC_2は, できるだけ高精度で安定度の良好な
ものが必要です. ここでは, 3端子レギュレータIC
LM78L05Aを使いました.

技④　計装アンプのゲインは40倍に設定する

AD623のゲインは次のように決定します.

ブリッジ電圧は5Vなので, ゲージ率を2.00とすると, 式(3)から,

$$V_{out} = 2.5\varepsilon \cdots\cdots\cdots\cdots\cdots\cdots\cdots\cdots (4)$$

になります.

ゲインを40倍に設定したので, $1\,\mu\varepsilon$ の入力に対して100 μV の出力が得られます. この出力を市販の安い電池式のディジタル・マルチメータなどで測定します.

最小電圧レンジ199.9 mV(最小分解能100 μV)に設定して測定して小数点を無視すれば, そのままディジタルひずみ測定器として使えます.

技⑤　ゲインを決定する抵抗は高精度抵抗器を使う

ゲイン(感度)を決定する抵抗R_8とR_9は, ある程度誤差の少ないものが望まれます. 抵抗値が温度でドリフトするとゲインが変動します.

ここでは, 高精度抵抗RP-24シリーズ(ニッコーム)を使いました. 許容誤差は0.1%, 温度係数は25 ppmです.

技⑥　固定抵抗を接続して感度調整する

ひずみゲージは, 図4に示した4つの方法でアンプと接続できます.

いずれの結線方法でも, ひずみ測定を始める前に, 図6に示す半固定抵抗器VR_1を回して, 出力電圧をゼロに合わせます.

感度は, A-D間またはC-D間に固定抵抗を接続して, キャリブレーションします.

抵抗を追加することによって, ホイートストン・ブリッジのバランスがくずれて, ひずみが発生した状態を作ることができます.

ひずみゲージの抵抗をR, ゲージ率を2, キャリブレーション用並列抵抗をr_yとすると, 式(1)から,

$$\varepsilon = \frac{1/(1/R + 1/r_y) - R}{2R} \cdots\cdots\cdots\cdots\cdots (5)$$

となります.

ブリッジ抵抗$(R_2 \sim R_4)$が, $R = 120\,\Omega$の場合, キャリブレーション用に$r_y = 12\,k\Omega$の抵抗を接続すると, ホイートストン・ブリッジから4975 $\mu\varepsilon$が発生します. 24 kΩでは2494 $\mu\varepsilon$, 47 kΩでは1275 $\mu\varepsilon$が発生します. キャリブレーション用抵抗も精度が重要です.

● ひずみ測定器で物体の強度が測定できる

物体の強度は, 引っ張り強さ(壊れる直前の応力)などで考察されます.

応力 σ [N/mm^2] と弾性係数E [N/mm^2], そしてひずみ ε の間には次の関係があります.

$$\sigma = E\varepsilon \cdots\cdots\cdots\cdots\cdots\cdots\cdots\cdots\cdots (6)$$

したがって, 物体にひずみゲージを貼っていろいろな力を加え, ひずみを測定しその応力を求めれば, そこの部分の強度に対する余裕度がわかります.

例えば, 鉄の弾性係数を20000 kg/mm^2, 測定したひずみが250 $\mu\varepsilon$とすると, 式(6)からそのときの応力は5 kg/mm^{2}となります. 鉄の引っ張り強さが10 kg/mm^{2}だったとすると, 2倍の余裕度をもっている, と判断できるわけです.

破断に至らず, ある力によって永久的な変形を起こしても, それは壊れたことになります. この永久変形が起こる寸前の応力を弾性限界と呼んでいます.

引っ張り強さや弾性限界といった物性は, 材料のちょっとした合金の比率や熱処理などで大幅に変わります. いずれも代表的なものは理科年表やJISなどに出ています.

● バッテリ動作なのでノイズの影響を受けにくい

ゲージを貼った直後のブリッジ出力値は何の意味もない, ただのオフセットぶんですから, この出力をVR_1でゼロにします. 後は, ブリッジに発生したひずみに従ったアナログ電圧が出力されます.

この回路はμVという微小信号を扱っていますが, 結構安定しています. 電池式のディジタル・ボルト・メータを接続するとわかると思いますが, 表示値が安定しているはずです.

AC100 V動作の機器に組み込んだり, 市販の電圧計などのAC100 Vで動作する機器に接続すると, そこからハムやノイズが回り込んで, 測定結果がばらついたり不安定になることがあります.

ここではバッテリ動作しているため, アンプの電源

表6　高精度OPアンプ AD623Aの主な電気的仕様(アナログ・デバイセズ)

項　目		値
電源電圧		$+2.7 \sim \pm 12$ V
最大消費電流		480 μA
入力バイアス電流(全温度範囲)		25 nA
最大入力オフセット電圧		200 μV
最大入力オフセット電圧温度ドリフト		2 μV/℃
最大ゲイン誤差(外付け抵抗を含まず)		0.35%
ゲイン温度ドリフト(外付け抵抗を含まず)		50 ppm/℃
入力電圧範囲		$-V_s - 0.15 \sim +V_s - 1.5$ V
出力振幅(10 kΩ負荷)		$-V_s + 0.01 \sim +V_s - 0.5$ V
ダイナミック応答	$G = 10$	100 kHz
	$G = 100$	10 kHz
	$G = 1000$	2 kHz
最小入力コモン・モード除去比@60 Hz	$G = 10$	90 dB
	$G = 100$	105 dB

や回路が完全に独立しています. その結果, ハムなどの影響を受けにくく, 安定に動作します.

実際の高価な測定器では, 高抵抗で静電容量も小さい, 高い絶縁性をもったDC-DCコンバータなどを使っています. また, アナログ回路を完全に絶縁(フローティング)したり, 商用電源に合わせたタイミングでサンプリングして商用電源によるハムなどをキャンセルしたりしています.

② 検出時だけ励起電圧を印加するセンサ用ブリッジ回路

藤森 弘己

技⑦ シャットダウン機能付きの基準電源ICを使う

ブリッジ回路を励起する場合, 一般的なストレイン・ゲージなどでは抵抗値が比較的低く, 連続的に励起していると意外に消費電流が大きくなってしまい, 自己発熱による誤差も考えられます.

図7の回路は, 測定時だけ励起電圧を加え, それ以外のときはスタンバイ状態になるブリッジ回路です.

ブリッジは, 一般的な350Ωのストレイン・ゲージを想定していますが, 励起電圧が5Vでも, およそ14mAの電流が流れます.

この電圧源にシャットダウン機能付きの+5V基準電源IC REF195を使用しています. このICは基準電源としては大きな電流容量(最大30mA)をもち, 低いドロップアウト電圧で安定した電圧を出力します.

この+5V出力は, ブリッジの励起とその出力アンプである計装アンプAMP04の電源として使われます.

● 回路の動作

REF195のシャットダウン機能は3番ピンのロジック入力により制御されるので, この信号が"H"の間だけ+5Vの励起電圧とアンプが動作します. この時間は最短で800μ〜1msで十分です. スタンバイ時は, REF195の消費電流は5μA程度に低下するので, 回路全体の消費電流もこれに準じます.

計装アンプは, 図の定数で20倍のゲインをもっていますが, R_Gを変更することで, ほかのゲイン(1倍〜1000倍)への変更が可能です.

この回路では, ブリッジ出力はユニポーラ信号だけを扱うことができますが, ロー・パワーOPアンプを使用して, +5Vの1/2の電圧をアンプの4番端子に加えると, 出力は+2.5Vを中心としたバイポーラ出力となり, 両極性のブリッジ出力信号を扱うことができるようになります.

技⑧ A-Dコンバータの電源に基準電圧ICの出力電圧を使う

この回路の出力をA-D変換する場合は, 例えば12ビットA-Dコンバータ AD7920(アナログ・デバイセズ)を使用すると, 入力レンジが電源電圧である+5Vと同じレシオメトリック動作となり, ブリッジ計測に適しています.

これらを組み合わせることで, 必要な瞬間だけ動作し, バッテリ動作でも長期間使用できる計測回路を構成することができます.

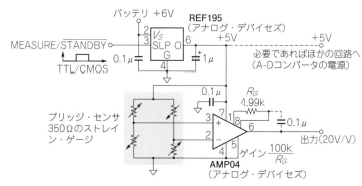

図7 基準電圧ICを利用したパルス励起によるロー・パワー・ブリッジ回路

③ はかり用ロード・セルを使った 1kgfまで計れる高精度力検出回路

木島 久男

技⑨ 1kgfフルスケールのはかり用ロード・セルCB17-1Kを使う

CB17-1K(**写真2**)は，1kgfフルスケールのはかり用ロード・セルです．量産されるため，比較的安く高精度です．アルミニウムの検出部にひずみゲージが貼られており，ブリッジが構成されています．赤，白，緑，青の4芯シールド線がブリッジの4点に接続されています．赤と白，緑と青がそれぞれ対角です．赤と白に電源を加え，緑と青から出力を取り出します．赤に正電源を接続すると，センサの荷重検出方向(センサに矢印が描かれている)に荷重を掛けると緑に正出力が出ます．

静的な特性を調べるときは，分銅を使うのが最も簡単です．**写真3**に示すように，金具を使ってセンサを水平に設置し，荷重を加える側にも金具を設けて分銅を載せて出力をチェックします．

センサの出力感度は，加える電源電圧に比例し，感度は1mV/Vです．これは，電源電圧が1Vでフルスケールの荷重が加えられたとき1mVの出力が得られることを意味します．

センサのブリッジ両端の抵抗値は420Ωです．推奨供給電圧は最大10Vです．定格の3倍の過荷重に耐えられる強度があります．

ロード・セルの両端の太い部分にはM3のねじ穴があり，3mmのねじで一端を固定して，一端に荷重が掛かるように設置します．ひずみゲージはロード・セルの厚みの薄い部分に貼られており，表面は保護されています．

技⑩ ロード・セルは定電流駆動して計装用アンプで増幅する

図8に回路を示します．

AD620(アナログ・デバイセズ)は抵抗1個でゲインを決められる計装用アンプです．±5～±15Vで動作します．ゲインを決める抵抗をトリマに代えて，感度を調整できるようにもできます．このとき，トリマ抵抗は一般に固定抵抗より温度係数が大きいので，できるだけ調整量は少なく設計します．

出力オフセットは，AD620の5番ピンに電圧を加えて調整します．ロード・セルの対角に固定抵抗とトリマを設置してもよいでしょう．

ロード・セルの電源は定電流で駆動します．定電圧駆動より定電流駆動のほうが直線性が良いからです．定電流回路は，シャント・レギュレータとトランジスタで構成します．**図8**では，12.5mA(=2.5V/200Ω)一定の電流が流れます．センサには5.25Vが加わるので，1kgfのとき約5Vの出力が予測できます．

図9に示すのは，±15V動作のOPアンプ回路とマイコンのA-D変換ポートを接続する方法です．

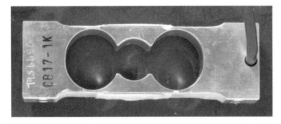

写真2　はかり用ロード・セル CB17-1Kの外観(ミネベアミツミ)

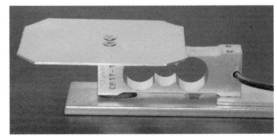

写真3　CB17-1Kに検定用金具を取り付けたところ

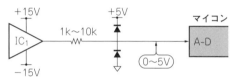

図8 1 kgfまで高精度に計れる力検出回路

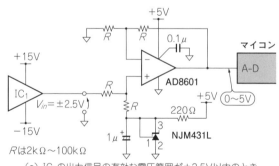

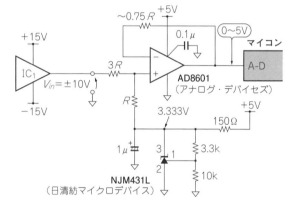

(a) IC₁の出力信号の有効な電圧範囲が0～+5Vのとき

(c) IC₁の出力信号の有効な電圧範囲が±2.5V以内のとき

(b) IC₁の出力信号の有効な電圧範囲が±10V以内のとき

Rは1k～100kとする.
周波数が高いときは小さく, 低いときは大きくてよい,
抵抗値が大きいときはハム・ノイズに注意

図9 ±15V動作のOPアンプ回路とマイコンのA-D変換ポートを接続する方法

4 900～1100 hPaを分解能0.38 hPaで測定できる 圧力センサを使った気圧計測回路

渡辺　明禎

図10に示すのは，圧力センサFPM‐15PAR（写真4，フジクラ）を使った気圧測定回路です．

● 圧力センサFPM‐15PARを使う

FPM‐15PARは，ピエゾ抵抗効果を利用した半導体圧力センサです．FPM‐15PARの出力特性を図11に，電気的特性を表7に示します．製造上の難しさから，各特性は大きくばらつきます．このばらつきは，周辺の電子回路で吸収する必要がありますが，マイコンを使えばソフトウェアで処理できます．

図12に示すようにセンサは，圧力を受けると内部のダイヤフラムがたわみ，ピエゾ抵抗に応力が加わって，その抵抗値が変化します．ピエゾ抵抗でホイートストン・ブリッジを構成しているので，圧力変化による抵抗変化がブリッジの出力電圧となって現れます．

技⑪ 電源電圧は単一5Vとする

センサ内部は，抵抗によるブリッジ回路になってお

り，メーカは定電流で駆動することを推奨しています．定格動作では，駆動電流が1.5 mA，ブリッジ抵抗が4 k～6 kΩなので，駆動電圧は6～9 V必要ですが，電源がシンプルになるように，＋5 V単一としたいので，駆動電流を小さくして，電源電圧を下げます．

技⑫ 単電源動作可能なOPアンプを使う

単電源で動作するOPアンプが4回路集積されたTLC274（テキサス・インスツルメンツ）を使います．定電流回路において，OPアンプの最大出力電圧が3 V程度，最大ブリッジ抵抗が6 kΩですから，定電流の値は0.5 mAになります．これは定格の1/3の値なので，これにともなって半導体圧力センサの感度は1/3に低下します．

ただし，レール・ツー・レール出力のOPアンプを使うと，出力電圧が電源電圧いっぱい（5 V）まで振れるので，汎用OPアンプを使うよりは高い感度が得られます．

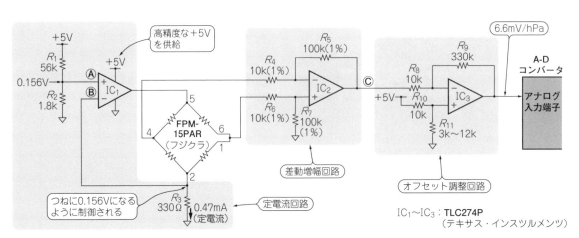

図10　圧力センサを使った気圧計測回路（測定範囲900～1100 hPa，分解能0.38 hPa）

写真4　圧力センサ
FPM‐15PAR（フジクラ）

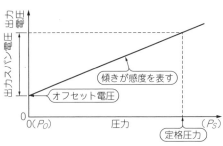

図11　圧力センサ FPM‐15PARは圧力を電圧に変換して出力

表7　圧力センサ FPM‐15PAR電気的特性

項目	定格	単位
出力スパン電圧	80～160	mV
オフセット電圧	50～130	mV
感度	80～160	μV/mmHg
感度	60～120	μV/hPa
ブリッジ抵抗	4000～6000	Ω
総合温度特性	± 0.1%	%FS/℃
直線性	± 0.3%	%FS

column:01　気圧の単位

渡辺　明禎

気圧は単位が複数あり，下記の関係があります．

$$1 \text{気圧} = 1 \text{ atm} = 760 \text{ mmHg}$$
$$= 1013 \text{ mb（ミリバール）}$$
$$= 1013 \text{ hPa（ヘクトパスカル）}$$

気象関係では，平成4年12月からミリバールではなくヘクトパスカルが使われるようになりました．

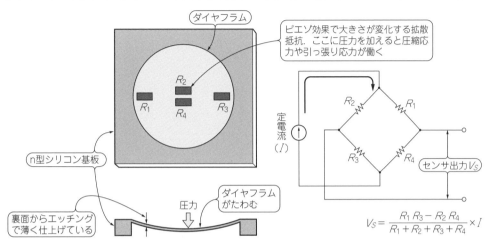

図12　圧力センサFPM-15PARの圧力検出の原理

図中のラベル：
- ダイヤフラム
- ピエゾ効果で大きさが変化する拡散抵抗．ここに圧力を加えると圧縮応力や引っ張り応力が働く
- R_2, R_1, R_4, R_3
- n型シリコン基板
- 裏面からエッチングで薄く仕上げている
- 圧力
- ダイヤフラムがたわむ
- 定電流(I)
- R_2, R_1, R_3, R_4　センサ出力V_S

$$V_S = \frac{R_1 R_3 - R_2 R_4}{R_1 + R_2 + R_3 + R_4} \times I$$

技⑬　定電流回路でセンサを駆動する

定電流回路はOPアンプを使うと簡単に作れます．IC$_1$の点Ⓐと点Ⓑが常に同じ電圧になるようにOPアンプの出力が変化するので，ブリッジの抵抗が変化しても，流れる電流は約0.5 mA一定になります．

技⑭　センサ出力はゲイン10倍の差動増幅回路で受ける

ブリッジの出力電圧は差動なので，アンプには差動増幅器を使います．

表7の出力スパン電圧，オフセット電圧データから，圧力センサの出力電圧は130 m～290 mVまでばらつきます．差動増幅器の出力電圧を3 V以下にするためには，増幅度は10倍にする必要があります．その結果，増幅後の最小感度は，

$$60 \text{ } \mu\text{V} \times 0.5 \text{ mA}/1.5 \text{ mA} \times 10 = 200 \text{ } \mu\text{V/hPa}$$

になります．

技⑮　オフセット増幅すると0.38 hPa/LSBまで改善される

大気圧の気圧範囲は900～1100 hPa程度ですから，回路の出力電圧が900 hPa時に0 Vになるように調整すれば，分解能は飛躍的に改善されます．図10ではオフセット調整回路を追加して，これを実現しています．

図10のオフセット調整回路のゲインは330 kΩ/10 kΩ = 33倍です．したがって，気圧測定回路の出力電圧は6.6 mV/hPaです．

たとえば，10ビットのA-Dコンバータは1LSB = 5 mVなので，5 mV/6.6 mV = 0.76 hPa/LSBになります．最大感度はこの2倍なので，0.38 hPa/LSBです．

オフセット増幅器の増幅度はさらに大きくすることはできますが，感度を上げすぎると，調整が困難になったり，雰囲気で動作範囲が逸脱する可能性もあるので，この程度がちょうどよいでしょう．

オフセット調整用の抵抗R_{11}は，100 hPaのときに気圧測定回路の出力電圧が1.5 V程度になるような値とします．半固定抵抗器を使うこともできますが，圧力センサのばらつきが大きいので，広範囲な調整としなければなりません．マイコンを使うなら，オフセット値はソフトウェアで吸収できるので，固定抵抗器を使ってもよいと思います．

ワンチップ
温度
光・赤外線
振動・ひずみ
電流
計測回路集
付録

第5部

電流を測る回路

ありがたーい非接触電流測定入門

カレント・トランスの基礎知識

山崎 健一

非接触で安全に交流の大電流を測る方法を紹介します．

AC電流センサというと，古くは商用周波数（50Hzあるいは60Hz）の電流計測用がほとんどでした．最近は，インバータやスイッチング電源など周波数の高い電流を計測できるものが登場しています．

交流電流を検出する2つの方法

■ 抵抗を使う方法

電流測定のもっとも簡単な方法として，**図1(a)**のような抵抗（基準抵抗）を用いる方法があります．テスタの電流測定もこの方法です．通常，この基準抵抗のことをシャント抵抗と呼ぶことからシャント抵抗型電流センサという場合もあります．

図1(a)で被測定電流をI_1，基準抵抗の抵抗値をR_Lとすると，

$$V_{out} = I_1 R_L \cdots\cdots\cdots\cdots\cdots\cdots\cdots\cdots (1)$$

の電圧降下V_{out}が生じます．

この方法は基準抵抗に高精度な抵抗を使用することで，良好な特性を得ることができます．しかも，DC（直流）でもAC（交流）でも測定が可能です．

高周波用にL成分を小さくした無誘導巻きタイプがあります．数百A，数十MHzの電流検出用としてBNC端子付きの同軸シャント抵抗もあります．

● 非接触で測定できないし大電流の測定も困難

欠点は，電流の流れる経路を回路内に引き込む必要がある（非接触では測定できない）こと，大電流では耐電力（W数）の大きな抵抗が必要になることです．

シャント抵抗は抵抗値1mΩまでなら比較的容易に入手でき，数百A程度まで測定が可能です．抵抗値が小さいものほどわずかな配線抵抗値でも誤差になるので，高精度用では電圧出力の端子を別に設けた4端子構造（ケルビン接続）が使用されます．

■ カレント・トランスを使う方法

● 非接触で大電流を測定できる

カレント・トランス（Current Transformer）は古くからAC電流測定専用に使用されてきました．AC電流専用になる理由は，原理上DC電流の測定ができないからです．

図1(b)にカレント・トランスを使った電流測定方法を示します．カレント・トランスでは強磁性体のコアに巻き線が施されています．この構造は**図2**に示す

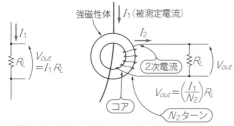

（a）抵抗による方法　（b）カレント・トランスによる方法

図1　簡単な電流検出方法
カレント・トランスを使うと交流だけだが簡単に非接触で測定できる

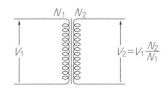

図2　カレント・トランスの構造は普通のトランスと同じ
カレント・トランスは1次巻き線の巻き数N_1が小さく，1次側のインピーダンスが低い

一般的なトランスと同じです.

カレント・トランスはAC電流測定専用ですが, 強磁性体コアの中(貫通孔と呼ぶ)に測定する電流線を通すだけで電流測定ができることが大きな特徴です.

昔はカレント・トランスというと, いかにも「鉄のかたまり」というイメージがあったのですが, 現在では小型のものがAC電流センサという名前で市販されています.

一般的なトランスは入出力特性を電圧で考えますが, カレント・トランスの場合は電流で考えます. カレント・トランスに対して一般的なトランスを電圧トランスと呼ぶことにします.

電圧トランスでは電圧を効率良く2次側に伝えるため, 1次側は高インピーダンスになっています. 巻き線数を多くするとインダクタンスLが大きくできるので, それにより高インピーダンスを得ます.

カレント・トランスでは逆に, 1次インピーダンスをできるだけ小さくして使用します. インピーダンスが高いと抵抗と同様に損失が大きくなってしまうからです.

● **カレント・トランスによる電流測定法**

図1(b)をもう一度見てください. 被測定電流(1次電流)をI_1として, 2次側の巻き線数(ターン)をN_2とすると, カレント・トランスには2次電流I_2が流れます.

2次電流I_2の大きさは,

$$I_2 = I_1/N_2 \cdots\cdots (2)$$

となり, 1次電流I_1に比例することがわかります.

このように, カレント・トランスでは2次電流I_2を測定することによって被測定電流の大きさを知ることができます.

2次側に負荷抵抗R_Lを接続すると, 2次電流I_2を出力電圧V_{out}に変換できます. 出力電圧V_{out}は,

$$V_{out} = I_2 R_L = (I_1/N_2)R_L \cdots\cdots (3)$$

で表されます.

例えば$N_2 = 800$ターンのカレント・トランスの場合, I_1の最大値(フルスケール)が20 A_{RMS}のとき, 出力電圧V_{out}が0.2 V_{RMS}になるようにR_Lを選ぶと, 式(3)より$R_L = 8\,\Omega$となります.

実際には後述するように, コア材による損失(鉄損)や漏れ磁束などの影響を受けてしまい, 出力電圧は式(3)より若干低くなってしまいます.

そのため, $R_L = 8\,\Omega$と求まったなら実際の負荷抵抗は8.2Ωのように若干(通常1〜10％ほど)大きくしておきます.

できるだけ高精度に測定するために

● **出力電圧を大きくすると誤差が大きくなる**

カレント・トランスは電源なしで絶縁された出力電圧が得られます. しかし, 電圧を出力するためには必ずコア内に磁束が流れます. そのぶん1次電流が必要なので, 誤差が必ず発生します.

図3に示すように, カレント・トランスの仕様を以下の①〜⑥のように仮定して考えてみます.

①コアの断面積；$S_C = 16$ mm^2
②コアの(平均)磁路長；$\ell_M = 62.8$ mm
③コアの比透磁率；$\mu_S \fallingdotseq 20000$(ケイ素鋼板によって作られたコアの場合の例)
④2次巻き線数；$N_2 = 1000$ターン(内部抵抗は$R_I = 30\,\Omega$)
⑤負荷抵抗；$R_L = 100\,\Omega$
⑥1次電流；$I_1 = 1A_{RMS}$@ 50 Hz

入力電流は50Hz(角速度$\omega = 2\pi \times 50$)とします.

以上の条件から, 式(3)より出力電圧V_{out}は,

$$
\begin{aligned}
V_{out} &= (I_1/N_2)R_L \\
&= (1\ A_{RMS}/1000) \times 100\,\Omega \\
&= 100\ mV_{RMS}
\end{aligned}
$$

となります.

ただしI_2は2次巻き線抵抗$R_I = 30\,\Omega$にも流れます. これを考慮すると全2次電圧V_2は以下になります.

$$
\begin{aligned}
V_2 &= (R_I + R_L)I_2 \cdots\cdots (4) \\
&= 130\ mV_{RMS}
\end{aligned}
$$

前述したように, このV_2はコア内部に磁束が流れることで発生します. V_2を発生させるために必要な磁束密度Bを計算してみます.

$$V_2 = N_2 \omega B S \cdots\cdots (5)$$

という磁束密度と電圧の関係式より,

$$
\begin{aligned}
B &= V_2/(N_2 \omega S) \cdots\cdots (6) \\
&= 0.13/1000 \times 2\pi \times 50 \times 16 \times 10^{-6} \\
&\fallingdotseq 0.026\ T_{RMS}
\end{aligned}
$$

ただし, T：磁束密度の単位

となります. $V_2 = 0.13V_{RMS}$の出力を得るためには, コア内部に$B = 0.026T_{RMS}$の磁束密度が必要です.

つぎに電流誤差を計算してみましょう. コア材であるケイ素鋼板の比透磁率μ_Sが約20000です.

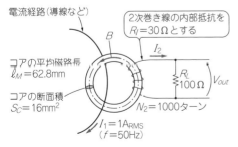

電流経路(導線など)

2次巻き線の内部抵抗を$R_I = 30\,\Omega$とする

コアの平均磁路長
$\ell_M = 62.8$mm

コアの断面積
$S_C = 16$mm^2

R_L
100 Ω
V_{out}

$N_2 = 1000$ターン

$I_1 = 1A_{RMS}$
($f = 50$Hz)

図3 カレント・トランスの特性に関係する値は多い
カレント・トランスを自作または特注するのでない限り, 図中のほとんどの値は製品によって決まってしまう

$B = 0.026 \mathrm{T_{RMS}}$ を得るための H は $B = \mu H$ で求められます．μ は比透磁率 μ_S と真空の透磁率 $\mu_0 = 4\pi \times 10^{-7}$ で表せて，$\mu = \mu_S \mu_0$ となります．磁界 H は，

$$H = B/\mu \cdots\cdots (7)$$
$$= 0.026/(4\pi \times 10^{-7} \times 20000)$$
$$\fallingdotseq 1 \mathrm{A/m_{RMS}}$$

です．また，

$$H = \Delta I_1 / \ell_M \cdots\cdots (8)$$

の関係より，

$$\Delta I_1 = H \ell_M \cdots\cdots (9)$$
$$= 1 \mathrm{A_{RMS}} \times 62.8 \times 10^{-3}$$
$$= 0.063 \mathrm{A_{RMS}}$$

が誤差電流となります．

コア内部に $0.026 \mathrm{T_{RMS}}$ の磁束密度 B を得るためには，1次電流に換算して $0.063 \mathrm{A_{RMS}}$ の起磁力が必要になります．これを2次電流に換算すると式(2)より，

$$\Delta I_2 = \Delta I_1/1000 \fallingdotseq 63\,\mu\mathrm{A}$$

だけ少なくなってしまいます．

すなわち，理想的には $I_1 = 1\mathrm{A_{RMS}}$ では $I_2 = 1\mathrm{mA_{RMS}}$ になるべきですが，実際には $I_2 = 1 - 0.063 = 0.937\,\mathrm{mA}$ となり，$R_L = 100\,\Omega$ での出力電圧 V_{out} は，

$$V_{out} \fallingdotseq 0.937\,\mathrm{mA} \times 100\,\Omega = 93.7\,\mathrm{mV}$$

となります．-6.3% の誤差に相当します．

以上は出力電圧 V_{out} が $100\,\mathrm{mV}$（実際には $93.7\mathrm{mV}$）の場合でしたが，R_L が大きくなると V_{out} が大きくなりますから，それに比例して誤差も大きくなります．

磁束密度 B による損失を鉄損，巻き線内部抵抗 R_I による損失を銅損と呼びます．カレント・トランスの損失は低周波ではここで計算したような鉄損と銅損が主です．高周波では，鉄損として渦電流損やヒステリシス損などが追加されます．

● 誤差を小さくするためにはどうすればよいか

性能の良い電流センサを作るために必要な条件を挙げると以下のようになります．

①負荷抵抗 $(R_I + R_L)$ を小さくする

太い線で巻くと R_I を小さくできますが，外形が同じだと巻き数 N_2 は小さくなります．

②2次巻き数 N_2 を大きくする

式(6)より，N_2 が大きいほど磁束密度 B が小さくなり，結果として誤差電流が小さくなります．

③コアの断面積 S_C を大きくする

式(6)より，S_C が大きいほど B が小さくなります．

④コアの平均磁路長 ℓ_M を小さくする

式(9)より，ℓ_M が小さいほど誤差電流が小さくなります．

⑤コアの比透磁率 μ_S を大きくする

式(7)より，μ が大きいと H が小さくなります．

①については負荷抵抗 R_L を小さくして対応可能です．当然，出力電圧は小さくなりますが，最近は高性能の OP アンプが安価に入手できるので，OP アンプで増幅すればよいでしょう．OP アンプを使った AC 電流センサ回路については後述します．

②については，通常のカレント・トランスでは数百ターン程度ですが，精密測定用では数千ターンのものもあります．

2次巻き線数が多い AC 電流センサの外観を写真1に示します．小型でも巻き数36000ターンまで製品化されていました．こんなに巻き数の大きいものがあるのだ，と当時驚きました．残念ながら現在では入手困難です．

③と④はセンサの形状（外形寸法）で決まります．一般的には形状が大きいセンサのほうが高精度です．

⑤はコアに使用する強磁性体に依存します．表1にコアに使用する強磁性体材料の例を示します．

写真1　小型AC電流センサ A3G02（Smith Research & Technology）
小型でも2次巻き数が多い．メーカが製造を終了しているため入手難

表1　カレント・トランスのコアに使われる磁性材料の代表例
汎用品ではケイ素鋼板が，高精度品ではパーマロイやアモルファスが使われる

名称	成分	初透磁率 μ_i	最大比透磁率 μ_m	飽和磁束密度 B_s [T]	保持力 H_C [A/m]
パーマロイ（PB材）	Fe - Ni	14000	120000	1.4	6.4
パーマロイ（PC材）	Fe - Ni	100000	500000	0.65	0.8
Co基アモルファス合金	Co - Fe - Mn - Cr - Si - B	100000	–	0.5	0.32
ファインメット（FT - 3M）	Fe - Cu - Nb - Si - B	100000	500000	1.23	2.5
方向性ケイ素鋼板	Fe - Si	1500	40000	2.0	8.0
無方向性ケイ素鋼板	Fe - Si	–	10000	2.0	40
フェライト（Mn - Zn系）	–	10000	–	0.4	8

カレント・トランスの特性は，このコア材料で決まると言っても過言ではありません．通常の用途では珪素鋼板が，高精度が必要な用途ではパーマロイやアモルファスなどが使用されます．

● 測定する周波数によっても最適なセンサは変わる

商用電源周波数が測定対象なのか，それともスイッチング電源のような高周波電流が対象なのか，それとも10 Hz以下の超低周波が対象なのかで，選択できるカレント・トランスが異なります．

式(6)より，周波数が高いほどBが小さくなるのでコアにとっては条件が良くなりますが，数十kHz以上になると渦電流損やヒステリシス損が増加してしまいます．コア材を吟味することが重要になります．

ケイ素鋼板やパーマロイ材は主に低周波用で，高周波ではアモルファス（ファインメットを含む）やフェライトなどの材料が適しています．迷ったときにはメーカに相談するのが一番確実です．

AC電流センサの使い方の基本

一般に手に入る汎用型AC電流センサは，測定電流が100 A以内の小型のAC電流センサです．

基本的には商用周波数の50/60 Hz用ですが，数十kHz以上の周波数でも使用可能です．ただし，周波数が高くなるほどコア損失が大きくなるので，使用可能な最大電流が小さくなってしまいます．

● 汎用型AC電流センサの例

写真2に市販されているAC電流センサCTL-6-P-H（ユー・アール・ディー）の外観を示します．

仕様を表2，外形図を図4に示します．小型なのですが，0.1～80 A$_{RMS}$のAC電流が測定可能です．

貫通孔径はϕ5.8 mmで，たいていの用途ではこれで十分です．孔径が大きいほど形状が大きくなるので材料費がかかり，センサの値段が上がります．

写真2 入手しやすいAC電流センサ
CTL-6-P-H（ユー・アール・ディー）
国内メーカ製で流通量も多い

表2 汎用AC電流センサCTL-6-P-Hの主な仕様
電力用を想定しているので電流レンジは0.1～80Aとなっている

電流範囲 [A$_{RMS}$]	$0.1 \sim 80 (50/60Hz, R_L \leq 10\,\Omega)$
最大許容電流 [A$_{RMS}$]	80 連続
飽和限界電流 [A$_{RMS}$]	$100 (50/60Hz, R_L \leq 1\,\Omega)$
2次巻き線 [ターン]	800 ± 2
2次巻き線抵抗 [Ω]	39 ± 3
使用温度 [℃]	$-20 \sim +75$

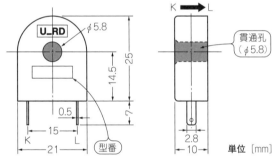

図4 汎用AC電流センサCTL-6-P-Hの外形図
基板実装に向いた形状になっている

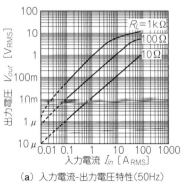

（a）入力電流-出力電圧特性（50Hz）

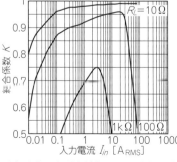

（b）入力電流-結合係数（K値）特性（50Hz）

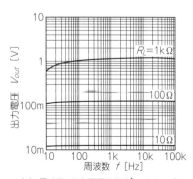

（c）周波数-出力電圧特性（I_{in}=1 A$_{RMS}$）

図5 汎用AC電流センサCTL-6-P-Hの代表特性
汎用のため精度の良い電流範囲は限られている

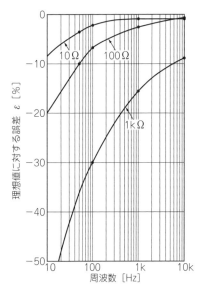

図6 コア材が珪素鋼板のAC電流センサCTL-6-P-Hの周波数特性($I_{in} = 1A_{RMS}$)
巻き数から計算した値に対する誤差. 周波数が低いと精度は悪い

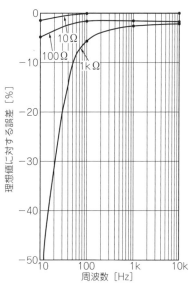

図7 コア材がパーマロイのAC電流センサCTL-6-P-Zの周波数特性($I_{in} = 1A_{RMS}$)
巻き数から計算した値に対する誤差. 図6と比較して大幅に改善されている

技① 精度が必要なら負荷抵抗の値を小さくする

図5(a)にCTL-6-P-Hの負荷抵抗値をパラメータとした電流特性を示します.

前述したように, 負荷抵抗値R_Lが大きいほど出力電圧は大きくなりますが, 直線性はR_Lが小さいほど良くなります. 精度が必要ならR_Lは小さく, 精度が要求されない場合はR_Lを大きく選びます.

図5(b)はセンサの損失を表しています. これを結合係数(K値)と呼んでいます. K値は式(3)からのずれを表していますので, 1に近いほど良好です. 図より負荷抵抗R_Lが大きくなるとK値が小さくなっていくのがわかります.

技② 小電流の感度が必要なら透磁率の高いコア材を使っているセンサを選ぶ

汎用型AC電流センサのコアにはケイ素鋼板が使用されていますが, 数mA以下の小電流まで感度が必要な場合には精度が出ません.

表3 高精度AC電流センサCTL-6-P-Z(ユー・アール・ディー)の主な仕様
汎用のCTL-6-P-Hと比べてより電流値が小さい範囲も仕様に含まれる

電流範囲 [A_{RMS}]	$0.001 \sim 20(50/60Hz, R_L \leq 10\,\Omega)$
最大許容電流 [A_{RMS}]	80 連続
飽和限界電流 [A_{RMS}]	$40(50/60Hz, R_L \leq 1\,\Omega)$
2次巻き線 [ターン]	800 ± 2
2次巻き線抵抗 [Ω]	39 ± 3
使用温度 [℃]	$-20 \sim +75$

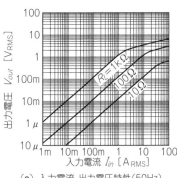

（a）入力電流-出力電圧特性(50Hz)

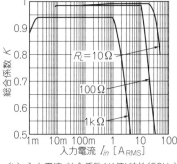

（b）入力電流-結合係数(K値)特性(50Hz)

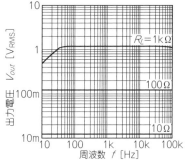

（c）周波数-出力電圧特性($I_{in}=1A_{RMS}$)

図8 高精度AC電流センサCTL-6-P-Zの代表特性
CTL-6-P-Hに比べすべての特性が向上しているかわりに価格は上昇する

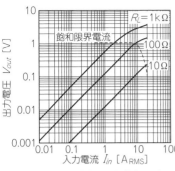
（a）入力電流-出力電圧特性（50Hz）

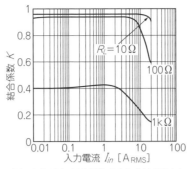
（b）入力電流-結合係数（K値）特性（50Hz）

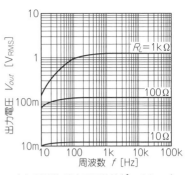
（c）周波数-出力電圧特性（$I_{in}=1$ A$_{RMS}$）

図10 クランプ式CTL-6-S32-8F-CLの代表特性
貫通式と比較してもそれほど特性は悪くない

表4 クランプ式AC電流センサCTL-6-S32-8F-CLの主な仕様

電流範囲[A$_{RMS}$]	$0.01 \sim 15$（50/60Hz, $R_L \leq 10$ Ω）
最大許容電流[A$_{RMS}$]	50 連続
周波数範囲[Hz]	$50 \sim 50k$
2次巻き線[ターン]	800 ± 2
2次巻き線抵抗[Ω]	80 ± 3
使用温度[℃]	$-20 \sim +50$
許容脱着回数	約100回

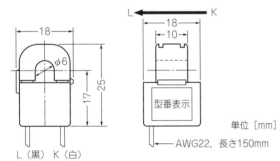

単位［mm］

図9 クランプ式AC電流センサの外形図
穴はCTL-6-P-Hとほぼ同じφ6. 出力はリード線による引き出しになっている

写真3 クランプ式AC電流センサCTL-6-S32-8F-CL（ユー・アール・ディー）
既存の配線をはさむように設置して電流測定が可能になる

小電流の測定には，コアにパーマロイなどの透磁率の高い材料を使ったAC電流センサを使用します．2次巻き数を多くするのも効果があります．

CTL-6-P-H（ケイ素鋼板）では測定電流範囲が0.1Aからでしたが，CTL-6-P-Z（パーマロイ）では0.001Aという小電流からの測定が可能です（**表3**参照）．

技⑧ 低周波特性を良くするには透磁率の高いコアを使うか巻き数の多いセンサを選ぶ

一般的に，AC電流センサの低域カットオフ周波数f_HはセンサのインダクタンスをLとすると，

$$f_H = R_L/2\pi L \cdots\cdots\cdots\cdots\cdots\cdots (10)$$

で表されます．R_LはAC電流センサの負荷抵抗です．式(10)から，f_Hを低くするためには，

① Lを大きくすること
② R_Lを小さくすること

の2つが効果的なことがわかります．

Lを大きくするには2次巻き線数N_2を多くするか，センサのコアの透磁率μを大きくします．

N_2を多くする方法はセンサの内部抵抗も同時に大きくなってしまうので，通常はコアの透磁率μのほうを大きくします．負荷抵抗R_Lを小さくしてもf_Hは下がるのですが，前述したようにセンサの内部抵抗（巻き線抵抗）が存在するために限界があります．

図6にCTL-6-P-Hの低周波特性を示します．また，**図7**に比較のためにコアがパーマロイのCTL-6-P-Zの低周波特性も載せています．N_2はどちらとも800ターンで，外形寸法も同じです．CTL-6-P-Zのほうが低周波まで特性が伸びています．

試しにインダクタンスを測定してみたところ，CTL-6-P-Hは0.2H，CTL-6-P-Zは7Hと35倍もの差がありました．CTL-6-P-Zの仕様を**表3**に，代表特性を**図8**に示しておきます．外形はCTL-6-P-Hと同じ（**図4**）です．

技④ 貫通穴に配線を通しておけない場合はクランプ式電流センサを使う

AC電流センサは貫通孔に被測定電流線を通す必要があります．新規システムではそれほど問題はありませんが，既設システムでは配線をカットする必要があり，これは大きな問題になってしまいます．

クランプ式電流センサなら，貫通孔が開閉式になっているため，既設配線でも切断することなく容易に取り付けることができます．

従来はクランプ式というと形状的に大きくなってしまいましたが，最近では小型の低価格品が入手できるようになりました．

小型のクランプ式AC電流センサCTL-6-S32-8F-CL（ユー・アール・ディー）の外観を**写真3**に，仕様を**表4**に，外形図を**図9**に，代表特性を**図10**に示します．

1 感度を上げても周波数特性やリニアリティが悪化しないOPアンプを使った電流-電圧変換回路

松井　邦彦

[用途] 電力監視システム，計測器用電流プローブ，電流ロガー装置，電源品質アナライザ，漏電遮断機

● 帰還抵抗をいくら大きくしてもAC電流センサの周波数特性とリニアリティが悪化しない

図11に示すのは，OPアンプを使った電流-電圧変換回路です．出力電圧V_{out} [V] は，次式で表されます．

$$V_{out} = \frac{I_1}{N_2} R_{fe} \cdots\cdots\cdots (11)$$

ただし，I_1：被測定電流 [A]，N_2：2次側の巻き線の巻き数 [回]，R_{fe}：帰還抵抗 [Ω]

OPアンプの－入力が常に0Vなので，AC電流センサの負荷は内部抵抗R_{in}だけです．感度を上げるため，帰還抵抗R_{fe}をいくら大きくしても，AC電流センサの周波数特性やリニアリティなどが悪化しないという特徴があります．ただし，OPアンプのオフセット電圧まで増幅してしまいます．用途によりますが，DCカット（ハイパス・フィルタ）の目的で**図11**の×印の箇所にコンデンサを入れます．AC電流センサの内部抵抗をR_{in}，コンデンサの容量をC_Aとすると，ハイパス・フィルタのカットオフ周波数f_H [Hz] は，次式で表されます．

$$f_H = \frac{1}{2\pi R_{in} C_A} \cdots\cdots\cdots (12)$$

ただし，R_{in}：AC電流センサの内部抵抗 [Ω]，C_A：コンデンサの容量 [F]

一般に，AC電流センサの内部抵抗R_{in}は数Ω～数百Ωなので，カットオフ周波数f_Hを低くするには，大容量のコンデンサC_Aを使います．

技⑤ OPアンプを2つ使うとハイパス・フィルタのコンデンサの容量を小さくできる

図12の回路は，**図11**に比べるとOPアンプがもう1つ必要ですが，カットオフ周波数f_Hを決める抵抗に任意の値が使えるので，コンデンサC_1の値を自由に選べます．カットオフ周波数f_H [Hz] は，AC電流センサの内部抵抗$R_{in} = R_2$，$R_1 = R_3$とすると，次式で表されます．

$$f_H = \frac{1}{2\pi C_1 R_4} \cdots\cdots\cdots (13)$$

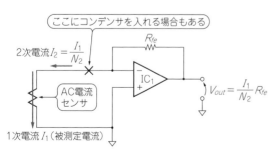

図11　OPアンプを使った電流-電圧変換回路
感度を上げても周波数特性やリニアリティが悪化しない

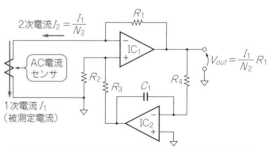

カットオフ周波数f_H[Hz]

$$f_H = \left(\frac{1}{2\pi C_1 R_4}\right)\left(\frac{R_2}{R_3+R_2}\right)\left(\frac{R_2+R_3}{R_2}\right) = \frac{1}{2\pi C_1 R_4}$$

図12　OPアンプを2つ使った電流-電圧変換回路
抵抗R_4に任意の値が使えるのでC_1に小容量のコンデンサを使ってもカットオフ周波数f_Hを低くできる

② 周波数特性のない1次電流に比例した出力電圧が得られる 空芯型AC電流センサ用の積分回路

松井 邦彦

[用途] 雷電流センサ, パルス電流計測システム, パワー素子用電流センサ, 溶接機

● 空芯型AC電流センサは測定電流の周波数が高いほど出力電圧が大きくなる

一般的なAC電流センサは強磁性体のコアを使っているので, 大きな被測定電流が流れるとコアが飽和してしまい正確な測定ができません. これに対して, 空芯型AC電流センサはコアを使っていないので, 大きな被測定電流が流れても飽和しないという特徴があります.

空芯型AC電流センサの2次電圧$e(t)$ [V] は, 次式で表されます.

$$e(t) = \frac{\mu_0 S_C}{\ell_M} N_2 \frac{dI_1(t)}{dt} \cdots\cdots\cdots\cdots (14)$$

ただし, μ_0:真空の透磁率$(4\pi \times 10^{-7}$ [H/m]), S_C:コイルの断面積 [m²], ℓ_M:コイルの長さ [m], N_2:コイルの巻き数 [回], I_1:被測定電流 [A]

式(14)から, 2次電圧が被測定電流I_1の微分値に比例するので, 周波数が高いほど出力電圧が大きくなり, 使い勝手がよくありません. そこで, **図13**に示す抵抗とコンデンサを使った積分回路や**図14**に示すOPアンプを使った積分回路を使います.

技⑥ 限られた周波数範囲であればDC電源がいらない最もシンプルな積分回路が使える

図13に示すのは, 抵抗とコンデンサを使った積分回路です. OPアンプを使わないのでDC電源が不要です. しかし, 限られた周波数範囲内でしか積分回路として動作しません.

出力電圧V_{out} [V] は, 次式で表されます.

$$V_{out} = \frac{1}{RC} \frac{\mu_0 S_C}{\ell_M} N_2 I_1(t) \cdots\cdots\cdots\cdots (15)$$

式(15)から出力電圧V_{out}は, 1次電流I_1に比例することがわかります. このように空芯型AC電流センサでは, 積分回路を付けることで信号が扱いやすくなり

ます.

技⑦ 周波数範囲の制限なく積分回路を動作させるにはOPアンプを使う

図14に示すのは, OPアンプを使った積分回路です. ほぼ理想的な積分回路です. しかし, OPアンプや抵抗, 容量などの部品とDC電源が必要です. 積分回路の定数を決めるには空芯型AC電流センサの仕様が必要です. ここでは例として,

- 出力電圧(フルスケール):5 V_{RMS}@50 Hz
- 内部抵抗:$R_{DC} = 100\ \Omega$
- インダクタンス:$L_C = 20$ mH
- 被測定電流の周波数帯域:10〜1000 Hz$(-3$ dB$)$

とします.

空芯型AC電流センサのインダクタンスL_Cは被測定電流の周波数帯域と大きな関係があります. 入力抵抗R_1が$R_1 \gg 2\pi f L_C$の条件を満たさないと誤差が生じます. インダクタンス$L_C = 20$ mHとしたので被測定電流の周波数が1000 HzのときのインダクタンスL_Cのインピーダンス$Z_{LC(1000Hz)}$ [Ω] は, 次式で表されます.

$$Z_{LC(1000Hz)} = 2\pi f L_C$$
$$= 2\pi \times 1000 \times 0.02 \fallingdotseq 126\ \Omega$$

抵抗R_1の値は10 kΩ以上を選べば大丈夫です. コンデンサC_1は空芯型AC電流センサの出力電圧と抵抗R_1の兼ね合いで決めます. **図14**では$C_1 = 0.03\ \mu$Fにしています. 被測定電流の周波数が50 HzのときのコンデンサC_1のインピーダンス$Z_{C1(50Hz)}$ [Ω] は, 次式で表されます.

$$Z_{C1(50Hz)} = \frac{1}{2\pi f C_1}$$
$$= \frac{1}{2\pi \times 50 \times 0.03 \times 10^{-6}} = 106\ k\Omega$$

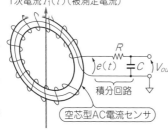

図13 最もシンプルな空芯型AC電流センサ用の積分回路
OPアンプを使わないのでDC電源が不要. 限られた周波数範囲内でしか積分回路として動作しない

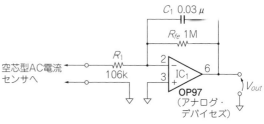

図14 周波数範囲の制限なく積分回路を動作させるためOPアンプを使う

したがって，抵抗$R_1 = 106\,\mathrm{k\Omega}$とすると，積分回路のゲインが1になるので，空芯型AC電流センサの出力電圧$5\,\mathrm{V_{RMS}}@50\,\mathrm{Hz}$は，$5\,\mathrm{V_{RMS}}@50\,\mathrm{Hz}$の出力電圧$V_{out}$に変換されます．

帰還抵抗R_{fe}はDC電位を固定するために必要です．値が大きいほどよいのですが，通常は最低周波数で決めます．仕様から被測定電流の最低周波数が$10\,\mathrm{Hz}$なので，$f > 1/2\pi CR_{fe}$より，帰還抵抗R_{fe}は，次式で表されます．

$$R_{fe} > \frac{1}{2\pi C_1 f} = 530\,\mathrm{k\Omega}$$

図14では余裕を見て$1\,\mathrm{M\Omega}$にしています．

OPアンプはオフセット電圧の調整を省きたいので，高精度OPアンプを使います．ただし，帰還抵抗R_{fe}が$1\,\mathrm{M\Omega}$と高いので，入力バイアス電流が小さいOPアンプが必要です．高精度OPアンプOP97（アナログ・デバイセズ）は，オフセット電圧が$30\,\mathrm{\mu V}$と小さく，入力バイアス電流も$30\,\mathrm{pA}$と小さいです．周波数特性はあまりよくありませんが，被測定電流の周波数帯域を$10 \sim 1000\,\mathrm{Hz}$としたので，実用上問題ありません．

column 01　手軽で安全で高精度！ いいことづくし非接触測定

松井 邦彦

● メリット1：測定回路にノイズが混入しない

図A(a)のように測定対象と測定回路が電気的につながっていると測定対象で発生したノイズが測定回路に混入し，ノイズ電圧として出力されます．図A(b)のように非接触で測定すると，測定対象と測定回路を電気的に絶縁できるので，測定回路にノイズが混入しません．したがって，精度の高い測定ができます．

● メリット2：感電しない

図A(a)のように抵抗方式で電流を測定するとき，当然ながらACラインに触ると感電します．そのため，絶縁アンプなどを使って電気的に絶縁し，感電しないようにするなどの処置が必要です．AC電流センサは貫通型であるため，最初から絶縁されています．しかも，貫通孔の径は$6\,\mathrm{mm}$や数十mmのものもあるので，絶縁という意味では完璧です．

● メリット3：配線をカットする必要がない

図A(a)の抵抗方式では，必ず測定対象の配線を

カットするなどの処置が必要です．しかし，図A(b)のAC電流センサでは，配線を貫通孔に通すだけです．さらに，クランプ型のAC電流センサを使うと，コア部の開閉ができるため，既設配線を切断しなくても簡単に取り付けできます．

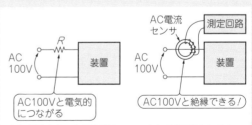

（a）抵抗を使った電流測定　　（b）AC電流センサを使った電流測定

図A　ノイズだらけのスイッチング電源の電流を高精度に測るには測定回路とターゲットを絶縁するのが有効
AC100Vにはパソコンや家電製品などスイッチング電源が使われた装置がつながっているので，多くのスイッチング・ノイズがAC100Vラインに流れている．AC電流センサを使うとAC100Vラインと測定回路を絶縁できるため，スイッチング・ノイズの混入を防げる

③ ±15%の範囲で感度のばらつきを調整できる
空芯型AC電流センサの補正回路

松井　邦彦

[用途] 雷電流センサ，パルス電流計測システム，パワー素子用電流センサ，溶接機

技⑧ 5%ごとに用意した固定抵抗を感度に合わせて設定する

空芯型AC電流センサにはコアがないため感度のばらつきが大きいです．図15に示すのは，空芯型AC電流センサの感度のばらつきを補正する回路です．±15%程度の調整機能をもたせています．トリマで±15%もの大きな範囲を調整すると安定性が悪くなるので，図15に示すように固定抵抗を5%ごとに用意して，空芯型AC電流センサの感度に合わせて設定します（粗調整）．図15には示していませんが，最終段のアンプにトリマで±5%の調整範囲を設けました（精密調整）．

技⑨ プリント基板のレイアウト・パターンを使うと感度の設定が容易にできる

図16に示すのは，感度の設定を簡単にするためのプリント基板のパターンです．もちろん，ジャンパ・スイッチを使ってもかまいません．図16のように円型はんだ用ランドの中央に，0.5～1.0mmほどのスリットを入れます．設定するランドのみはんだを盛ると，そのランドがショートします．設定用ランド上のレジストやシルクは禁止です．

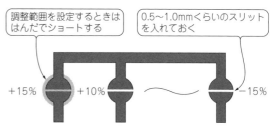

図16　感度の設定を簡単にするためのプリント基板のパターン
円型はんだ用ランドの中央に0.5～1.0mmほどのスリットを入れる

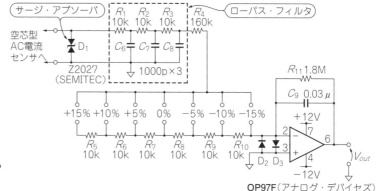

図15　空芯型AC電流センサの感度のばらつきを補正する回路
±15%程度の調整機能をもっている

---

④ AC電流センサの出力に比例したDC電圧を出力する
AC-DC変換回路

松井　邦彦

[用途] 簡易型電力計，AC電流ロガー，AC電流メータ，メータ・リレー

● 絶対値アンプを作る

AC100Vラインに流れている電流を検出するとき，AC電流センサの1次電流をI_1 [A] とすると，2次電流I_2 [A] は，次式で表されます．

$$I_2 = \frac{I_1}{N_2} \quad \cdots\cdots\cdots (16)$$

ただし，I_1：1次電流 [A] N_2：2次側の巻き線の巻き数 [回]

AC電流センサの2次側に負荷抵抗R_Lをつなぐと，$I_2 R_L$の電圧が生じるので，図17に示す回路でDC電圧に変換します．式(16)で示したように，AC電流センサの巻き数で2次電流値I_2が変化するので，負荷抵

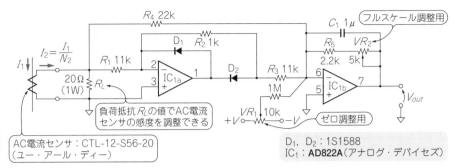

図17　AC電流センサの出力をDC電圧に変換する回路

抗R_LでAC電流センサの感度を調整します。

　図17ではAC電流センサにCTL-12-S56-20（ユー・アール・ディー）を使っています。CTL-12-S56-20は巻き数$N_2 = 2000$回なので，式（16）から$I_1 = 200\,A_{FS}$のとき$I_2 = 0.1\,A$になります。したがって，負荷抵抗$R_L = 20\,\Omega$とすると，$V_{out} = 2\,V (= 0.1\,A \times 20\,\Omega)$なので，図17の回路から$2\,V_{DC}$の電圧が得られます。

技⑩　測定精度を高めるにはオフセット電圧の小さいOPアンプを使う

　この回路のポイントは，AC電流センサの特性と絶対値アンプ回路の性能です。広いダイナミック・レンジを得るには，OPアンプIC_{1a}のオフセット電圧を小さくします。

　図18に示すのは，OPアンプIC_{1a}のオフセット電圧が精度にどのくらい影響を与えるのかを実験した結果です。オフセット電圧が$0.5\,mV$と小さいときは理想直線にのり，$1\,mV_{RMS}$という小さな入力電圧までリニアリティが保たれています。ところが，OPアンプIC_{1a}のオフセット電圧が$10\,mV$と大きくなると理想直線から外れ，入力電圧が$10\,mV_{RMS}$以下では正しく測定できていません。このように，絶対値アンプ回路ではOPアンプIC_{1a}のオフセット電圧が精度に大きく影響します。図17の回路では，オフセット電圧が$0.4\,mV$と小さなOPアンプAD822A（アナログ・デバイセズ）を使っています。

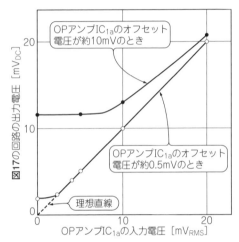

図18　OPアンプのオフセット電圧と精度の関係
オフセット電圧が$0.5\,mV$と小さいときは理想直線にのり，$10\,mV$と大きくなると理想直線から外れる

　OPアンプIC_{1b}のオフセット電圧はVR_1で次に示す手順で調整します。
（1）$I_1 = 200\,A_{FS}$のときVR_2で$V_{out} = 2\,V_{DC}$に調整する
（2）$I_1 = 1\,A$のときVR_1で$V_{out} = 10\,mV_{DC}$に調整する
（3）再度（1）と（2）を繰り返す

　通常のアンプでは，手順②で$I_1 = 0\,A$に調整しますが，絶対値アンプではダイナミック・レンジを決めて，その点で調整を行います。これは絶対値アンプが非線形アンプだからです。

⑤ 0〜140 Hzのモータの回転数を1〜5Vの DC電圧に変換するモータの回転数を検出する回路

松井 邦彦

[用途] インバータ方式の回転数可変型モータ，インバータ方式のポンプ，インバータ方式の送風機

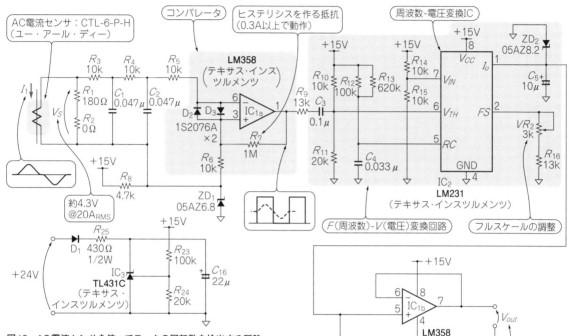

図19 AC電流センサを使ってモータの回転数を検出する回路
0〜140 Hzのモータの回転数を1〜5VのDC電圧に変換する

AC電流センサは，電流値の検出以外にも応用されています．**図19**に示すのはモータの回転数を検出する回路です．0〜140 Hzのモータの回転数を1〜5VのDC電圧に変換します．

3相交流モータは，1回転するごとに電流が正負に振れます．正負に振れる電流をAC電流センサで取り出した後，整形して1回転につき1回のパルス信号を取り出し，電圧に変換して出力します．

図19より，$I_1 = 20$ AのときAC電流センサの出力電圧は約4.3 V必要です．AC電流センサにCTL-6-P-Hを使うと，負荷抵抗R_L〔Ω〕は，

$$R_L = V_{out} \frac{N_2}{I_1} = 4.3 \text{ V} \times \frac{800}{20 \text{ A}} = 172 \text{ Ω}$$

になりますが，少し余裕をもって180Ωにしています．
OPアンプIC_{1a}はコンパレータ回路を構成しています．AC電流センサの波形は正弦波に近いので，コンパレータ回路で方形波に変換します．抵抗R_7で方形

波にヒステリシスを付けて，チャタリングが起きないようにしています．コンパレータ回路は$I_1 = 0.3$ A以上で動作します．周波数が低いのでOPアンプは汎用タイプのLM358(テキサス・インスツルメンツ)で十分です．F(周波数)-V(電圧)変換回路には専用ICのLM231を使っています．もちろん，パルスを直接マイコンで取り込む方法も使えます．

⑥ フェライト・コアを使った AC100Vラインの交流電流測定回路

渡辺 明禎

大きな交流電流は，カレント・トランスを使って測定するのが一般的です．しかし，市販のカレント・トランスは大きく，また入手困難で高価です．

そこで，2つに分割される不要輻射防止用フェライト・コアを使った交流電流モニタを紹介します．ワンタッチで導線に取り付けられ，価格も数百円と手ごろです．

● 回路の概要

図20に回路を示します．フェライト・コアは線に挟むだけなので，1次側は1ターンとなります．2次側は φ0.12のポリウレタン銅線（UEW線）を500回巻きました．

1次側の電流が10 A_{RMS}のとき，2次側電流は，1/N = 1/500から20 mA_{RMS}です．負荷抵抗を3.3Ωとしたので電圧は66 mV_{RMS}です．増幅器のゲインは330 kΩ/20kΩ = 16.5です．したがって得られる出力は1.09 V_{RMS}/10 A_{RMS}ですが，実際は1 V_{RMS}程度でした．

OPアンプの非反転入力端子の電圧は2.5 Vとしました．ここにカレント・トランスのコールド側を接続しているので，ちょうど差動増幅器となり，OPアンプの出力から2.5 Vを中心とした交流電圧が得られます．OPアンプのゲインは，測定したい最高電流値に合わせて，適当に変更してください．

● フェライト・コアの仕様

表5に今回用いたフェライト・コアの仕様を示します．形状の違いにより，大，中，小としました．

コアに導線を巻く場合，巻けば巻くほど性能が良くなりますが，1000ターン以下が現実的だと思います．

● 入力電流対出力特性とCTの周波数特性

この回路の入力電流対出力の関係を図21に示します．コアの断面積が小さいほど1次側に流す電流により磁気飽和しやすくなります．

コア大は48 A_{RMS}程度までは使えます．ただし，最近は負荷としてスイッチング電源のように波形のひずみが大きく，波形のピーク値と実効値の比，すなわちクレスト・ファクタ（波高率）が大きい場合があるので，ピーク時にも磁気飽和しない範囲で使ってください．

巻き数の違いによるカレント・トランスの周波数特性を図22に示します．巻き数が多いほどインダクタンスが大きくなるので，カレント・トランスの低域カット周波数は低くなります．

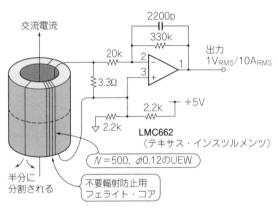

図20 交流電流測定回路

表5 フェライト・コアの仕様

形状	コアの内半径 [mm]	コアの外半径 [mm]	コアの厚さ [mm]	比透磁率 (50 Hz)
大	6.5	13.1	29.3	877
中	5	9.5	29.5	507
小	4.5	8	28	586

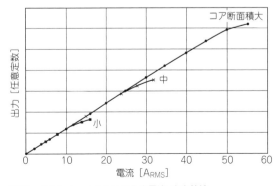

図21 カレント・トランスの入力電流-出力特性

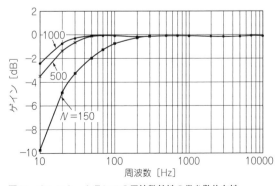

図22 カレント・トランスの周波数特性の巻き数依存性

第13章 DCからACまで非接触で測定できる

名前をよく聞く
ホール素子型電流センサ

直流磁界を検出できるホール素子を使った
電流センサの基礎知識

山崎 健一

ホール素子を使った電流センサならば，電流経路になんらかの素子を挿入することなく，非接触でDC電流を測定できます．

ただし，カレント・トランスを使ったAC電流センサに比べて回路は複雑になります．

ホール素子型電流センサは，**図1**のように強磁性体のコアにギャップ（隙間）を付けてその中にホール素子を配置したものです．ギャップ中の磁束密度は被測定電流に比例するので，それをホール素子で検出することで電流を測定できます．

ホール素子はDC磁界を測定できるので，この電流センサはDC電流を測定できます．もちろんAC電流も測定可能です．DC電流を検出できることが，ホール型電流センサの最大のメリットです．ホール素子型電流センサには大きく分けて，2つの方式があります．

● オープン・ループ方式…汎用で一般的

図1(a)のように，ホール素子の1次電流が1Aに対するホール電圧をV_Hとすると，出力電圧V_{out}は

$$V_{out} = V_H \, G \quad \cdots\cdots\cdots\cdots\cdots\cdots\cdots\cdots\cdots\cdots (1)$$

で表されます．Gはアンプのゲイン（一定）です．

オープン・ループ方式の電流センサはフィードバック・コイルが不要なので，安価で小形のものが製造可能です．

ホール素子の誤差以外にコアの特性も誤差に反映されてしまうため，精度の点では後述するクローズド・ループ方式に劣ってしまいます．

しかしながら，通常の用途では十分な性能をもっていますので，汎用型DC電流センサとして大量に使用されています．

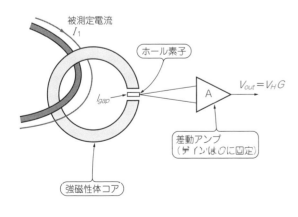

（a）オープン・ループ方式

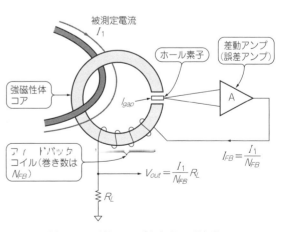

（b）クローズド・ループ方式（サーボ方式）

図1 直流電流も測定できるホール素子型電流センサの原理
サーボ式とも呼ばれるクローズド・ループ方式のほうが原理的に高精度

● **クローズド・ループ方式…サーボ式とも呼ばれ高精度**

サーボ式電流センサでは図1(b)のように2次コイル（フィードバック・コイルと呼ぶ）を用意して，それにフィードバック電流を流してコアの磁束をキャンセルさせます．

コア内部の磁束が常にゼロになるように動作させるので，ゼロ・メソッド方式と呼ばれることもあります．

オープン・ループ方式と比較して2次コイルとその駆動回路が余分に必要ですが，ホール素子はゼロ磁界だけを検出できればよいので，ホール素子の感度誤差や非直線誤差，さらには感度の温度特性も精度に影響しません．ゼロ磁束で使うということは，コアの特性をキャンセルできるということなのです．

この方式では，ホール素子自体の特性のほかにコアの特性もキャンセルできるため，非常に高い精度で測定が可能になります．

① サーボ式DC電流センサ回路

山崎 健一

[用途] バッテリ電流の測定，電子装置のバス電源に流れる電流の測定，電磁石の駆動電流の測定など

DC電流センサとして，ここではサーボ式DC電流センサを設計してみましょう．

● **サーボ式DC電流センサの仕様**
- 1次電流範囲：0～＋30 A
- 出力電圧： 0.5～5.5 V（電流感度0.167 V/A）
- 電源電圧： ＋12V 動作
- 消費電流： 16 mA＋I_{FB}
  ただし，I_{FB}はフィードバック電流（後述）

技① ギャップ付き積層型コアを使用する

ここでは写真1に示した積層型コアを使用します．加工が楽ですし，コアの厚みも積層数を増やすことで容易に変更できます．

コア材は高透磁率材料として有名なパーマロイとし，厚さ0.4 mmのものを8枚積層して3.2 mm厚としました．コアの幅は4 mmです．
ギャップ長l_{gap}は余裕を見て1.2 mmとしました．

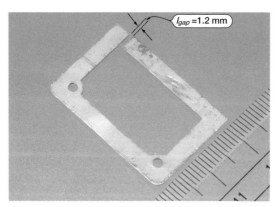

写真1 ギャップ付きの積層コア用パーマロイ板材
厚み0.4mm．これを重ねて適当な断面積を作る

技② 感度の高いInSbホール素子を使用する

サーボ式DC電流センサではホール素子の特性の多くがキャンセルされます．

ホール素子には，温度特性が悪くても感度の高いInSbホール素子が適しています．ここではInSbホール素子のHW-302B（旭化成エレクトロニクス）を使いました．

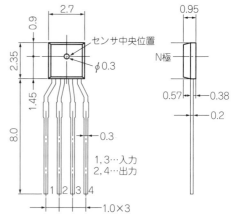

図2[8] ホール素子HW-302Bの外形
厚みは0.95 mmなのでギャップ長を1.2 mmとした

表1 ホール素子HW-302Bの主な仕様

項 目	仕様値
ホール電圧	$122 \sim 274\,\mathrm{mV}(V_C = 1\,\mathrm{V},\ B = 50\,\mathrm{mT})$
出力の温度係数	$-1.8\,\%/℃$（標準） $(I_C = 5\,\mathrm{mA},\ B = 50\,\mathrm{mT})$
不平衡電圧	$\pm 7\,\mathrm{mV}(V_C = 1\,\mathrm{V},\ B = 0)$
入力抵抗	$240 \sim 550\ \Omega$
入力抵抗の温度係数	$-1.8\,\%/℃$（標準）
出力抵抗	$240 \sim 550\ \Omega$

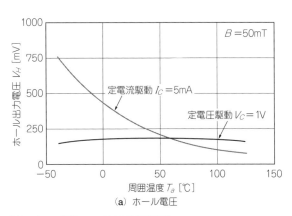

(a) ホール電圧

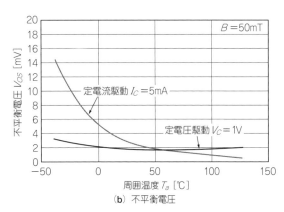

(b) 不平衡電圧

図3 ホール素子HW-302Bの代表特性
不平衡電圧の小さな定電圧駆動を選ぶ

HW-302の外形を図2に，仕様を表1に，特性を図3に示します．図3(a)はホール電圧V_Hの温度特性，図3(b)は不平衡電圧V_{OS}の温度特性を示しています．

技③ ゼロ点特性に影響する不平衡電圧が小さくなるように使う

サーボ式ではゼロ点特性が重要です．ゼロ点特性はキャンセルされないので，精度に影響します．

図3には定電圧動作時と定電流動作時の両方の特性が載っています．図3(b)の不平衡電圧に注目すると，定電圧動作のほうが不平衡電圧の変化が小さいので，定電圧動作を採用します．

図4は不平衡電圧ドリフトの実測値です．30～70℃の温度変化で約100 μVの変化が見られました．温度係数に換算すると2.5 μV/℃に相当し，かなり良好な値です．これがどのくらいの影響になるのかは，ホール電圧の大きさに依存します．ホール電圧を求めてみましょう．コアのギャップをl_{gap} = 1.2 mmとすると，コア中の磁束密度Bは，真空の透磁率μを使って，

$$B \fallingdotseq I_1 \mu / l_{gap} \cdots\cdots\cdots\cdots\cdots\cdots\cdots\cdots (2)$$

で表されます．仕様からフルスケール(FS)である30A時の磁束密度B_{max}を式(2)から計算すると，

$$B_{max} = 30 \times 4\pi \times 10^{-7}/(1.2 \times 10^{-3})\cdots\cdots (3)$$
$$\fallingdotseq 31.4\text{mT}$$

になります．ホール素子の感度は表1から磁束密度B = 50 mTのときホール電圧V_H = 200 mVです．B = 31.4 mTでは，

$$V_H = 200 \text{ mV} \times 31.4 \text{ mT}/50 \text{ mT} = 125.6 \text{ mV}$$

です．前述の2.5 μV/℃の温度ドリフトは0.0025/125.6 = 0.002 %/℃に相当します．

ただし，不平衡電圧はばらつきがありますし，ホール素子の経時変化やコアの着磁などによって計算値の数倍～数十倍のオフセット電圧変化が発生することもありますから，この値はあくまでも参考値です．

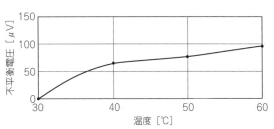

図4 ホール素子HW-302Bの温度-不平衡電圧特性(実測)
30～70℃で100 μV程度と優秀

● DC電流センサの回路図と特性

図5にDC電流センサの回路図を示します．フィードバック・コイルに流れる電流I_{FB}は，フィードバック・コイルの巻き数をN_{FB}とすると，

$$I_{FB} = I_1/N_{FB} \cdots\cdots\cdots\cdots\cdots\cdots\cdots\cdots (4)$$

で表されます．フルスケール時の1次電流がI_1 = 30 Aと大きいため，N_{FB} = 2000ターンと巻き数を多くしています．式(4)からI_1 = 30 A時でもI_{FB} = 30 A/2000 = 15 mAですみますから，図5のIC$_{1b}$ OPアンプにはLM358(テキサス・インスツルメンツ)を使用しています．

仕様にも書きましたが，サーボ式電流センサではこのフィードバック電流が余分に必要です．消費電流はゼロ入力時の回路電流(ほぼ一定)とフィードバック電流(1次電流に比例)の和で記載します．

消費電流の最大値を小さくしたいときは，フィードバック・コイルの巻き数N_{FB}を増やします．ただし，巻き数が多いほど高価になります．

写真2にフィードバック・コイルを付けたギャップ付きコアの外観を示します．ホール素子はギャップの中に挿入します(l_{gap} = 1.2 mm)．

ホール素子へのドライブ電圧は，$V_{DR+} - V_{DR-} =$ 4 V − 2.5 V = 1.5 Vです．

HW-302Bのドライブ電流の最大値は20 mAです．表1から入力抵抗の最小値は240 Ωなので，ドライブ電流I_Cは，

ワンチップ 温度 光・赤外線 振動・ひずみ **電流** 計測回路集 付録

$$I_C = 1.5\text{V}/240\,\Omega = 6.25\,\text{mA} \cdots\cdots\cdots\cdots (5)$$

となり，問題ない値です．ドライブ電圧はもっと大きくてもよさそうですが，素子の発熱によりゼロ点特性が悪化する可能性があります．私の経験では，1～1.5 Vの範囲で使用するのがよいようです．

OPアンプIC_{3b}は差動アンプです．このOPアンプにはLMC662（テキサス・インスツルメンツ）を使用しています．

図6が実測の1次電流-出力電圧特性です．±0.1 %の良好な非直線誤差が得られています．

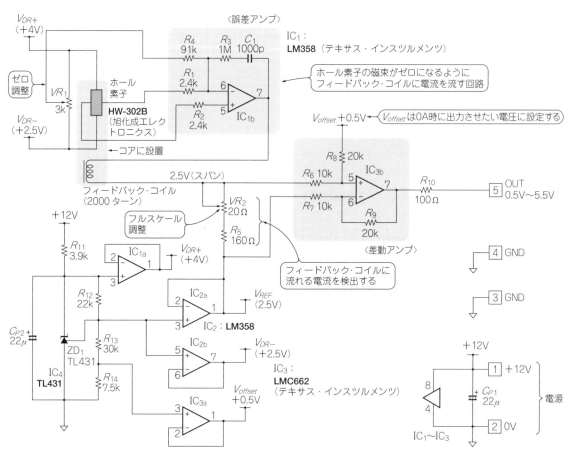

図5　試作したサーボ式DC電流センサの回路図
0～30 Aの入力電流に対して0.5～5.5 Vを出力する

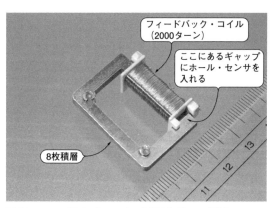

写真2　フィードバック・コイルを付けたギャップ付きコア

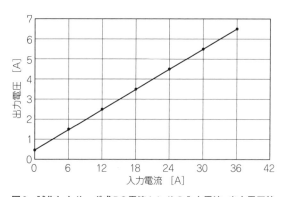

図6　試作したサーボ式DC電流センサの入力電流-出力電圧特性（実測）良好な直線性が得られている

② サーボ式DC/AC電流センサ回路

山崎 健一

[用途] 数W〜数kWのモータ駆動電流の測定，スイッチング電源回路の電流測定など

● **仕様と回路図**

図7に示すのは，AC電流も計れるDC/AC電流センサ回路です．仕様を以下に示します．

- 1次電流範囲：0 ± 40 A
- 出力電圧：　0.5〜4.5 V(感度 = 0.05 V/A)
- 周波数範囲：100 kHz ± 1 dB
- 電源電圧：　+ 12 V動作
- 消費電流：　16 mA + I_{FB}

コアを含めた構造は**写真2**と変わりません．

図5の回路ではDC電流だけ測定できればよかったので，誤差アンプに安価なLM358が使えました．**図7**では測定周波数範囲の上限が100 kHzと高いので，IC_{1a}に周波数特性の良いOP279(アナログ・デバイセ

ズ)を使っています．

● **対策なしでは周波数特性が階段状になる**

一般に，サーボ式DC電流センサでは全ての周波数でサーボがかかるようには設計しません．

▶**サーボのかけられる周波数には限界がある**

OPアンプによるサーボが周波数帯域全体にわたってかけられればよいのですが，そうはいきません．

フィードバック・コイルには当然ながら巻き線抵抗とインダクタンスLが存在します．同じフィードバック電流を流す場合でも，フィードバック・コイルに印加する電圧V_Lは大きくなります(**図8**)．

高周波ではLのインピーダンスが高くなって，フィ

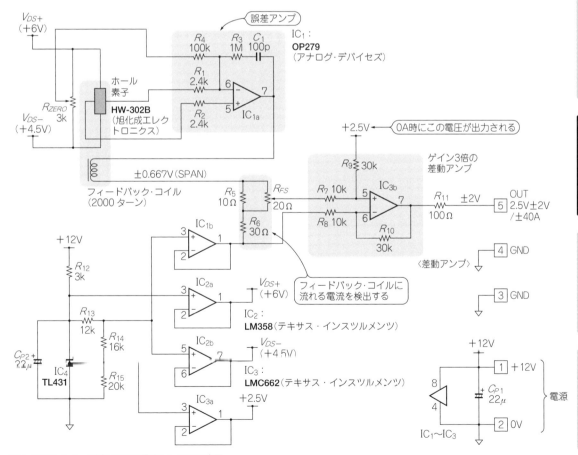

図7 試作したサーボ式DC/AC電流センサの回路図
基本構成は図5と同じだが周波数特性を向上させ出力電圧範囲を変えた

ードバック・コイルに電流を流せなくなります．このため，サーボが働く周波数は低域だけに限られます．

▶周波数の高いときはAC電流センサとして動かす

そのため，通常はサーボがかかる周波数を低周波だけに限定します．高周波側ではフィードバック・コイルを2次巻き線としたAC電流センサとして動作させます（図9）．

OPアンプの周波数特性を考えると，サーボがかかる周波数をできるだけ低域側にシフトしたほうが得策です．安価なOPアンプが使用できますし，発振の問題も軽減できるからです．

▶AC電流センサの動作ではゲインが減る

ここで問題なのは，図9のように周波数特性に段差ができることです．DC電流センサでは，ホール素子をコアに挿入するために必ずコアにギャップを設ける必要があります．

ギャップを付けたことで，AC電流センサとしては変換損失が増加します．低周波ならば変換損失はサーボでキャンセルされますが，高周波ではサーボがかからないので，変換損失のぶん，周波数特性に段差ができてしまいます．

図10に，サーボ式DC電流センサHCS-20-SC（ユ

ー・アール・ディ）の周波数特性を示します．2kHz付近で段ができていることがわかります．サーボ式特有の周波数特性です．

● 階段状の周波数特性を避ける方法

サーボの有無によるゲイン変動は数％～10％程度ですから，これが問題になることはあまりないかもしれません．

フィードバック・コイルの動作がAC電流センサへ切り替わるときに，AC電流センサの負荷抵抗を数％～10％ほど増やすことで対処できますが，ここでは別の方法を紹介します．

技④ それぞれの動作に別々のコアを用意する

図11のようにコアを2つ用意すると，周波数特性の段差を完全になくすことができます．1つはホール素子用のギャップを付けたコアで，もう1つはAC電流センサ用のギャップなしのコアです．

この2つのコアにフィードバック・コイルをぐるぐる巻いてしまいます．こうすると，AC電流センサのコアにはギャップがないので，周波数特性の段差はほとんど見えなくなってしまいます．

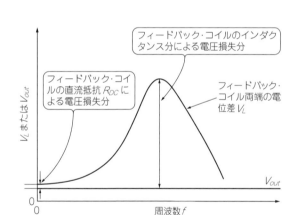

図8　周波数が高くなるとフィードバック・コイルに必要な電圧が大きくなる
フィードバック・コイルのもつインダクタンス成分による影響

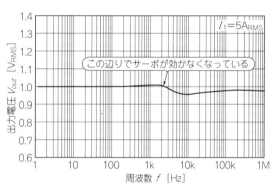

図10[9]　市販されているサーボ式DC電流センサの周波数特性
HDC-20-SC（ユー・アール・ディー）の周波数特性

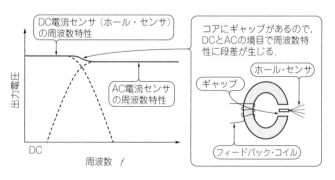

図9　サーボ式DC/AC電流センサの動作
ある周波数からはサーボ式でないAC電流センサとしての動作になる

技⑤ 位置をずらして重ねることでギャップなしコアを作る

図12にギャップなしコアの作り方を紹介します. 写真1で紹介したギャップ付きコア材を表→裏→表→裏→/…と積層することで, ギャップなしコアを作ることができます. 予算があれば, 別に加工したコアを使ってもかまいません.

● 複合コアを使ったセンサの周波数特性と入力特性

▶周波数特性

図13に, 図7の試作回路の周波数特性を示します. $I_1 = 20$ A_{RMS} 時の特性です. 周波数特性の段差は見えません. このまま100kHzまで±1dBで測定できています.

▶入力電流-出力電圧特性

本当は30A_{RMS}時の特性を測りたかったのですが, コイルの抵抗が大きくてそこまでドライブすることができませんでした. そこで急遽フィードバック・コイルの巻き線径を若干太くして, N_{FB}を2000ターンから数割程度巻き数を減らして対処しました.

図14に入力電流-出力電圧特性を示します.

$N_{FB} = 2000$ターンのときは±30A_{DC}までしか測定できなかったのですが, 上記の対策にて±40A_{DC}まで測定できるようになりました.

◆参考文献◆
(1) 尾和瀬稔二；ホール素子型電流センサによる直流電流測定, メカトロ・センサ活用ハンドブック, 1988年8月, CQ出版社.
(2) 松井邦彦；センサ活用141の実践ノウハウ, 2001年5月, CQ出版社.
(3) 松井邦彦；センサ応用回路の設計・製作, 1990年5月, CQ出版社.
(4) 山崎健一；ホール素子の交流/直流電流センサへの応用, センサ・インターフェージングNO.3, 昭和58年9月, CQ出版社.
(5) Kunihiko Matsuiet al.；GaAs Hall Genarator Application to a Current and Watt Meter, 1st of Sensor Symposium pp.37 -40, 1981年.
(6) 松井邦彦；マッチィ先生と生徒2人の楽しい勉強会NO.16 センサ用回路について考える, ADM Selection NO.17, 2004年5月, エー・ディー・エム.
(7) 尾和瀬稔二；高精度測定に適したサーボ式直流電流センサ, メカトロ・センサ活用ハンドブック, 1988年8月, CQ出版社.
(8) HW-302Bデータシート, 旭化成エレクトロニクス.
(9) U_RD電流センサ応用機器データブックver.23, 2006年, ユー・アール・ディー.

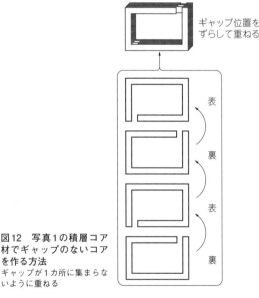

ギャップ位置をずらして重ねる

表
裏
表
裏

図12 写真1の積層コア材でギャップのないコアを作る方法
ギャップが1カ所に集まらないように重ねる

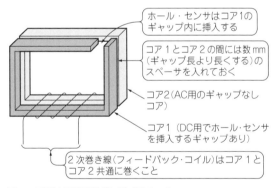

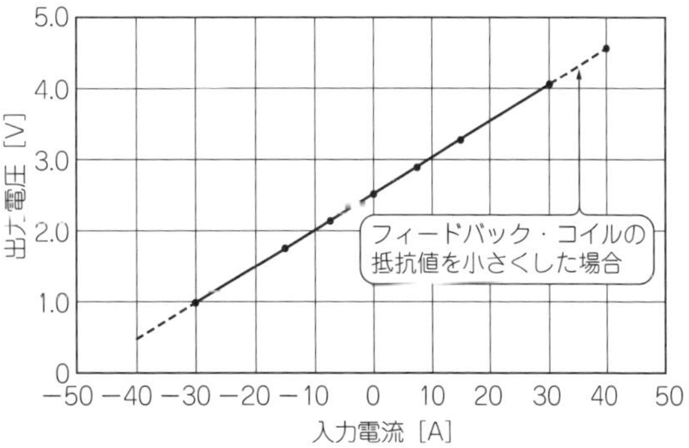

ホール・センサはコア1のギャップ内に挿入する

コア1とコア2の間には数mm（ギャップ長より長くする）のスペーサを入れておく

コア2（AC用のギャップなしコア）

コア1（DC用でホール・センサを挿入するギャップあり）

2次巻き線（フィードバック・コイル）はコア1とコア2共通に巻くこと

図11 平坦な周波数特性に近づける工夫
DC用とAC用にコアを2つ用意する

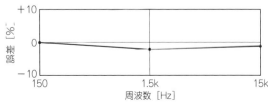

図13 図7のDC/AC電流センサの周波数特性（実測）
$I_1 = 20$ A_{RMS} 時に100kHzまで±1dBと優秀

フィードバック・コイルの抵抗値を小さくした場合

図14 図7のDC/AC電流センサの入力電流-出力電圧特性（実測）
フィードバック・コイルに手を加えると±30Aまで測定できた

ワンチップ
温度
光・赤外線
振動・ひずみ
電流
計測回路集
付録

パワエレでよく見る 電流検出用シャント抵抗

電流検出用低抵抗「シャント抵抗」の基礎知識

赤羽 秀樹

● 電流検出用低抵抗(シャント抵抗)とは

抵抗器に電流を流して,その電流値を知るために使用する,数mΩ～数Ωという低い抵抗値の抵抗器を,一般的に電流検出用低抵抗,またはシャント抵抗と呼びます.この電流検出用抵抗に使用される抵抗体は,厚膜皮膜,金属皮膜(薄膜皮膜),金属はく,金属板と,いろいろな種類があり,用途や検出する電流の大きさに応じて選択します.

● 種類:抵抗体や構造で4種類ある

表面実装タイプの電流検出用低抵抗は,一般的に外観上から表1のように分類されます.

角形チップ・タイプは,セラミック基板に抵抗体を形成した構造で,厚膜皮膜/金属皮膜/金属はく膜などの抵抗体の種類があります.

金属板タイプは,金属の抵抗体の板で形成されており,抵抗体にはんだめっきだけをして電極としたタイプと,抵抗体に銅の電極を付けはんだめっきをしたタイプがあります.

モールド・タイプは,金属板や角形チップ抵抗器の周りを角形に樹脂で形成し,金属の電極を外側に形成した構造をしています.

セメント・タイプは,金属板をセラミックのケースに入れ,セメントで封止した構造をしています.

技① 用途にあった抵抗体のタイプを選ぶ

表2に電流検出用低抵抗器の抵抗体の種類と特徴を示します.

数十Aのような大電流を検出するには,数mΩの小さな抵抗値が必要なので,金属皮膜タイプや金属はくタイプ,金属板タイプが使用されます.100Aに近い超大電流の場合には,1mΩより小さい抵抗値が必

表1 抵抗体と構造の違いによる電流検出用低抵抗の分類(KOA)

タイプ	角形チップ	金属板	ホールド	セメント
外観	R100 R100		5mΩF	50 MΩJ KOA 392
構造	保護膜 電極 抵抗皮膜 基板	抵抗体 電極	モールド樹脂 抵抗体 電極	封入剤 電極 セラミック・ケース 抵抗体
抵抗体	厚膜皮膜,金属皮膜,金属はく膜	金属板,金属はく膜	金属板,金属はく膜,厚膜皮膜	金属板

表2 抵抗体の種類によって特性が異なる

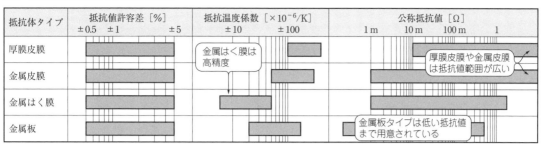

抵抗体タイプ	抵抗値許容差［％］			抵抗温度係数［×10^{-6}/K］		公称抵抗値［Ω］			
	±0.5	±1	±5	±10	±100	1 m	10 m	100 m	1
厚膜皮膜									
金属皮膜									
金属はく膜									
金属板									

金属はく膜は高精度

厚膜皮膜や金属皮膜は抵抗値範囲が広い

金属板タイプは低い抵抗値まで用意されている

要になり，低い抵抗値が得意な金属板タイプが使用されます.

また金属はくタイプは，抵抗温度係数(TCR)が±5〜±50×10^{-6}/K と小さいため，周囲温度の変化に対する影響が小さく，計測機器などのような高精度な検出が要求される用途に使用されます.

厚膜皮膜タイプや金属皮膜タイプは，低抵抗の中では高い領域(数Ω)の抵抗値があり，比較的小さな電流値を検出するような機器で使用されます. 0603など小型サイズが用意されているため，小型の携帯機器などでも使用されます.

① シャント抵抗を使った電流測定回路

赤羽 秀樹

技② 電流を検出するには抵抗両端の電圧を測る

図1に低抵抗器による電流検出の原理を示します. オームの法則から，抵抗の両端に発生する電位差Vを抵抗Rで割れば，その抵抗器に流れている電流Iを知ることができます.

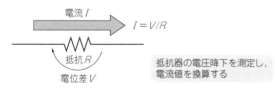

$I = V/R$

抵抗器の電圧降下を測定し，電流値を換算する

図1 電流を知るためには，電圧降下を測ってオームの法則で換算する

技③ 抵抗値が大きいと電位差を検出しやすいが発熱が大きくなるので注意する

図2に低抵抗器を使用した電流検出回路の例を示します.

発生させる電位差を大きくするには抵抗値を大きくすればよいのですが，抵抗器で消費される電力が大きくなるので，定格電力の大きな低抵抗器が必要になり発熱の問題が起こります.

また，電位差が大きいということは，回路の電圧を低下させるという問題もあります. よって低抵抗器で大きな電位差を発生させるのではなく，低抵抗器での電位差が50 mV〜200 mV 程度になるように抵抗値を決め，その電位差を差動増幅回路にて増幅させます.

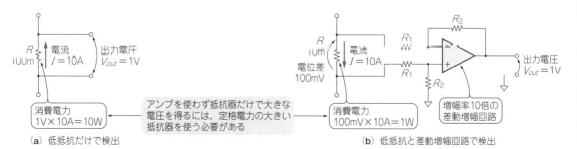

（a）低抵抗だけで検出

（b）低抵抗と差動増幅回路で検出

図2 電流検出用抵抗の抵抗値が大きいと電力を食う

② シャント抵抗を実装するプリント・パターン回路のテクニック

赤羽 秀樹

技④ 低抵抗の電極ランドの内側中心部からパターンを引き出す

低抵抗器で電流を検出するためには，電流を流すパターンと低抵抗器での電圧降下の値を見るための電圧検出用パターンが必要になります．

図3に電圧検出用パターンの引き出し方を示します．理想的には，低抵抗器の電極ランドの内側中心部から引き出します．回路基板の銅はくパターンも，わずかですが抵抗値をもっているため，電極部ランドの横側から電圧検出用パターンを引き出すと，低抵抗器の電圧降下分に銅はくパターンの抵抗値による電圧降下分を加えた値が検出されます．使用する低抵抗器の抵抗値が小さければ小さいほど，銅はくパターンの抵抗値の影響が大きくなるので注意が必要です．

技⑤ 非常に小さい抵抗値を使うときはインダクタンス成分が小さい抵抗を使う

抵抗器は，抵抗値が小さければ小さいほどインダクタンス成分の影響が大きくなります．数mΩ程度の低抵抗を使用して，のこぎり波のような交流電流を検出する場合には，正確な電流が検出できなくなるので注意が必要です．

図4に低抵抗のインダクタンス成分の影響を示します．低抵抗にのこぎり波電流を流したときの検出電圧は，抵抗成分による電圧降下の値とインダクタンス成分による電圧降下の合計値が検出されます．実際に流れている電流値は，抵抗成分による電圧降下で表されるのですが，インダクタンス成分があると余分な電圧降下分が含まれてしまい，実際の電流値を検出できません．非常に小さな抵抗値の低抵抗器を使って大電流を検出する場合には，できる限りインダクタンス成分

の小さな低抵抗器を使用するのが良いです．

技⑥ 複数の抵抗器は並列接続で使用する

複数の低抵抗器を使用する場合は，直列接続か並列接続か迷うところです．

図5に複数の低抵抗による電流検出の例を示します．直列接続とした場合の合成抵抗値は，低抵抗器の抵抗値の合計と，低抵抗器と低抵抗器の間を接続する銅はくパターンの抵抗値の合計になります．よって，電圧検出パターンで検出される電位差は，理論上の値と違った電位差が発生します．

また，銅の抵抗温度係数は約 $+4300 \times 10^{-6}$/K と非常に大きいので，銅はくパターンの抵抗が含まれていると，周辺温度の変化に対して検出される電位差が変化してしまいます．並列接続にすれば，銅はくパターンの影響がないので，精度良く電流が検出できます．

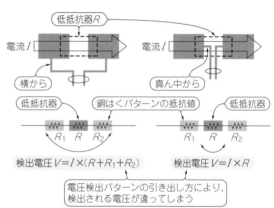

検出電圧 $V = I \times (R + R_1 + R_2)$

検出電圧 $V = I \times R$

電圧検出パターンの引き出し方により，検出される電圧が違ってしまう

(a) 銅はくパターンの抵抗値を含む誤差の大きい引き回し　(b) 理想的な引き回し

図3 電圧検出のためのパターンの引き出し方

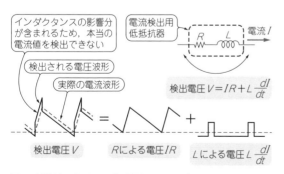

検出電圧 $V = IR + L\dfrac{dI}{dt}$

検出電圧 V ＝ Rによる電圧 IR ＋ Lによる電圧 $L\dfrac{dI}{dt}$

図4 抵抗値が小さいほど，抵抗器のインダクタンス成分と電流の変動による電圧成分の影響が大きい

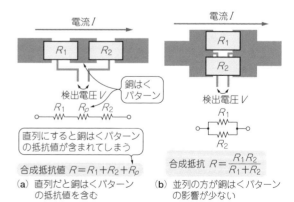

合成抵抗値 $R = R_1 + R_2 + R_p$

合成抵抗 $R = \dfrac{R_1 R_2}{R_1 + R_2}$

(a) 直列だと銅はくパターンの抵抗値を含む　(b) 並列の方が銅はくパターンの影響が少ない

図5 電流検出用低抵抗を複数使う場合は並列に接続する

ミリオーム抵抗値を測る回路

山田 浩之 Hiroyuki Yamada

● **ハンディ・テスタ感覚でmΩを測定したい**

　抵抗値を測るとなると，大抵はハンディ・テスタなどを思い浮かべます．しかし，微小抵抗を測ることは困難です．テスタの抵抗レンジは，高々0.1Ωくらいの分解能しかありません．そのうえ，プローブの接触抵抗やリード線抵抗，テスタそのもののオフセット電圧の影響などによって，プローブを短絡しても0.0Ωにならないことはしばしばです．

　微小抵抗値は，**図1**に示すようにCVCC電源（定電圧・定電流電源）と電圧計を使えば測定することができます．しかし，重い電源をもってきてセットアップしなければいけないのは不便です．もちろん微小抵抗を計測するための専用測定器は存在しますが，どこの実験室にもあって手軽に使えるとまではいえません．3桁程度の分解能でいいので，ハンディ・テスタ感覚でmΩ単位の抵抗値がわかると何かと便利です．mΩが測定できるとなると，**図2**に示すように単なる抵抗値の測定だけでなく，基板上の短絡部品の判定や，MOSFETのオン抵抗，電池の内部抵抗測定や不良部品，偽物判定などの応用が可能です．

● **ミリオーム測定の原理**

　オームの法則より $R = V/I$ なので，定電流電源と電圧計があれば抵抗値を求めることができます．**図1**に示したように，CVCC電源装置を1Aの定電流（CC）

モードにして抵抗に接続し，抵抗両端に現れる電圧を測れば，その電圧計の読みは抵抗値に等しくなります．**図3**にシンプルな抵抗計の構成図を示します．

　このようなDCによる抵抗測定をmΩオーダに適用することは2つの問題が考えられます．まず抵抗値が低いことから，抵抗両端に発生する電圧が微小になるため，高精度な増幅系が必要といえます．抵抗に1Aの電流を流すと被測定素子に影響があるかもしれませんし，ポータブル・デバイスでは大電流を流すことはできないので，測定電流は小さいほうが望ましいといえます．

　仮に測定電流を10mAに設定した場合，抵抗0.1mΩはわずか1μVの電圧レベルにしかなりません．分解能0.1mΩを得るためには，電圧計やA-Dコンバータの入力レベルまで増幅するためには，入力オフセット電圧が100n〜1μVという増幅器が必要です．そのような増幅器は一般に高価であり，固体ごとに定期的な調整が必要かもしれません．

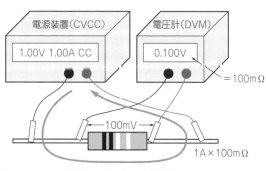

図1　CVCC電源と電圧計を使った抵抗測定

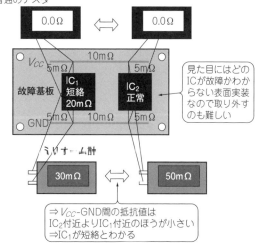

図2　微妙な抵抗値の違いがわかると，どの部品が短絡しているか簡単にわかる

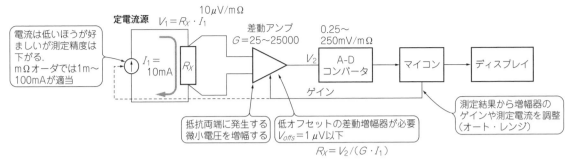

図3 DC測定の抵抗計には超低オフセット電圧の増幅器が必要

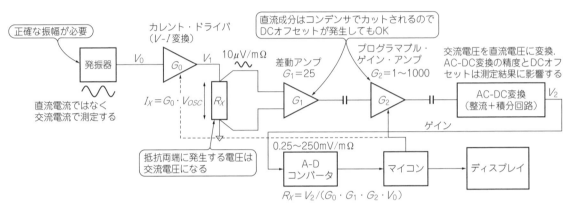

図4 AC測定の抵抗計はオフセット電圧の制約から開放される

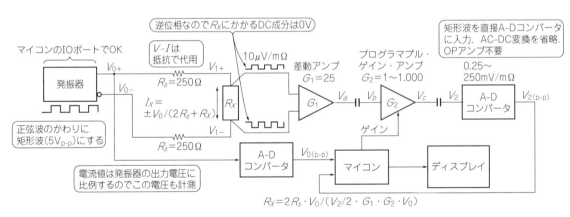

図5 AC測定の抵抗計回路をシンプルにアレンジすると

また，電圧が微小になることでいくつかの物理現象が無視できなくなります．たとえば，異なる金属どうしを接続すると熱電効果によって温度差に比例した電圧が発生します．このμVオーダの微小電圧は，測定条件によっては無視できない誤差となって現れるかもしれません．

技① オフセット電圧をカットできる交流で計測する

このような問題解決のため，微小抵抗の測定では**図4**

に示すような交流測定がよく用いられます．直流電流源のかわりに交流電流源を使用することで，抵抗両端に抵抗値に比例した大きさの交流電圧が発生します．この電圧を増幅してAC-DC変換回路（整流回路と積分回路）に通すことで，抵抗値に比例した直流電圧が得られます．

この方式では交流のまま増幅するので，増幅器で発生したDCオフセットは，段間のコンデンサでカットできます．出力が飽和しない限り，増幅器のオフセット電圧を無視できます．オフセット電圧が寄与するの

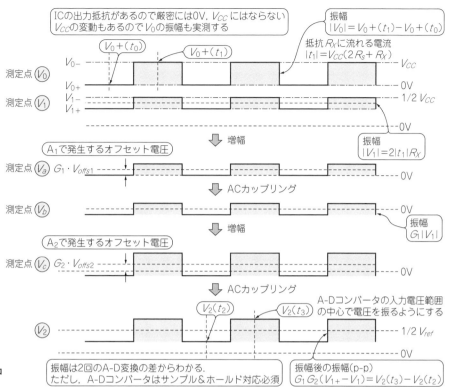

図6 各部の波形とA-Dコンバータの測定ポイント

は整流回路と積分回路なので，ある程度のオフセット電圧をもつ一般的なOPアンプを使えます．

また，熱電効果のような物理現象はDC成分のノイズとみなすことができますが，これも段間のコンデンサでカットされることになります．したがって，交流測定方式では直流測定方式に比べて簡単に高精度測定を行うことができるといえます．

ただし，この方式で計測しているのはDC抵抗ではなく，ある周波数のインピーダンスを測っていることになります．測定対象が純抵抗なら問題になりませんが，大きなインダクタンスやキャパシタンスを含む場合は，測定結果の評価に注意が必要です．図5に図4の構成をシンプルにアレンジしたものを示します．図6に各部分の波形とA-Dコンバータによる測定のポイントを示します．

技② 低抵抗の測定は4線式で計測する

微小抵抗値の測定は，4端子による計測が基本です．図7にその構成を示します．理想電流源と，どんな微小電圧も正確に測定できる理想電圧計を用意して，図7(a)のような抵抗計を考えてみます．

計測電流 $I_1 = 10\text{mA}$，抵抗 $R_1 = 1\,\text{m}\Omega$ のとき，電圧計の読みは $V = R_1 \cdot I_1 = 10\,\mu\text{V}$ となるはずです．

ふつうのテスタのように抵抗計から2本のテスタ・リードを伸ばすと，リードの配線抵抗のほうが測定対象より大きい（一般的には $10\,\text{m} \sim 500\,\text{m}\Omega$ 程度）ので，電圧計の読みはまったくでたらめな値となってしまいます［図7(b)］．そこでテスタから4本の配線を伸ばし，電流の流れる配線と流れない配線に分けることにします．電流が0ならそこに発生する電位差も0になるので，配線抵抗に依存しない測定ができるようになります．

テスタ・リードやクリップを2本にしたい場合は，その先端から測定ラインを分岐するようにします［図7(c)］．この方法は配線抵抗をキャンセルできますが，テスタ・リードと被測定素子との間の接触抵抗の影響は残ってしまいます．この抵抗値は通常 $0.1\,\text{m}\Omega \sim 10\text{m}\Omega$ 程度の不安定な値になりますが，図7(b)の例よりずっと正確な結果になります．

4本のテスタ・リードを使う場合は，図7(d)のように接続することで接触抵抗にも影響されない測定が可能です．しかしながら私たちの手は最大でも2本しかありませんから，4本のリードを使わなければいけないのはいかにも不便です．取り回しの良い測定のためには図7(c)のような妥協が必要かもしれません．

技③ 汎用マイコン＋OPアンプのシンプルな回路で作る

図4に示した構想をそのまま実装して，精度良い測定を行うのは少し困難です．抵抗に発生する電圧は電流に比例するので，まず，正確な振幅の正弦波発振器

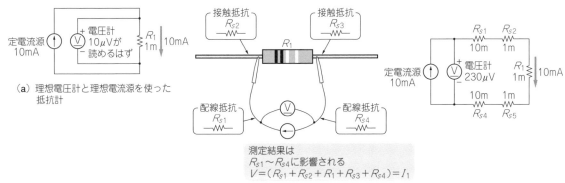

（a）理想電圧計と理想電流源を使った抵抗計

測定結果は
$R_{s1} \sim R_{s4}$に影響される
$V = (R_{s1} + R_{s2} + R_1 + R_{s3} + R_{s4}) = I_1$

（b）2端子計測では配線抵抗が排除できない

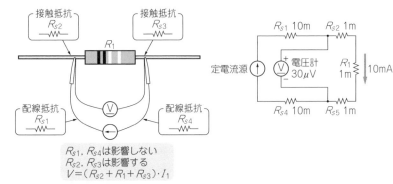

R_{s1}, R_{s4}は影響しない
R_{s2}, R_{s3}は影響する
$V = (R_{s2} + R_1 + R_{s3}) \cdot I_1$

（c）テスタ・リードから配線を分岐すれば配線抵抗は排除できるが接触抵抗はキャンセルできない

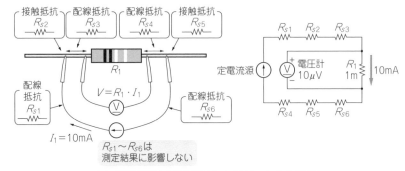

$V = R_1 \cdot I_1$

$I_1 = 10\,mA$

$R_{s1} \sim R_{s6}$は測定結果に影響しない

図7　低抵抗値は4線式で計測

（d）4端子計測なら寄生抵抗をすべてキャンセルできる

が必要になります．しかし，一般的なウィーンブリッジ発振回路では，安定した振幅を得るのは困難です．また，AC-DC変換回路の出来が，測定結果の精度に影響してしまいます．

　そこで，マイコンと汎用IC によるシンプルな回路になるようアレンジしたものが図5に示した構成です．正弦波電流を矩形波電流とし，V-I変換回路を抵抗器に変えることで，マイコンの出力端子を電流ドライバとして使用できます．測定値は電圧の比と抵抗の比の形で得られるので，測定器でありながら基準電圧は不要です．

　さらに増幅後の矩形波波形をそのままA-Dコンバータに入れることで，AC-DC変換回路を不要にしています．この構成ではわずか2回路のOPアンプのみで動作し，しかも安価な汎用OPアンプで数％の精度が得られます．入手しやすい4558（日清紡マイクロデバイスほか各社互換品あり）が使えます．抵抗R_xに流す電流は約5 mA，測定周波数は120 Hzに設定しています．

技④ 入出力の電圧比と基準抵抗から抵抗値を求める

　図5に示すように，マイコンの出力する逆位相の矩形波電圧V_0は，2つの基準抵抗R_sを通して被測定抵

抗 R_x に加えられます． R_x に流れる電流は，

$$I_1 = \frac{V_{0(p-p)}}{2R_s + R_x}$$

なので，R_x の端子間には，

$$V_{1(p-p)} = 2R_x \cdot I_1 = \frac{2R_x \cdot V_{0(p-p)}}{2R_s + R_x} \cdots\cdots\cdots (1)$$

の電圧が発生します（R_x に逆位相の電圧が加えられるのでピーク・ツー・ピーク電圧は2倍となる）．

$R_s = 500\,\Omega$ に設定すると，$I_1 = 5\,\mathrm{mA}$ 程度になるので，抵抗値に対する感度は $10\,\mu\mathrm{V/m}\Omega$ となります．この微弱な電圧を差動アンプ G_1 とプログラマブル・ゲインアンプ G_2 によってA-Dコンバータの入力レンジまで増幅して，V_2 電圧，

$$V_{2(p-p)} = G_1 \cdot G_2 \cdot V_{1(p-p)} \cdots\cdots\cdots\cdots\cdots (2)$$

を得ています．

A-Dコンバータの入力は矩形波なので，2回のA-D変換の差分を取ることで，V_2 のピーク・ツー・ピーク電圧がわかります（**図6**）．マイコンの出力電圧 V_0 は電源電圧 V_{CC} と出力抵抗 R_0 によって決まりますが，これらの値はさまざまな要素によって変動するので，V_0 電圧もA-D変換によって実測することにします．V_0 と V_2 電圧が決定すれば，式(1)と式(2)から，

$$R_x = \frac{2R_s \cdot V_{2(p-p)}}{2V_{0(p-p)} \cdot G_1 \cdot G_2 - V_{2(p-p)}} \cdots\cdots\cdots\cdots (3)$$

なので，抵抗値 R_x を求めることができます．

式(3)では分子・分母に電圧が現れているので，抵抗値 R_x は V_0 と V_2 電圧の比から求めることができます．つまり，A-D変換後の電圧の絶対値に依存しないので，R_x はA-Dコンバータの基準電圧の精度に影響されません．今回の回路では電源電圧を簡単なノイズ・フィルタを通して基準電圧として使用しています．なお式(1)は正確には配線抵抗 R_w の影響を受けて，

$$V_{1(p-p)} = \frac{2R_x \cdot V_{0(p-p)}}{2R_s + R_x + R_w}$$

となるので，R_x の測定結果にはおよそ R_w/R_s の誤差が発生します．しかし，$R_s = 500\,\Omega$ に比べると R_w は十分小さいと仮定することにして，R_2 を無視するかわりに回路を簡単にすることを優先しました．I_1 を定電流にすれば R_w の影響を無視することができますが，高精度OPアンプと高精度抵抗が余計に必要になってしまいます．

技⑥ 可変ゲインのACアンプ回路を使う

マイコン内蔵A-Dコンバータの分解能は高々10ビットなので，プリアンプの増幅率を最大レンジに合わせた状態では，最小レンジの信号を十分見ることができません．そこで，マイコンからゲインを変えられるプログラマブル・アンプによってA-Dコンバータの入力レベルをある程度一定に揃えます．

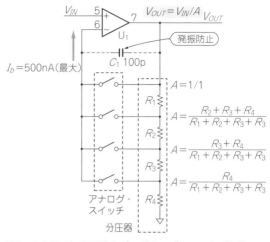

図8 ACゲインの正確なプログラマブル・アンプ回路

プログラマブル・アンプ G_2 はOPアンプとアナログ・スイッチ（標準ロジックICの4052Bまたは4051B）で4段階の増幅率を選択します．式(3)から，アンプの増幅率は正確でなければいけないので，アナログ・スイッチのオン抵抗値（一般的には $100\,\Omega$ くらいの高い値となる）に依存してはいけません．OPアンプの増幅率は帰還率を選択するフィードバック回路の分圧比によって決まります．よって，反転回路にフィードバックされる分圧比 A を選択する方式によりゲインを選択することにします（**図8**）．

この回路ではアナログ・スイッチに流れる電流がOPアンプの入力バイアス電流 I_b だけとなるので，直流増幅率はわずかな誤差（設定値から $I_b \cdot R_{on} \cdot A$ の誤差）となり，I_b が入力電圧に依存しないならば，交流増幅率への誤差はほぼ無視できます．

技⑥ 矩形波の位相90°，270°でサンプリングする

増幅器の段間はACカップリング・コンデンサで直流カットしています．しかし，コンデンサと抵抗の構成するハイ・パス・フィルタによって，A-Dコンバータに入力される矩形波は正確な矩形波ではなくなります．このようすを**図9**に示します．これはA-D変換を行うタイミングによって数％の誤差が発生することを意味しています．矩形波の波高を2点のサンプリングより求めますが，どのタイミングでサンプリングすべきでしょうか．

カップリング後の矩形波の立ち上がり部分の電位差は入力波高 V_1 に等しくなりそうです．しかし，抵抗 R_x に寄生成分 L_x や C_x が存在すると入力波形 V_1 は矩形波にはなりません．高周波成分の多い波形の立ち上がり部分への影響が最も大きくなります[**図9(b)**]．

結局，位相90°，270°（1/4T，3/4T）でサンプリン

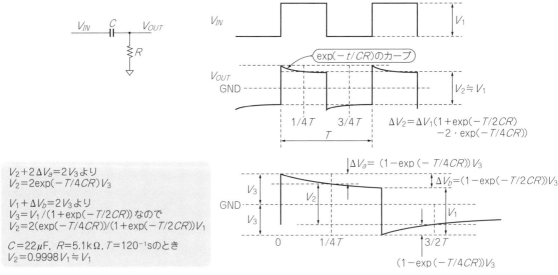

$$V_2 + 2\Delta V_3 = 2V_3 \text{より}$$
$$V_2 = 2\exp(-T/4CR)V_3$$

$$V_1 + \Delta V_6 = 2V_3 \text{より}$$
$$V_3 = V_1/(1+\exp(-T/2CR)) \text{なので}$$
$$V_2 = 2(\exp(-T/4CR)/(1+\exp(-T/2CR))V_1$$

$C = 22\mu F,\ R = 5.1\,k\Omega,\ T = 120^{-1}\text{sのとき}$
$$V_2 = 0.9998V_1 \fallingdotseq V_1$$

（a）ACカップリングはハイパス・フィルタにほかならず，その前後で波形は変化する

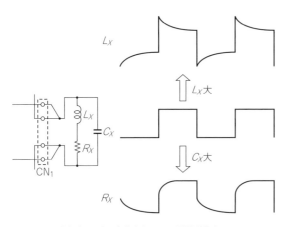

（b）矩形波の変化点はLCの影響が大きい

図9　矩形波のどこをサンプリングするか

グすると，その電位差V_2は入力波高V_1からの誤差が比較的小さく，LC成分の影響も抑えられるためバランスが良くなります．$C = 22\mu F,\ R = 5.1\,k\Omega$のとき$V_2$の$V_1$からの誤差は約0.2％と求められます．

技⑦　入力オフセットでOPアンプ増幅率を決める

OPアンプの入力オフセット電圧は，入力信号と一緒に増幅されて出力に現れます（**図10**）．増幅率をあまり高く取ると，入力オフセット電圧だけでOPアンプは飽和してしまい，正常な増幅をすることができません．また，入力オフセット電圧は固体ごとに異なり温度依存性もあるので，あるとき正常に動いても別のもので動作しなかったり，季節によっては正常に動かないことにもなりかねません．したがってAC増幅の

場合でも入力オフセット電圧の考慮は必須です．

設定できるゲインの最大値は$G_{(max)} = V_{out(max)}/(V_{offs} + V_{in})$となります．

一般的な両電源用バイポーラOPアンプは，出力電圧を電源電圧いっぱいまで取ることができません．電源電圧±5Vで使用する場合の出力電圧V_{out}は，±3V程度が限界です．例えばNJM4558のデータシートによると，入力オフセット電圧は最大6mV（@25℃）なので，電源電圧±5VのときV_{out}の半分の出力電圧が取れるようにする（$V_{in} = V_{out(max)}/2/G$）ためには$G_{(max)} = 3/2/0.006 = 250$以下のゲインに設定する必要があります．これ以上のゲインが必要なら，増幅器を2段以上に分割するか，もっと高精度なOPアンプを準備する必要があります．

技⑧　大きな電流変化のある回路と共存させる場合にはグラウンド配線に注意する

微弱な電圧を増幅するアナログ回路と大きな電流変化のある回路を共存させる場合は，GND（グラウンド）の配線には注意が必要です．

図11に示す，
- 1.5Vから5Vに昇圧するDC-DCコンバータ
- 0mA/50mAのスイッチを行うディジタル回路
- 1mVの正弦波オシレータ
- 約1000倍の増幅器

が共存した回路を考えてみましょう．

GND配線の影響だけを考えるために，入力コンデンサ，DC-DCコンバータ回路，出力コンデンサのGND（A-C点）間とその中点（D点）間の配線抵抗を，

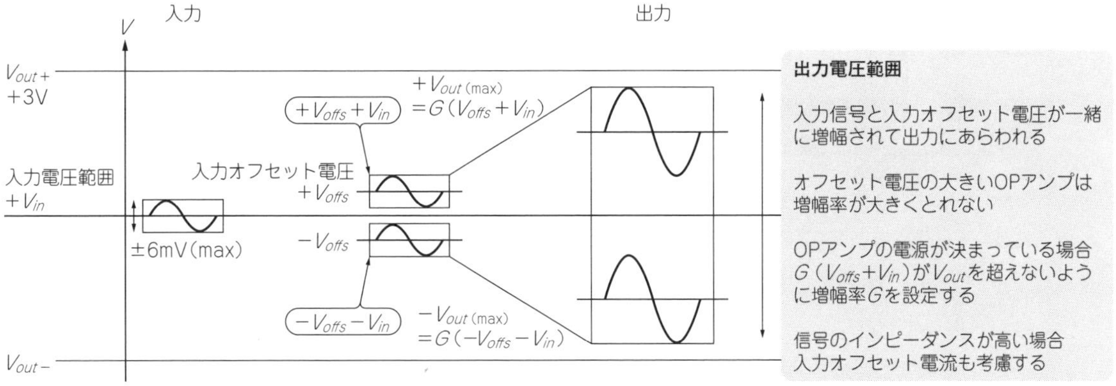

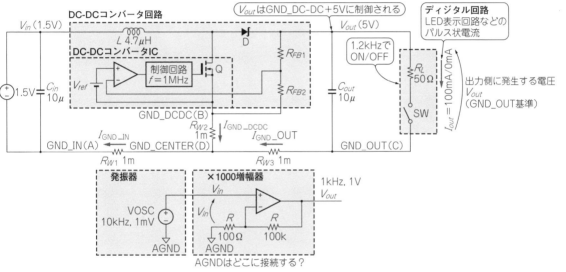

図10　OPアンプの増幅率は入力オフセット電圧で制限される

図11　DC-DCコンバータ＋ディジタル回路＋発振器＋増幅器が共存した回路の一例

それぞれR_{W1}～R_{W3}と定義することにします.

ディジタル回路に流れる電流によって, 各GNDの電位は同じになることはありません. SWがONのときそれぞれの配線抵抗R_{W1}～R_{W3}に流れる電流（I_{GND_IN}, I_{GND_DCDC}, I_{GND_OUT}）はそれぞれどうなるでしょうか. DC-DCコンバータの効率$\eta = 80$ %として考えると,

- $I_{GND\_IN} = I_{IN} = I_{OUT} \cdot V_{OUT}/V_{IN}/ \eta$
  $= 100 \cdot 5/1.5/0.8 = 416$ mA
- $I_{GND\_DCDC} = I_{GND\_IN} - I_{GND\_OUT} = 316$ mA
- $I_{GND\_OUT} = I_{OUT} = 100$ mA

となります.

技⑨　ノイズが大きく乗るためべたGNDには接続しない

プリント基板ではGNDの配線抵抗を下げるために, よく「べたGND」と呼ばれる配線を行います. とこ

ろが, すべてのGNDをべたGNDに接続すると, アナログ回路の配置によっては図12に示すようにノイズが大きく乗る結果になってしまいます. 増幅器は自身のGNDを基準に増幅を行うので, オシレータのGNDを別の位置から取ると, それぞれのGND間の電位差も一緒に増幅してしまいます. 各配線抵抗を1 mΩとすると, GND間の電位差は,

$$\Delta V_{GND} = R_{W1} \cdot I_{GND\_IN} + R_{W3} \cdot I_{GND\_OUT}$$
$$= 0.516 \text{mV}$$

となり, 増幅器の出力電圧は,

$$V_{OUT} = A \cdot V_{IN} = A \cdot (V_{OSC} + \Delta V_{GND})$$

となります. $A \fallingdotseq 1000$倍に増幅されることになるので, V_{OUT}には大きな影響となって現れます. ΔV_{GND}はSWの状態によって変化するので, 1 mΩの配線抵抗がV_{OUT}には0.5 Vもの振幅のノイズが乗ることになるのです. しかし, この影響はアナログ回路のGND

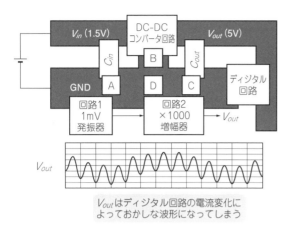

図12　べたGNDにすると増幅器出力が大きく乱れる

を分けて配線することで，図13に示すように取り除くことができます．

技⑩　アナログGNDは分ける

AGNDはレギュレータの出力コンデンサより後段のどこか1点に接続するとよいでしょう．電流変化のあるアナログ回路を複数接続する場合，それぞれのGND経路を分離することを検討します．

回路中にA-DコンバータやD-Aコンバータなどを含む場合には，それらの直近を基準GNDとすることがあります．A-Dコンバータの個数や種類，入力構成によって適切なGNDパターンは変わることがあるので，使用するICのデータシートやアプリケーション・ノートなどで確認を行いましょう．

GNDからDC-DCコンバータのGND端子までの配線抵抗R_{W2}は，コンバータの効率とレギュレーション特性（I_{OUT}の変化に対するV_{OUT}の変化の影響度）に影響します．リニア・レギュレータと異なり，スイッチング・レギュレータではGND端子に大きな電流が流れます．レギュレータはV_{OUT}をGND端子から一定の電圧に保とうとするので，レギュレータ自体のレギュレーション性能が理想的であったとしても，出力電圧に，

$$\Delta V_{OUT} = R_{W2} \cdot I_{GND-DCDC} + R_{W3} \cdot I_{GND\_OUT}$$
$$= I_{OUT}(R_{W2} \cdot (V_{OUT} - V_{IN})/V_{IN} + R_{W3})$$

の変化を生じます．したがって，R_{W2}もできるだけ短く配線することが必要です．

アナログGNDとべたGNDを分ける．アナログ回路の電流変化が大きい場合はさらに回路ごとにGNDを分けてある1点にまとめて配線する

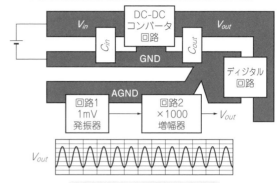

（a）アナログGNDを分けると増幅器出力は安定した波形が得られる

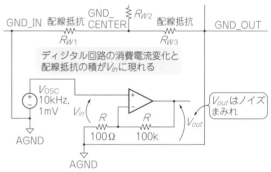

（b）べたGNDとしたときの等価回路

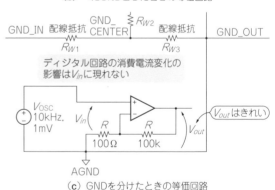

（c）GNDを分けたときの等価回路

図13　アナログGNDは静かなGNDにする

第6部

測るための
汎用回路あれこれ

第15章 精度良く増幅するアンプ回路のテクニック

測るための汎用回路あれこれ

1 4端子の高感度センサが出力する微弱なアナログ信号を増幅する差動アンプ回路

松井 邦彦

　センサの内部回路は，用途に応じて構成が異なります．次に示すセンサは，図1のようにいずれもブリッジ構成で，4つの端子が付いています．

- ひずみゲージ　● 磁気抵抗素子　● 白金測温抵抗体
- 圧力センサ　● ホール・センサ

　4端子センサでは通常，2つの端子が入力端子(ドライブ電圧を加える端子)で，残り2つの端子が出力端子(信号電圧が発生)です．ここでは，ブリッジ(4端子)構成のセンサを用いた測定回路の信号増幅に使うアンプを紹介します．

● 4端子センサに発生する電圧

　4端子センサを使用すると，図2のように同相電圧が発生します．例えばセンサにドライブ電圧 V_{in} =

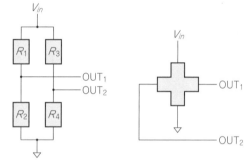

（a）ストレイン・ゲージひずみセンサ　（b）ホール・センサ

図1　ブリッジ構成のセンサ内部回路
4つの端子が付いている

2Vを加えると，出力端子 OUT_1，OUT_2 の電圧はそれぞれ次のようになります．

- $V_{out1} = 1V$（磁界 $B = 0T$ のとき）
- $V_{out2} = 1V$（磁界 $B = 0T$ のとき）

　この電圧を同相電圧と呼びます．信号電圧とは関係ありません．信号電圧は $V_{out1} - V_{out2}$ です．これを同相電圧に対して差動電圧と呼びます．

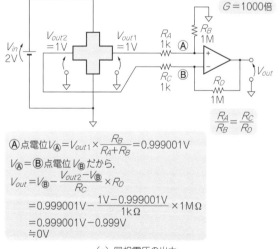

$G = 1000$ 倍

$$\frac{R_A}{R_B} = \frac{R_C}{R_D}$$

Ⓐ点電位 $V_Ⓐ = V_{out1} \times \dfrac{R_B}{R_A + R_B} = 0.999001V$

$V_Ⓐ = Ⓑ$点電位 $V_Ⓑ$ だから，

$$V_{out} = V_Ⓑ - \frac{V_{out2} - V_Ⓑ}{R_C} \times R_D$$

$$= 0.999001V - \frac{1V - 0.999001V}{1k\Omega} \times 1M\Omega$$

$$= 0.999001V - 0.999V$$

$$\fallingdotseq 0V$$

（a）同相電圧の出力

図2　差動アンプを使えば同相電圧の影響を受けなくなる

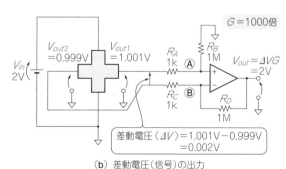

$G = 1000$ 倍

$V_{out} = \Delta VG = 2V$

差動電圧（ΔV）= 1.001V － 0.999V = 0.002V

（b）差動電圧（信号）の出力

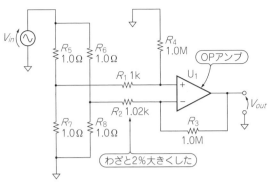

図3 差動アンプを使ったときに抵抗の誤差が精度に与える影響を調べる

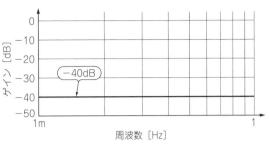

図4 差動アンプを使ったときの出力電圧(V_{out})
Bode Plotter-XBP1によるシミュレーション結果

技① 同相電圧の影響を受けないためには差動アンプを使う

▶非反転増幅回路を使用した場合

同相電圧が存在すると，通常の非反転増幅回路や反転増幅回路が使用できません．例えば，センサのOUT$_1$に$G = 1000$倍の非反転増幅回路をつないで，同相電圧が発生しているときの出力電圧V_{out}を求めると，

$$V_{out} = V_{out1} G$$
$$= 1\,V \times 1000 = 1000\,V（実際にはアンプの電源電圧でリミットされる）$$

となり，信号電圧が0Vでも大きな電圧が発生します．
▶差動アンプを使用した場合

4端子センサを使用するときは通常，差動アンプを使用します．非反転増幅回路と同様に，同相電圧が発生しているときの出力電圧V_{out}を求めてみます．その結果，図2(a)に示す通り差動アンプでは同相電圧は出力に現れず0Vになります．差動電圧(信号)に対しては図2(b)のように，正常に増幅してくれます．

技② 差動アンプには誤差が小さい抵抗を使う

4端子センサは差動アンプを用いると使用できます．差動アンプを使う場合は次の条件が成立していることが必要です．

$$\frac{R_A}{R_B} = \frac{R_C}{R_D} \quad\text{...............................} (1)$$

この条件がずれると，同相電圧が出力に現れます．
どのような影響があるか，シミュレーションで確認してみました．図3に差動アンプの回路を示します．ダミーのセンサには，1辺1Ωのブリッジ構成の抵抗を使いました．この回路で差動アンプを使用する条件は式(1)から$R_1/R_4 = R_2/R_3$ですが，$R_1 = 1\,k\Omega$，$R_2 = 1.02\,k\Omega$，$R_3 = R_4 = 1\,M\Omega$としました．R_2をR_1に比べてわざと2%大きくしています．

図4に結果を示します．$V_{in}/V_{out} = 0.01(-40\,dB)$になりました．ドライブ電圧$V_{in} = 2\,V$を加えると，同相電圧と抵抗の誤差により，出力に10 mVの電圧が発生します．

② 差動アンプも抵抗も使わず同相電圧をゼロにする 同相電圧除去回路

松井 邦彦

差動アンプを使用すると，抵抗の誤差による影響を受けます．逆に考えると，抵抗を使わなければ，誤差による影響は受けません．

図5に抵抗を使わないで測定できる回路を紹介します．この回路は筆者が考案したもので，同相電圧除去回路と呼んでいます．同相電圧を0Vにすれば，差動アンプを使わなくても測定できます．

技③ 差動アンプが不要になり非反転や反転増幅回路が使える

OPアンプの非反転入力を0Vに，反転入力はOUT$_2$

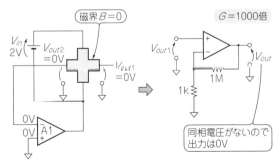

図5 同相電圧を除去する回路

につなぎます．OPアンプは非反転入力と反転入力が同じ電位になるように動作します（そうなるようにOPアンプA1の出力を−1Vに制御）．結局OUT₂も0V

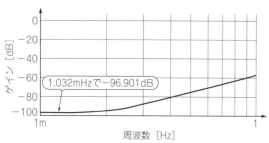

図6　同相電圧除去回路を使ったときの出力電圧(V_{out})
Bode Plotter–XBP1によるシミュレーション結果

になります．つまり，OUT₂からは0Vを基準とした出力電圧が発生しますから，非反転増幅回路でも反転増幅回路でも利用できます．差動アンプは不要です．

技④ 同相電圧の影響をほぼゼロにできる

この回路のメリットは抵抗を使用しないことです．そのため，同相電圧の影響をほとんど受けなくなります．図6にシミュレーション結果を示します．OPアンプの開ループ・ゲインA_{OL}が140 dBの場合です．出力電圧は次式のようになります．

$$V_{out} = \frac{V_{in}}{A_{OL}} \cdots\cdots\cdots\cdots\cdots\cdots\cdots (2)$$

同相電圧の影響が小さいのは，A_{OL}の大きなOPアンプです．

3 センサ出力を誤差少なく増幅して微小な電圧信号を高精度でマイコンに取り込む計装アンプ回路

秦 明宏

K型熱電対などの温度センサが発生する電圧は，100℃あたり約4 mVと微小です．このような微小電圧を高精度な測定目的でマイコンに取り込むための回路を紹介します．

技⑤ 微小入力を高精度に増幅するには計装アンプを使う

微小入力信号を高精度に増幅するには，複数の高精度OPアンプと複数の高精度抵抗が必要になります．これらの回路を1個のパッケージに内蔵した計装アン

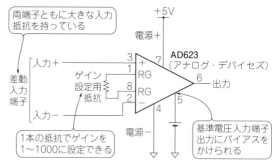

図7　計装アンプAD623の基本回路

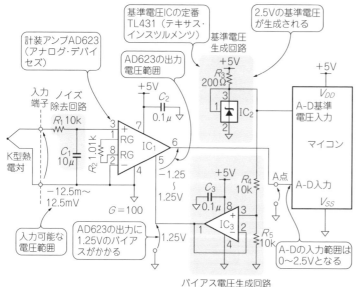

AD623のゲイン設定用抵抗値はゲインをGとすると100kΩ/(G−1)で求まる．G=100では100kΩ/99=1.01kΩとなり，R_2は1.01kΩとなる

IC₁：AD623（アナログ・デバイセズ）
IC₂：TL431（テキサス・インスツルメンツ）
IC₃：LMC6482（テキサス・インスツルメンツ）

図8　計装アンプAD623による熱電対入力の実用回路

プを使用すると比較的簡単に実現できます.

図7はアナログ・デバイセズの計装アンプAD623の基本回路です．十分大きな入力抵抗を持つ2つの差動入力端子と，出力にバイアス電圧を印加できる基準入力端子を持っています．1個の外付け抵抗でゲインを1～1000に設定できます．またこのICは単電源動作です．

● 計装アンプで熱電対からの微小電圧を取り込む

AD623はGNDよりも0.1V低い電圧まで入力できます．図8はこの特徴を生かした熱電対入力回路です．熱電対はマイナス温度においては負電圧を発生します．例えば，K型熱電対の場合－200℃における発生電圧は約－5.89mVです．負電圧入力に対する配慮をしなくても本回路で入力できます．写真1は本回路の実際の入出力波形です．入力のマイナス側の波形も出力に現れており，負電圧も取り込めていることがわかります．

技⑥ 温度係数と抵抗値許容差が小さい抵抗を使う

測定温度範囲を－200～＋200℃とするとK型熱電対の発生電圧は約－5.89m～＋8.14mVです．図8のA-Dコンバータの入力範囲は基準電圧生成回路によ

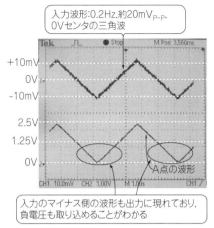

写真1 計装アンプの入出力波形

り0～2.5V，AD623の出力可能範囲は－1.25～＋1.25Vです．ここでAD623のゲインを100とすると入力電圧範囲は－12.5m～＋12.5mVとなり，－200～＋200℃に相当するK型熱電対の発生電圧を入力できます．

AD623のゲイン抵抗R_2とバイアス電圧生成回路のR_4，R_5は測定精度に影響します．温度係数と抵抗値許容差が十分小さい抵抗を使用する必要があります．

---

4 ±1Vの信号を正電圧へレベル・シフトする 高速A-Dコンバータ用差動プリアンプ

服部 明

最近の多くの高速A-Dコンバータの入力形式は，差動型です．シングル・エンドのプリアンプで駆動することも可能ですが，ひずみなどのダイナミック特性を得るためには，差動信号を入力するほうが望ましい特性が得られます．

図9に示すのは，分解能12ビット変換速度25MSPSのA-Dコンバータ AD9225の差動プリアンプです．コモン・モード電圧は2Vです．

技⑦ ±1Vの信号を2Vを中心とした信号にレベル・シフトする

AD8058はデュアルの高速OPアンプです．0Vを中心に振れる±1Vのバイポーラ信号を，2Vを中心とした信号にレベル・シフトします．AD9225の正入力端子(V_{INA})には2V±1Vの信号が，負入力端子(V_{INB})には2V∓1Vの差動信号が入力されます．

このプリアンプは，トランスを使ったACカップリングのプリアンプと異なり，直流信号まで扱うことができます．33Ωと100pFのLPFはノイズ除去と，A

-Dコンバータ内の入力段で発生するスイッチング・トランジェントを吸収します．

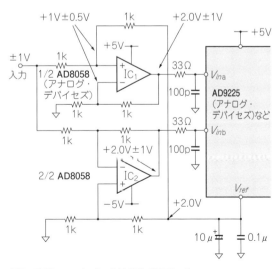

図9 高速A-Dコンバータ用差動プリアンプ

⑤ 1kVまでの高電圧を高精度に測定する回路テクニック

田口　海詩

技⑧ 高精度高電圧測定には高電圧ディバイダを使う

±1000 Vの電圧を測定する場合，そのままA-Dコンバータの入力端子に接続はできません．1000 Vの電圧をA-Dコンバータの測定電圧範囲に収まるように抵抗分圧回路を用いて減衰させる必要があります．高電圧を高精度で測定する場合，**写真2**に示す特殊な分圧抵抗(高圧ディバイダ：1776-C68)を用います．

1776-C68(CADDOCK)は分圧抵抗が同一セラミック基板上に熱結合された状態で配置されているため，分圧抵抗の熱トラッキング特性が非常に良くできています．そのため分圧比率の温度係数が10 ppm/℃と非常に良く，高電圧測定時に起こる温度上昇が発生しても分圧比のずれを抑えることができます．

高圧ディバイダを使用した高電圧測定は，分圧抵抗により信号源インピーダンスが高くなります．そのため，初段には入力インピーダンスの高いボルテージ・フォロワを用いる必要があります．高圧ディバイダには微小電流が流れ，抵抗値が高くてハム・ノイズなど

が乗りやすいため，**図10**に示すような計装アンプを用いるとノイズに強い回路になります．

◆引用*文献◆
(1) * 1776 - C68 高精度高電圧デバイダーデータシート，CADDOCK．

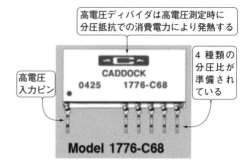

写真2　高精度高電圧測定ディバイダ1776-C68(CADDOCK)
[文献(1)]
分圧抵抗が同一のセラミック基板上にあり熱結合されているため，高電圧測定時の発熱においても非常に安定した精度の抵抗分圧比を得ることができる

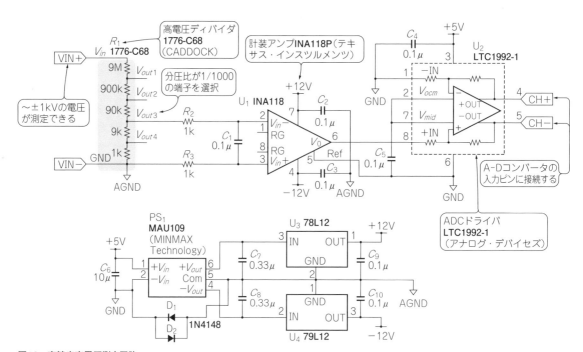

図10　高精度高電圧測定回路
高圧ディバイダには微小電流が流れていたり，抵抗値が高くてハム・ノイズなどが乗りやすいため，計装アンプを用いるとノイズに強い回路になる

[6] 圧力センサの微小出力電圧を増幅し伝送するブリッジ・センサ入力の2線式4～20 mAトランスミッタ

中村 黄三

● 回路の概要

図11に示す回路は，2.5 kΩ以上のインピーダンスをもつブリッジ・センサの出力(0 m～3.2 mV)を4 m～20 mAの電流信号に変換して送信する2線式のトランスミッタです．ストレイン・ゲージを使った圧力センサ信号の伝送に適します．

● 回路の動作

IC_1には，ブリッジの差電圧ΔVが直接入力されるため，計測用のアンプINA132を使います．ゲインは1000倍です．

IC_2はIC_1の出力を仮想グラウンド電位より+0.8 Vだけオフセットさせるためのものです．

IC_3(XTR115)は，入力電流I_{in}を100倍のミラーリングで電流出力します．

ΔVが0VのときIC_1は0.8 Vだけオフセットしており，このときIC_3から4 mA(=0.8/R_3=0.8/20 kΩ)が出力されます．

2線式の4 m～20 mAトランスミッタは，電源ラインと信号ラインが共通ですから，XTR115の消費電流

(200 μA)を含む回路全体の消費電流は4 mA以下に抑えなければいけません．逆に消費電流が4 mAに達しない場合は，外部トランジスタTr_1が残りのぶんを消費し，4 mAに自動的に調整されます．

技⑨ 低消費電力で低オフセット・ドリフトのレール・ツー・レール出力のアンプを使う

ブリッジに十分な電流(回路例では1 mA)を流し，さらに安定な増幅をするため，IC_1とIC_2には低消費電力で，低オフセット・ドリフトのアンプを使う必要があります．

受信側で分解能12ビットのA-Dコンバータを使う場合，IC_1の9.77 μVのドリフトは1LSBの誤差に換算されます．

IC_1とIC_2には，負の電源レール(仮想グラウンド)から+500 mVあたりまで線形動作するレール・ツー・レール出力のアンプが望まれます．回路定数やアンプなどを変更する場合は，これらのことを考慮してください．

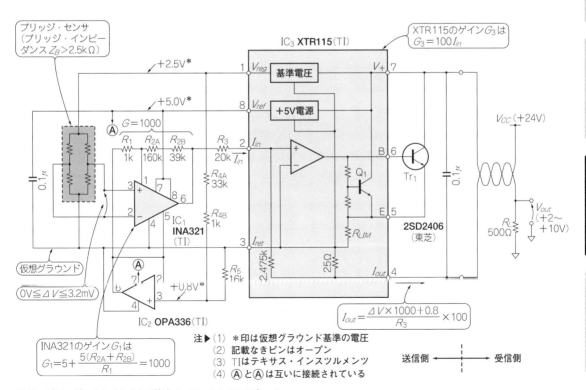

$$I_{out} = \frac{\Delta V \times 1000 + 0.8}{R_3} \times 100$$

INA321のゲインG_1は
$$G_1 = 5 + \frac{5(R_{2A} + R_{2B})}{R_1} = 1000$$

注▶ (1) ＊印は仮想グラウンド基準の電圧
(2) 記載なきピンはオープン
(3) TIはテキサス・インスツルメンツ
(4) Ⓐと Ⓐは互いに接続されている

図11 ブリッジ・センサ入力の2線式4～20 mAトランスミッタ

7 入力バイアス電流1 pA，GB積6 GHzのコンポジット・アンプ

藤森　弘己

　1つのOPアンプでは達成できない性能を，複数の異なったアンプを組み合わせて，それらの良いところを生かしたアンプとして構成する回路をコンポジット・アンプと呼びます．

技⑩ 低入力バイアス電流OPアンプと高速広帯域OPアンプを組み合わせて使う

　図12の回路は，低入力バイアス電流OPアンプと高速広帯域OPアンプを組み合わせ，ゲイン40 dB（100倍）で帯域55 MHz（GB積5.5 GHz），入力電流が1 pAというアンプを構成した回路です．

　出力段のAD8009は，1 GHz以上のGB積をもつアンプで，約20 dBのゲインを設定しています．回路全体のゲインは$1 + R_2/R_1$で決まり，この回路では約40 dBです．したがって，入力のAD8067の実効ゲインは，約20 dBです．AD8067は，ゲイン10倍（20 dB）で帯域が約55 MHzです．AD8009はゲイン20 dBでも，十分な帯域をもつので，AD8067の帯域そのままの信号を取り出すことができます．

技⑪ 十分な電源デカップリングと浮遊容量やインダクタンスが最小になる配線をする

　AD8009，AD8067ともに高速のデバイスなので，それぞれ十分な電源デカップリングと，浮遊容量やインダクタンスが最小になる配線が重要です．フィードバックのネットワーク（$R_1 \sim R_4$）のレイアウトは，浮遊容量の影響を受けるので注意が必要です．またAD8009には，図で示されているような頑丈なデカップリングが必要です．

　この回路は図以外のゲインに設定することも可能で，その場合はゲインの配分が同じような比率になるように設定します．配線容量にもよりますが，応答がピークをもち，出力にリンギングが発生するようであれば，C_5を挿入します．

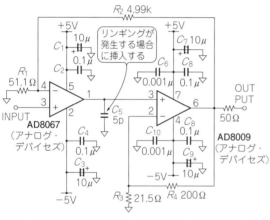

図12　入力バイアス電流1 pA，GB積6 GHzのコンポジット・アンプ

8 1～1000倍の低ノイズ可変ゲイン・アンプ

藤森　弘己

　A-Dコンバータを使用した汎用のアナログ入力システムなどでは，さまざまな電圧レンジの入力信号を，A-Dコンバータの入力に合わせる必要があります．

　小さな信号を適切なレベルまで増幅するには，ゲインがプログラムできるアンプがよく使用されます．

技⑫ ゲインの変更は高精度CMOSスイッチを使う

　図13の回路は，ロー・ノイズOPアンプAD797を使用した1～1000倍の可変ゲイン・アンプです．ゲインの変更は，高精度CMOSスイッチADG412による抵抗ネットワークの切り替えで，およそ10倍ずつ切り替わります．実際には，1倍，10.0009倍，100.099倍，1010.09倍になります．抵抗値を変更して，ゲインを変えることも可能です．

　スイッチのオン抵抗に電流がほとんど流れないようになっており，これによる誤差が最小になるよう構成されています．ノイズはたいへん小さく，1000倍のゲインで1 kHz帯域のノイズは$1.65 \text{ nV}/\sqrt{\text{Hz}}$です．

　スイッチの切り替えの際は，BBM（Break Before Make）動作をさせます．その切り替え時にフィードバック・ループが一瞬切れてアンプ出力が振り切れることを防ぐために，20 pFのコンデンサを3番-6番ピン間に挿入しています．

技⑬ 回路の精度と温度係数は抵抗の精度で決まり，入力精度はOPアンプの性能で決められる

この回路の誤差要因として，スイッチのオン抵抗に流れるアンプのバイアスによるオフセットの増加が考えられます．ADG412のオン抵抗は35Ωなので，AD797の0.9μAのバイアス電流で，最大31.5μVのオフセットが発生します．

この回路はアンプやスイッチの組み合わせを変えて構成可能ですが，使用する条件や必要な性能に合わせて部品を選んでください．実際には，回路の精度と温度係数は抵抗の精度で決まり，同相レンジやオフセット，バイアス電流などの入力精度はOPアンプの性能で決まります．

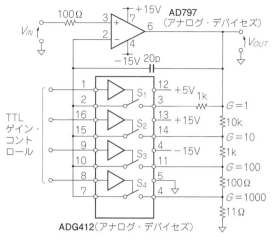

図13 1～1000倍の可変ゲイン・アンプ

⑨ 正負入力信号を扱える単電源高速アンプ回路

藤森 弘己

技⑭ ＋5V単電源の電流帰還型OPアンプを使う

単電源(例えば＋5V)で動作する高速アンプが数多くあります．単電源のA-D/D-Aコンバータなどと組み合わされて，ビデオ・アプリケーションなどに利用されています．

しかしながら，ライン・レシーバなどの用途では，信号が0Vを中心とする場合があり，両電源アンプと同じ回路を使用すると不都合が生じます．そのため，ACカップリングしてバイアス回路で動作点をシフトするようなことが必要になります．

図14は，＋5V単電源の電流帰還型OPアンプを使い，レベル・シフトを兼ねたDC接続のライン・レシーバ回路です．R_Tが75Ωではなく82.5Ωであるのは，825Ωと並列で信号入力インピーダンスを75Ωにするためです．AD812のR_Fの最適値は715Ωですが，これにより多少帯域が狭くなります．

● 回路の動作

アンプの非反転入力側に，＋1.235VのDCリファレンス電圧(AD589)を加えます．この入力から見たアンプのゲインは，R_F, R_{in}, R_TおよびR_Sと合わせた抵抗ネットワークにより約1.95倍の非反転出力となります．したがってAD812の出力は，＋2.41VにDCバイアスされることになります．

反転入力側は，フィードバックが正しくかかっていれば，ほとんど＋1.235Vから動くことはないので，

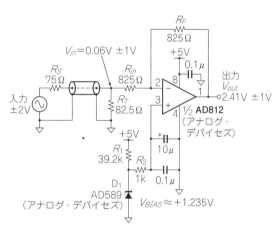

図14 正負入力信号を扱える単電源高速アンプ回路

入力信号が負側に振れても，アンプの同相入力範囲から外れることはありません．

V_{BIAS}に接続されているコンデンサと抵抗は，ノイズ対策のフィルタです．この状態で，入力±1V(75Ω終端の後の振幅)に対して，出力は＋2.41±1Vとなります．

技⑮ 単電源のA-Dコンバータに入力する場合は＋2.41Vの動作点を調整する

この回路から単電源のA-Dコンバータなどに入力する場合は，＋2.41Vの動作点を調整することにより，ダイレクトのDC接続が可能になります．

また，より信号レンジを広げたい場合は，このアンプの後ろに単電源レール・ツー・レール・アンプを使用するとよいでしょう．

⑩ アナログ・スイッチを使わない高速ゲイン切り替え回路

藤森 弘己

技⑯ 出力をハイ・インピーダンスにする 機能をもつトリプル・アンプを使う

アナログ信号アンプのゲインや極性を高速で切り替える必要が生じることがあります．**図15**の回路は，CMOSスイッチを使用しないでアンプだけで構成した回路です．アンプ出力やフィードバックに半導体スイッチを含まないため，ON抵抗による誤差やリーク電流の影響が最小になります．

ここでは，出力をハイ・インピーダンスにする機能をもつトリプル・アンプAD8013を使用して，80ns以下のスイッチング時間でゲインを＋1（非反転）と－1（反転）に切り替えています（極性切り替え回路）．

● 回路の動作

この回路では，信号を入力バッファ・アンプで受けて次段の2つのゲイン・ブロックに供給しています．入力の50Ωは伝送路の特性インピーダンスに合わせて設定します．

ゲイン・ブロックの上のアンプ［**図15(a)**のIC$_{1a}$］は－1倍，下のアンプ(IC$_{1b}$)は＋1倍に設定されています．したがって，各アンプのディセーブル端子（DIS$_1$，DIS$_3$）を使用して，信号を高速に反転／非反転

に切り替えることができます．

AD8031は電流帰還型アンプのため，フィードバック抵抗により周波数特性などのAC特性が変わりますが，図の定数は反転と非反転回路の帯域がほぼ同じ（160〜180 MHz）になるように選んでいます．この回路では，正負電源を使用しているためアンプ出力の制御には**図15(b)**に示したレベル・シフト回路が必要です．＋5V単電源で使用する場合は，通常のロジックでコントロール可能です．

このアンプは，これ以外のゲインに設定することも可能で，高速ゲイン切り替え回路になります．出力オフ時に12 pF程度の容量性負荷となるので，ピーキングを抑えるために出力に15Ωの抵抗を付けています．

技⑰ 容量性負荷が大きくなって波形がひずむため，まとめる出力は最小限にする

この回路は，AD8013だけでなく，出力をハイ・インピーダンスにすることができるアンプであれば応用できます．

ただし，出力を多数接続すると容量性負荷が大きくなり，出力ひずみやピーキングの原因となるので注意が必要です．

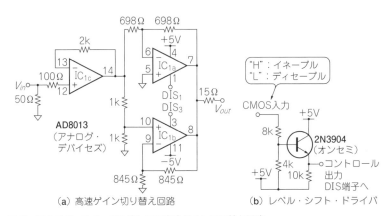

(a) 高速ゲイン切り替え回路　　(b) レベル・シフト・ドライバ

図15 アナログ・スイッチを使わない高速ゲイン切り替え回路

⑪ 入力保護ダイオードのリーク電流を補正したハイ・インピーダンス・アンプ

藤森 弘己

技⑱ A-Dコンバータの入力段や計測回路の信号入力バッファに使える

高速データ・コンバータの入力オーバードライブを抑えたり，入力信号に乗ってくる過電圧からの保護を目的として，バッファ・アンプに抵抗とダイオードを組み合わせたクランプ回路を付加する方法がよく知られています．

これは，シンプルな回路で過電圧に対する保護ができますが，ダイオードが信号に対する負荷となるため，リーク電流が増えてDC高インピーダンス測定の障害になることがあります（このほか，ダイオードの容量変化によるAC測定時のひずみの増加）．

図16の回路は，保護ダイオードによる漏れ（リーク）電流を最小にし，高入力インピーダンス測定を可能にするアンプ回路で，A-Dコンバータの入力段や，計測回路の信号入力バッファに使用することが可能です．

● 回路の動作

AD820はFET入力のOPアンプで，入力に何も付けなければそのバイアス電流は，2pA（標準）という小さな値です．

D_1，D_2はR_{LIMIT}といっしょに入力信号のクランプ，D_3，D_4（ツェナー・ダイオード）は，R_{out1}とともに出力電圧のクランプ回路を構成しています．アンプはツェナー電圧（V_Z）+ 0.6 Vの範囲でゲイン1のバッファ・アンプとして動作し，その際D_1，D_2をブートストラップして電位差をなくし，リーク電流を小さい値に抑えます．

アンプの出力が $| V_Z + 0.6\,V |$ を超えると出力はク

ランプされ，入力もR_{LIMIT}，D_1，D_2を通してクランプされます．R_{LIMIT}は，流れる電流の最大値を制限します．

技⑲ ガラス封入型のダイオードには光が当たらないように実装する

ダイオードには，たとえば2N3904のE-B間接合や，1N914のようなスイッチング・ダイオードを使用します．ガラス封入型の素子の場合は光が当たらないように実装することが重要です．さもないと，光電子効果によりリーク電流が増えてしまいます．

D_3，D_4は時に容量性負荷としてアンプの動作に不安定な要素を付加しますが，C_FとR_{out1}により補正しています．入力信号が長いケーブルを経由してくる場合は，この部分にシールド駆動アンプ（Driven Shield）を使用すれば，たいへん効果的です．

技⑳ クランプする電圧はツェナー・ダイオードのツェナー電圧 V_Z で設定する

この回路はDC的に高精度で高インピーダンスの測定を可能にします．信号源側から見たD_1，D_2の容量変化を最小限にするのでAC的な精度も向上します．クランプする電圧は，D_3，D_4のV_Zで設定できます．

注意点は，電源OFF時のクランプ回路の振る舞いです．クランプ回路はアンプに電源が入っていなくても有効に動作するので，過電圧信号が入ったまま電源を切ると，ツェナー電圧に近い電圧がアンプに加わったままになります．もしこのような条件がありえる場合は，K_1のようなリレーによる保護か，耐圧が大きいアンプを選ぶ必要があります．

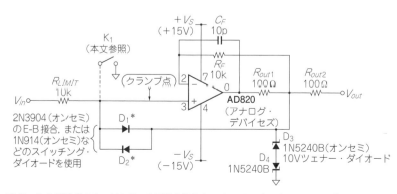

図16 入力保護ダイオードのリーク電流を抑えたハイ・インピーダンス・アンプ

12 AC入力用高インピーダンス・バッファ回路

松井　邦彦

技21 正帰還で見かけの入力インピーダンスを大きくする

AC電圧を測定するとき，入力用の高入力インピーダンス・バッファ回路が必要になることがあります．一般的な回路を図17に示します．この回路では，過電圧入力時の保護回路を入力に付けています．そのため，OPアンプIC_1の入力インピーダンスは十分大きくしておかないと，抵抗R_3により入力電圧V_{in}が減衰していまい，誤差を生じてしまいます．

この回路の特徴は，コンデンサC_1で若干の正帰還をかけて，見かけの入力インピーダンスを大きくしていることです（ブートストラップという）．そのため，入力インピーダンスZ_{in}は，

$$Z_{in} = j\omega \times C_1 \times R_1 \times R_2 \cdots\cdots\cdots (1)$$

で表されます．

例えば，$C_1 = 22\ \mu F$，$R_1 = 1\ M\Omega$，$R_2 = 6.7\ k\Omega$とすると，1 kHz時の入力インピーダンスZ_{in}は式(1)より，

$$Z_{in} = j2\pi \times 1\ kHz \times 22\ \mu F \times 1\ M\Omega \times 6.7\ k\Omega$$
$$\fallingdotseq j1G\Omega$$

と非常に高い値になります．そのために，$R_3 = 100\ k\Omega$を付けても電圧損失は$100\ k\Omega / 1\ G\Omega = 0.01$ %と小さくて済みます．

● 入力保護用ダイオードで入力インピーダンスが低下

ところが，この回路を実際に組み上げて周波数特性を測定してみると，図18のように入力周波数が10 kHzを超えると1 %以上も誤差が発生していました．

この理由は，IC_1に使ったOPアンプの入力容量C_{in}や保護用ダイオードD_1，D_2の端子間容量が大きかったためです．これが回路の入力インピーダンスZ_{in}とパラレルに入り，実際の入力インピーダンスを小さくしていたのです．

技22 低入力容量OPアンプと帰還抵抗で周波数特性が改善できる

図17の回路はACアンプなので，入力容量の小さなOPアンプを使う必要があります．

しかし，R_1の値が1 MΩと大きいので，オフセット電圧を抑える目的で，低バイアス電流の安価なFET入力OPアンプTL071を使用していました．

ただし，汎用OPアンプ（特にFET入力タイプ）はけっこう入力容量が大きいため，精度が要求される用途では使用が難しくなります．そこでAD711を選択しました．

AD711の入力容量は5.5 pF（同相，差動とも）と汎用OPアンプの中では比較的小さく，ユニティ・ゲイン周波数は4 MHz，スルー・レートも20 V/μsと良好です．

図19にAD711を使ったバッファ回路を，図20に周波数特性を示します．100 kHzまでフラットになっているのがわかります．

この回路のポイントはOPアンプIC_1にも帰還抵抗R_4を付けたことです．R_4を付けたことで周波数特性にピークを持ちますが，逆にこのピークでAD711の入力容量による減衰分を補償します．

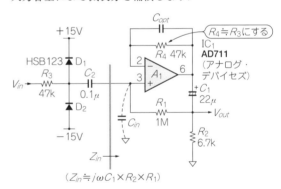

図19　周波数特性を改善したACバッファ回路
AD711を使って図17に帰還抵抗R_4を追加した

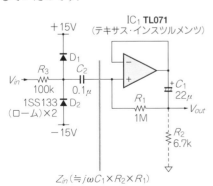

図17　一般的なACバッファ回路

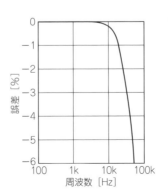

図20　図19の周波数特性（実測）

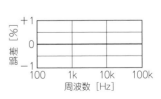

◀図18
図17の周波数特性（実測）

⑬ 1μ～3Vの入力信号を 誤差0.1μVで増幅する対数アンプ回路

漆谷 正義

LTC1050(アナログ・デバイセズ)は，入力バイアス電流が10pAと小さく，入力オフセット電圧が0.5μVと小さいゼロドリフトOPアンプです．チョッパ安定化方式を採用し，内部で自動的にオフセット電圧を自動補正します．一般的なOPアンプで発生する数Hz～数百Hzの範囲の1/fノイズがないため，DC～1kHz程度の低周波の信号を高精度に増幅できます．オープン・ループ・ゲインが160dBと大きいので，数μVの微小電圧信号を高精度に増幅できます．

技㉓ 低入力バイアス電流と高ゲインを両立できるOPアンプを選ぶ

表1に示すのは，LTC1050と代表的なOPアンプの特性の比較です．

LTC1050は，汎用OPアンプよりも，入力バイアス電流と入力オフセット電圧が3桁程度低いです．TL081(テキサス・インスツルメンツ)はFET入力のOPアンプで，入力バイアス電流は小さいですが，オープン・ループ・ゲインが100dBしかありません．

技㉔ 1μVから3Vまでの入力電圧を高精度に増幅する用途に使う

図21に示すのは，LTC1050を使って構成した対数アンプです．対数アンプは，1μVの微小電圧から，OPアンプの動作電圧に近い3Vまでの入力信号を増幅する回路で，入力電圧のダイナミック・レンジが100dB以上あり，赤外線の吸収を利用したCO_2の濃度測定器などで使われます．

図22に示すのは，図21の対数アンプの入出力特性

です．μA741(テキスト・インスツルメンツ)は，入力電圧が低いところで計算値から大きくずれています．LTC1050は，入力電圧が低いところでも計算値に近い結果が得られました．これは，LTC1050の入力バイアス電流が10pAと小さいからです．

◆参考文献◆
(2) Theory and Applications of Logarithmic Amplifiers, TEXAS INSTRUMENTS Application Report, AN-311.
http://www.tij.co.jp/jp/lit/an/snoa575b/snoa575b.pdf

表1 LTC1050と代表的なOPアンプの特性(一部抜粋)

項目	LTC1050	TL081	μA741
入力オフセット電圧 [μV]	0.5	3000	1000
入力オフセット電流 [pA]	20	5	20000
入力バイアス電流 [pA]	10	30	80000
大信号電圧ゲイン [dB]	160	100	100
参考価格 [円]	480	30	40

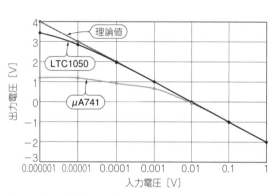

図22 図21の対数アンプの入出力特性(全て標準値)
LTC1050は入力バイアス電流が低いため，入力電圧が極めて小さいときでも誤差が小さい

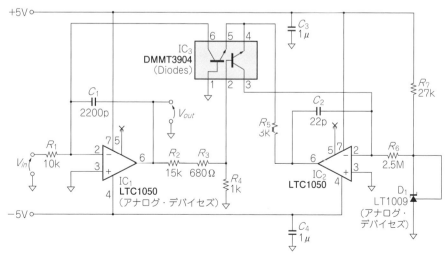

図21 1μ～3Vの入力信号を誤差0.1μVで増幅する対数アンプへの応用

165

2線シリアル・インターフェース I2C 詳解

岡野 彰文 Akifumi Okano

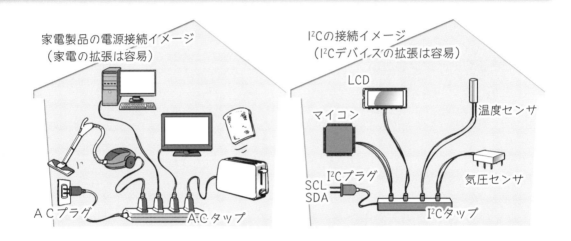

家電製品の電源接続イメージ
（家電の拡張は容易）

I2Cの接続イメージ
（I2Cデバイスの拡張は容易）

基礎知識

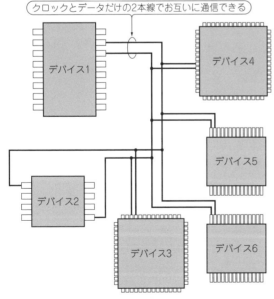

クロックとデータだけの2本線でお互いに通信できる

図1　I2Cなら2本線でたくさんのデバイスを追加接続していける

● クロック周波数や接続可能数

I2Cバスは，とてもポピュラな，IC間のシリアル通信バスの1つです．マイコンどうしの通信や，I/Oポート・エキスパンダ，温度や加速度などの各種センサ，各種専用ICやモジュール，機器の制御信号などのデータのやりとりに使われています．

データのやりとりのための信号線は，2本だけです（**図1**）．また，1つのバスに多くのデバイスを接続できます．

I2Cで，よく使われる通信クロック周波数は，100 k〜400 kHzの比較的低速ですが，IC内部の通信回路が拡張仕様に準拠していれば，1 MHz，3.4 MHz，5 MHzの転送速度にも対応できます（**図2**）．

I2Cに対応したICどうしなら，とてもスムーズに通信できます．たとえI2Cに対応していないマイコンでも，空いている2ピンを使って，I2Cに対応したファームウェアを用意することで，データのやり取りが可能になります．

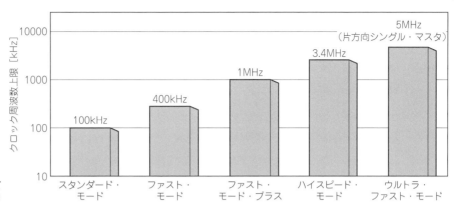

図2 I²Cは規格によって通信クロック周波数が違う

通信するIC間は，クロックとデータの2本の信号を接続するだけです．

I²Cは，基本仕様として，7ビットのアドレスで個々のデバイスを認識するため，最大128個までのアドレスを使うことができます．ただし16個は予約されており，実際に使用できるアドレスは，112個です．

I²Cが規格化されてから，40年が経ちました．現在では，マイコンをはじめとした，多くの周辺ICに採用されており，さまざまな機能をもつハードウェアを構築するために，欠かせない技術の1つとなっています．

● 信号線はSDAとSDLの2本

I²Cは，データのやり取りに2本の信号線を用います．よく，「GNDも入れると3本ではないの？」という意見も聞きますが，ここでは，基準電位に対して2本の信号のやりとりで通信を行う方式，と言う意味で，2線式と言っています．1本は，SDA（Serial Data）で，データ信号が乗せられ，もう1本は，SCL（Serial CLock）で，クロック信号が乗せられています．この2本の信号線の使い方を工夫することによって，データの始まりと終わりを正しく認識でき，双方向の通信も可能です．

● I²Cは，どう読む？

I²Cバスは，Inter-ICバスを略したものを，その名称としています．「I」を2回重ねて書くため，それを洒落てIの自乗として，I²Cとしました．

上付き文字が表示できない環境では，IICと略されることもありましたが，現在では，一般的には，I2C

と表記されることが多いようです．このことから，アイ・ツー・シーと呼ばれることも多くありますが，元の意味を反映して，アイ・スクエアド・シーと読むのが正式な読み方です．日本では，アイ自乗シーと呼ばれることもあります．**図3**にI²Cのロゴ・マークを示します．

I²Cは，TWI（Two Wire Interface）と呼ばれたこともありました．これは，同等のインターフェースを実装する際の，フィリップスに対するライセンス回避のために，このような名前としたと言われています．

本稿では，以降，I²CバスをI²Cと略すことにします．

● 特許料は不要

① I²Cを使う場合，ライセンスは必要ない
② I²Cの特許権はすでに失効している
③ I²Cはオープンな規格ですが，実装や回路については，個々に特許などの権利がある場合がある

● 多くの半導体メーカが対応ICを作っていて種類も豊富

最近のマイコンには，I²Cが実装されています．思い付くものを挙げると，NXPセミコンダクターズのマイコンや各種プロセッサ，STマイクロエレクトロニクスのSTM32やSTM8，ブロードコムのBCM2835（ラズベリー・パイ），AtmelのATmega48/88/168/328，マイクロチップ・テクノロジーのPIC（SSP搭載品），ルネサス エレクトロニクスのH8やSHシリーズなどです．

ハードウェアがI²C非対応でも，ピンをソフトウェアで制御することで，I²Cを実装することが可能です．

EEPROMなどの各種メモリ，LCDコントローラ，LEDコントローラ，各種センサ（温度，湿度，気圧，輝度，色，加速度，近接，タッチ・センサ），リアルタイム・クロック，LEDコントローラ，モータ・コントローラ，A-DコンバータとD-Aコンバータ（データ入出力や，各種設定用インターフェースとして），各種ASICデバイス（テレビ，ビデオ，ラジオ，オー

図3 I²Cのロゴ・マーク

付録

ディオ等の信号制御，エンコード/デコード用），認証チップ（NFCなど）で使われています.

　使われているアプリケーションは，これらのデバイスを使ったものすべてです. たとえば，テレビ，ビデオなどの映像機器，ラジオやオーディオの各種機器，PCのシステム管理バス，電話の交換器やコンピュータのサーバのシステム管理にも使われています. また，パチンコ機器などのLEDやモータの制御，ビル内の照明や空調装置などのインターフェースとして，よく使われています.

● 1980年代初頭生まれのフィリップス製

　I²Cは，1980年代初頭に，オランダのフィリップス

によって開発され，仕様が公開されました.

column▶A　I²Cだけじゃない！ IC間インターフェースのいろいろ

● SPI

　I²Cとともに，よく使われる通信方式としては，SPIバス（以下SPI）があります. SPIは，単純なシリアル通信方式で，片方向であれば3本，双方向の通信を行うには，4本の信号を必要とし，単一マスタで使う場合は，I²Cよりも速いスピードでのデータ通信を行う場合に有利です（図A）. I²Cのウルトラ・ファスト・モードでの通信速度は5MHzですが，SPIなら数十MHz程度の速度が得られます.

● I²Sバス

　I²Cと同様に，フィリップスによって開発されました（図B）. これは，Inter-IC Soundを略した名前のバスで，PCM音声などの片方向の時系列データを流すための規格です. CDデコーダICとD-Aコンバータの間のデータの受け渡しに用いられたのが，その最初の利用例です. データの入力/出力の方向を決めて，一定のワード長のデータを流し続け

ることができます. 通信先をアドレスによって指定するような使い方には対応していません.

　図Cに，I²C，I²S，SPI，それぞれの特徴を示します.

● I²Cの派生規格

　I²Cは，各種のシリアル・バス規格の元となっており，さまざまな派生規格が存在します（図D）. システム管理バス（SMBus），パワー・マネジメント・バス（PMBus），インテリジェント・プラットフォーム・マネジメント・インターフェース（IPMI），ディスプレイ・データ・チャネル（DDC），アドバンスト・テレコム・コンピューティング・アーキテクチャ（ATCA）などがその例で，I²Cの仕様に，それぞれ独自のルールを追加したものになっています.

　たとえば，I²Cには低速側の周波数に制限はありませんが，SMBusでは，10kHz以下だとタイムアウトになるような独自の拡張がされています. それぞれの規格と，I²Cとの違いは，I²C仕様書の第4節「I²Cバ

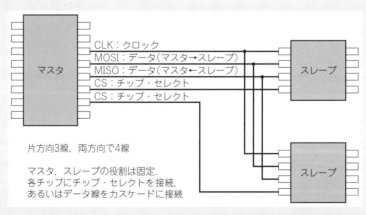

CLK：クロック
MOSI：データ（マスタ→スレーブ）
MISO：データ（マスタ←スレーブ）
CS：チップ・セレクト
CS：チップ・セレクト

マスタ

スレーブ

スレーブ

片方向3線，両方向で4線

マスタ，スレーブの役割は固定.
各チップにチップ・セレクトを接続.
あるいはデータ線をカスケードに接続

図A　I²C以外のシリアル・インターフェース① 「SPI」

その当時のアプリケーションは，おもに家電用ICの制御を行うものでした．当時の家電，とくにテレビやラジオには，出荷するまでに調整しなくてはならない箇所が多く，それらは人手によって作業していました．

ラジオは，選局・音量などの他に，表示パネルも電子化されつつあり，その配線量が増加する傾向にありました．アナログのテレビは，画像やRFの各種調整に，コイルや可変コンデンサ，半固定抵抗をトリマ棒で回していました．加えて，ユーザ・インターフェース部で行われる選局や音量調整は，配線をフロント・パネルまで引き回して，スイッチや可変抵抗で行っていました．

このような状況だったので，調整の自動化や省配線

化が必然的に要求され，それを実現するためにマイコンが搭載され，さらにマイコンによる制御が可能なASIC（Application Specific Integrated Circuit）が開発されました．このマイコンとASICを結ぶインターフェースとして開発されたのがI²Cです．

たとえば，テレビの製造工程では，センサによって，画像のひずみなどを簡単に調整できるようになりました．ユーザ・インターフェース部分を電子チューナや電子ボリュームに置き換えることで，フロント・パネルのボタンの状態を，マイコンが読み取り，その状態によって，各ASICを操作することで，機器内の配線を大幅に減らすことが可能になりました．

さらに，このような設計手法が一般化されたおかげ

岡野 彰文

ス通信プロトコル-その他の用法」を参照してください．

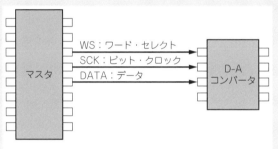

片方向3線

マスタ，スレーブの役割は固定
ワード毎の転送．ワード長は任意
データ転送の方向は，マスタ→スレーブ
または，マスタ←スレーブ

図B　I²C以外のシリアル・インターフェース②「I²S」

I²C
2線式（クロック，データ）
双方向（ウルトラ・ファスト・モードは片方向）
マイクロコントローラ←→スレーブ間
転送先指定は，アドレスで行う

I²S
3線式（クロック，データ，ワード・セレクト）
単一方向（一方向に流れるデータを扱う）
PCM信号の転送
転送先は，ハードウェアで固定

SPI
3または4線式（クロック，片方向データ，チップ・セレクト）
マイクロコントローラ←→スレーブ間
転送先指定は，チップ・セレクトで行う

図C　I²C，I²S，SPIの特徴

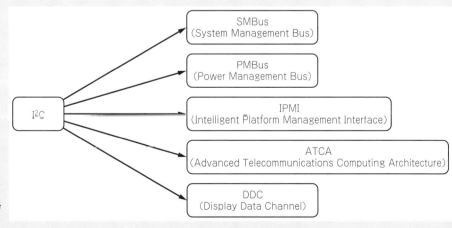

図D　I²Cの派生規格のいろいろ

付録

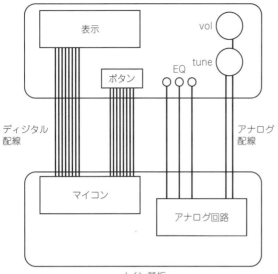

ディジタル配線

アナログ配線

（a）I²C登場前

基板間の配線を大幅に削減

I²C

（b）I²C登場後

図4　システム構成の変化，I²C登場の前後で

column▶B　誕生から現在までの仕様の移り変わり

最初のI²C仕様書は，1982年に公開されました．これは100 kHzのクロックを上限としており，現在の仕様のもっとも基本となるものです．

その10年後の1992年には，400 kHzのファスト・モードを盛り込んだ，バージョン1.0の仕様が公開されます（従来の100 kHzの通信は，スタンダード・モードと呼ばれる）．このころになると，接続できるデバイスも多くなり，さらにスピードの要求に対応して，仕様が拡張されました．

1998年には，さらに高速化が行われました．液晶表示デバイスなどへの応用を考えて，3.4 MHzの通信が可能になりました．これはハイスピード・モードと呼ばれます．このハイスピード・モードの通信は，これまでのファスト・モードの通信に影響を与えないように設計されています．ハイスピード・モード通信を行うバスを混在させる際は，ブリッジを介し，ファスト・モードからの切り替えプロトコルによる制御が必要になります．

また，2007年には，400 kHzのファスト・モードの通信速度を，1 MHzに拡張したファスト・モード・プラスの仕様が公開されました．引き込み電流を大きくすることにより，より速い信号が扱え，耐ノイズ性を向上させています．このモードは，ハイスピード・モードのようなハードウェアや複雑なプ

ロトコルを必要としません．

2012年には，従来の仕様と互換性のない，ウルトラ・ファスト・モードが，特別に追加されました．単一マスタ，マスタからスレーブへの片方向，最大5 MHzクロックでのデータ転送をサポートする，プッシュプルでの信号駆動を行う方式です．この仕様は，おもにゲーム機やパチンコ機器などのLEDドライバを多数使うアプリケーションを主眼に，策定されました．

I²Cの仕様の変遷を，**図E**に示します．また，I²Cの動作モードを**表A**に示します．

2006年，フィリップス半導体事業部は独立し，NXPセミコンダクターズという会社になりました．これにより，2007年の仕様更改からは，NXPセミコンダクターズが，I²Cの仕様のとりまとめを行っています．

2017年．MIPI（Mobile Industry Processor Interface）アライアンスがI²Cの拡張版としてI3Cを策定しました．I3CはI²Cと下位互換性を維持しつつ，2線式のインターフェースで割り込み通知を可能にしたり，12.5 MHzの転送レート，さらに低消費電力化も行える仕様としています．2022年現在，このI3Cは携帯電話やDDR5仕様の一部として採用されています．

NXPはこのI3C仕様策定にも参加しています．最新版のI²C仕様（Rev7.0）では，新たに第9節が設けられI3C仕様に言及しています．

で，I²Cは基板上だけでなく，たとえば，フロント・パネルが取り外し可能なカー・ステレオの接続インターフェースとして応用されていきます（**図4**）．

当時，欧州では，カー・ステレオの盗難対策として，車から本体を取り外して持ち歩くことがありました．フロント・パネルを外してしまえば，外からはカー・ステレオが付いているようには見えず，大きくかさば

る本体を持ち歩かなくても良くなったのです．

その後，I²Cが普及するにともない，対応するICの種類も増えました．マイコン，各アプリケーション向けASIC，ポート・エキスパンダ（GPIO），EEPROM，センサなどに加え，I²C自体を拡張するための，バッファやスイッチなどの応用製品も生まれました．

仕様①通信時の信号レベルや送受信の手順

■ データ通信時の論理レベル

● オープン・ドレイン出力

SDAとSCLの信号線には，プルアップ抵抗が付けられています．

それぞれの信号は，オープン・ドレイン（または，

オープン・コレクタ）と呼ばれる出力になっています．出力段は，**図5**のように下側のトランジスタだけで構成された回路になっています．そのため，ICが直接LレベルとHレベルの信号を出すのではなく，Lレベルのときには，GNDと導通，Hレベルを出すべきときには，オープン（ハイ・インピーダンス状態）になります．

岡野 彰文

またこのRev7.0からはI²Cでのデバイスの役割にマスタ／スレーブという語を使うのをやめ，ホスト／ターゲットに変更されました．

なお，I²Cの名の数字の部分は上付きの文字が使われますが，I3Cでの3の文字は上付きではなく通常の3が用いられます．また呼び方もアイ・スリー・シーが正式なものとなっています．

I²Cの仕様は，マーケットの要求に合わせて発展してきました．今後も，さまざまなアプリケーションのニーズに合わせた仕様が，策定されていく予定です．なお，本稿では，I²Cの基本となる，100 kHzのスタンダード・

モードと，400 kHzのファスト・モードを説明します．

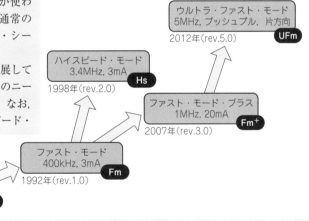

図E　I²C仕様のロードマップ

表A　I²Cの動作モード（2022年10月時点）

名　称	略称	速度（SCL周波数）	通信方向	互換性	備　考
スタンダード・モード	Sm	100 kHz	双方向	－	
ファスト・モード	Fm	400 kHz	双方向	Smで動作可能	
ハイスピード・モード	Hs	3.4 MHz	双方向	Sm，Fmで動作可能	Hsが影響しないようにブリッジを使用
ファスト・モード・プラス	Fm＋	1 MHz	双方向	Sm，Fmで動作可能	
ウルトラ・ファスト・モード	UFm	5 MHz	片方向	互換なし	プッシュプル駆動．ACKなし

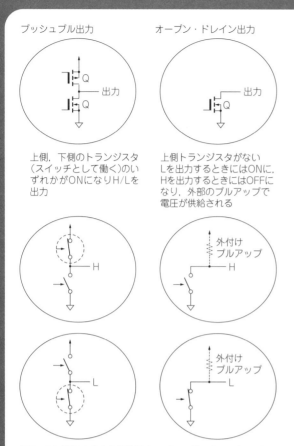

プッシュプル出力　　　　オープン・ドレイン出力

上側，下側のトランジスタ　　上側トランジスタがない
（スイッチとして働く）のい　　Lを出力するときにはONに，
ずれかがONになりH/Lを　　Hを出力するときにはOFFに
出力　　　　　　　　　　　なり，外部のプルアップで
　　　　　　　　　　　　　電圧が供給される

図5　I²C 対応ICの出力回路はオープン・ドレインになっていて
外付け抵抗でプルアップされている

オープン状態になった場合には，外部に取り付けられたプルアップ抵抗によって，Hレベルの信号が得られるようになっています．

● ワイヤードAND接続

　同じ信号線に，複数のオープン・ドレイン出力のデバイスが接続された場合，ワイヤードANDと呼ばれる接続状態となります．

　各信号は，接続されたすべてのデバイスの出力がオープンである場合は，Hレベルに，そして，どれか1つでもLレベルを出力するとLレベルになります．このような接続形態であるために，電気的な衝突（あるデバイスがHレベルを出しているときに，ほかのデバイスがLレベルを出力すると，電源からGNDへショートすること）が起こることはありません（図6）．

　この接続方法をうまく使って，少ない線数で，かつ，単純なプロトコルで，双方向通信や同一バスに複数のマスタが存在する，マルチマスタを扱えるようにしてあります．

● マルチドロップ接続

　各デバイスは，マルチドロップ接続と呼ばれる方法で行われます．各デバイスが，バス線にぶら下がるような接続方法です（図7）．I²Cは低速のバスであり，信号自体に高い周波数成分を含まないため，信号線のインピーダンスをさほど気にする必要はありません．特別な状況でない限り，信号にバッファを入れたり，ハブを介したりする必要はありません．

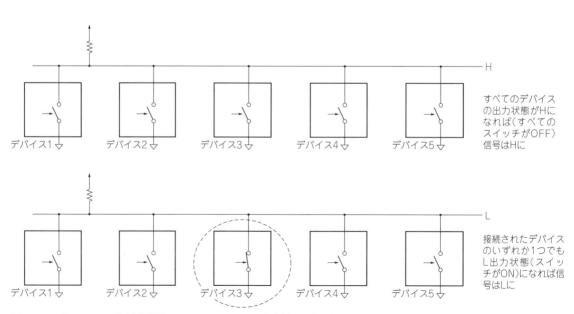

すべてのデバイスの出力状態がHになれば（すべてのスイッチがOFF）信号はHに

接続されたデバイスのいずれか1つでもL出力状態（スイッチがON）になれば信号はLに

図6　1つでもLレベルに引くと通信線のレベルはLになるので電気的な衝突は起きない（ワイヤードAND接続という）

■ マスタとスレーブ

デバイス間のデータの転送は，マスタとスレーブの間で行われます（図8）．転送を開始するのは，常にマスタです．マスタになるデバイスは，1つのバスに1個とは限りません．同時に複数のマスタが，調停を行いながら転送を行うことができます（図9）．あるいは，ひとつのデバイスが，マスタ／スレーブの役割を切り替えながら通信を行うことも可能です（図10）．

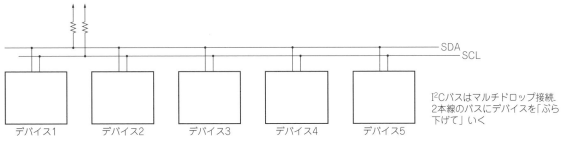

I2Cバスはマルチドロップ接続．2本線のバスにデバイスを「ぶら下げて」いく

図7　2本の配線にICをぶら下げて追加していける（マルチドロップ接続という）

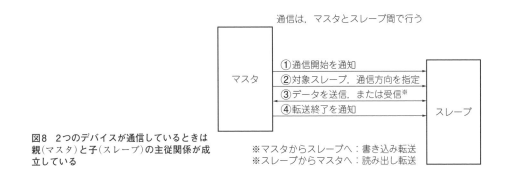

通信は，マスタとスレーブ間で行う

① 通信開始を通知
② 対象スレーブ，通信方向を指定
③ データを送信，または受信※
④ 転送終了を通知

図8　2つのデバイスが通信しているときは親（マスタ）と子（スレーブ）の主従関係が成立している

※マスタからスレーブへ：書き込み転送
※スレーブからマスタへ：読み出し転送

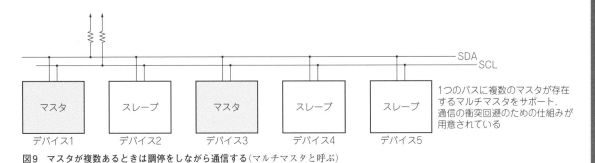

1つのバスに複数のマスタが存在するマルチマスタをサポート．通信の衝突回避のための仕組みが用意されている

図9　マスタが複数あるときは調停をしながら通信する（マルチマスタと呼ぶ）

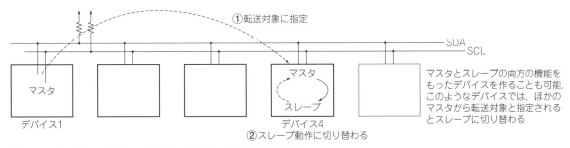

① 転送対象に指定

② スレーブ動作に切り替わる

マスタとスレーブの両方の機能をもったデバイスを作ることも可能．このようなデバイスでは，ほかのマスタから転送対象と指定されるとスレーブに切り替わる

図10　1つのICがマスタになったりスレーブになったりすることもある

通信プロトコル

■ データ転送の単位

I²Cの，基本的なデータ転送について説明します．I²Cは，すべてのデータ転送を，8ビット（1バイト）のデータと，1ビットのアクノリッジ（Acknoledge：以下ACK）の，合計9ビットを1つの単位として扱います．各1バイトの転送ごとに，それに続く1ビットのACKで転送結果を確認しています（図11）.

データの転送は，マスタが開始します．転送開始後に送られる1バイト目は，スレーブ・アドレスです．このスレーブ・アドレスで指定されたデバイスが，転送対象です．それ以降は，マスタと指定されたスレーブの間でデータの転送が行われます（図12）.

アドレスは，通常7ビットで指定します（10ビット・アドレスを用いるスレーブ・デバイス以外）．8ビット目は，これに続くデータの転送方向を指定するビットです．8ビット目がLレベルなら，マスタからスレーブへの，書き込み（Write）転送を意味し，Hレベルであれば，スレーブからマスタへの読み出し（Read）転送を意味します．

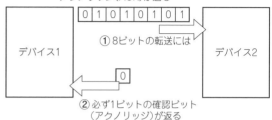

図11 8ビットのデータに必ず1ビットのアクノリッジが返る

column▶C フィリップス魂！最小限のハードウェアで最大限の機能

I²Cは，後述のように，2本の信号線だけで，さまざまな通信を実現できる仕様です．この「最小限のハードウェアで多機能化」という考え方は，フィリップス的です．フィリップスのさまざまな仕様を見ると，最小限のアプリケーションとハードウェアで，いろいろな機能をもたせたり，少ない部品点数で同等の機能をもたせるアプローチが，よく見られます．

● フィリップス魂①…I²Sフォーマット

例えば，前述のI²Sのフォーマットでは，ほかの多くのオーディオPCM信号転送規格と同様に，MSBファストのデータ転送を行いますが，データは，同期信

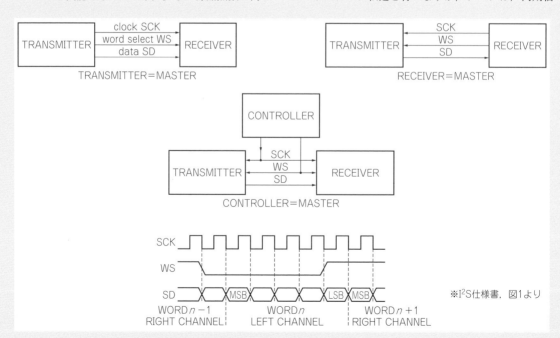

図F I²SインターフェースにもI²Cと似たフィリップス的な考え方が導入されている

NOTE

I²Cの拡張仕様として，10ビット・アドレスを使うことができます．10ビット・アドレスは，まず，I²Cの仕様で予約されたアドレスを指定することで，それに続くデータが，10ビット・アドレスを使用することを宣言します．このため，通常の7ビット・アドレスと，10ビット・アドレ

スが衝突することはありません．詳細は，I²C仕様書の3.1.11節を参照してください．

■ データ転送の開始と終了の合図

前節で，1バイト目は，スレーブ・アドレスと書きましたが，1バイト目であることを認識するには，転送の開始がわかるようになっていなければなりません．この転送開始を示す状態が，スタート・コンディショ

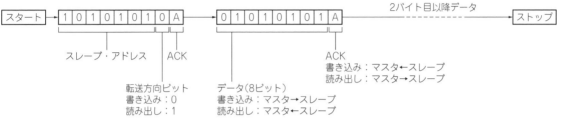

図12　まずマスタがアドレスを送信して通信したいスレーブICを指定し，続いてデータを送る

岡野 彰文

号から1クロック遅らせた前詰めのデータ・フォーマットとしています．同目的の他の信号フォーマットでは，ラッチ信号に合わせた後詰めのものが多いのですが，I²Sでは，このような仕組みでワード長の制限をなくし，データの転送方向も任意に設定できます（**図F**）．

さまざまな要求に個別の対応を行うのではなく，I²Sというフォーマットを採用することにより，単純なデータ・フォーマットにも柔軟性をもたせることができている例です．

● フィリップス魂②…CDプレーヤ

もうひとつの例として，メカが絡んだ例を挙げると，CDプレーヤが代表的です．シングル・ビーム・ピックアップをスイング・アームで動かすメカは，ほかに類を見ないものでした．CDのトラックをトレースするために，複数のレーザ・ビームを使わなくてもよいので，ピックアップをCDの放射方向に平行移動させる必要がなくなりました．結果として，メカ部分を簡略化できました．このピックアップは，マルチビームの代わりに，一定周波数でそれを揺らします（トラッキング・サーボ信号に，ウォブリング・トーンを重畳させる）．その信号で操作されたピックアップにより，CDから拾った信号は，ウォブリング・トーンによる強弱の変調がかかることになります．これを検波し，位相の情報を得ることで，トラッキング・サーボの方向検出を行っていました．こうすることにより，IC

内部やソフトウェアでの処理は大きくなりますが，その代わり，部品点数や可動部分を減らし，コストを削減させ，信頼性を向上させることができました（**図G**）．

● 魂はI²Cにも宿っている

I²Cにも，同様の哲学が生きています．少ないアプリケーション回路で，いろいろな機能を実現するアイデアが盛り込まれています．これ以降の記事や仕様書などを見ると，ハードウェアはとても単純なのに，操作方法はとても複雑に感じることがあるかもしれません．しかし，それは，「最小限のハードウェアで多機能を実現させる」という考え方がベースになっているからです．

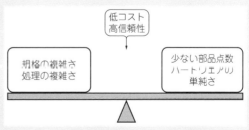

図G　フィリップス精神！　部品点数を必要最小限に抑えて低コストと高信頼性を両立
1つの規格で多くの問題を解決

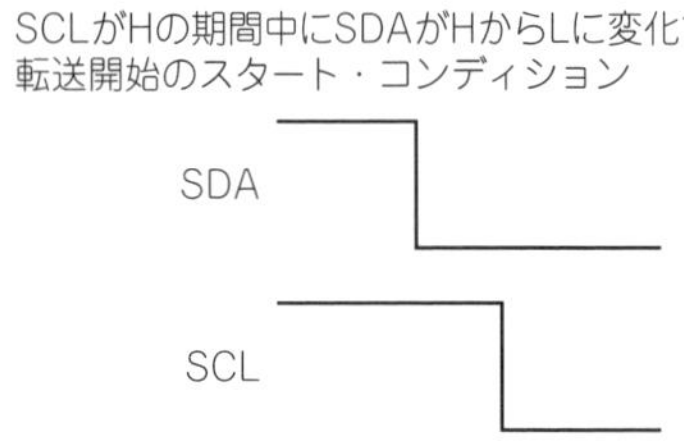

付録

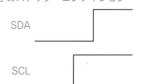

SCLがHの期間中にSDAがHからLに変化すると，転送開始のスタート・コンディション

SDA

SCL

図13 マスタは最初に転送開始状態を意味する「スタート・コンディション」を作る
SCLがHレベルの間にSDAをHレベル→Lレベルと変化させる

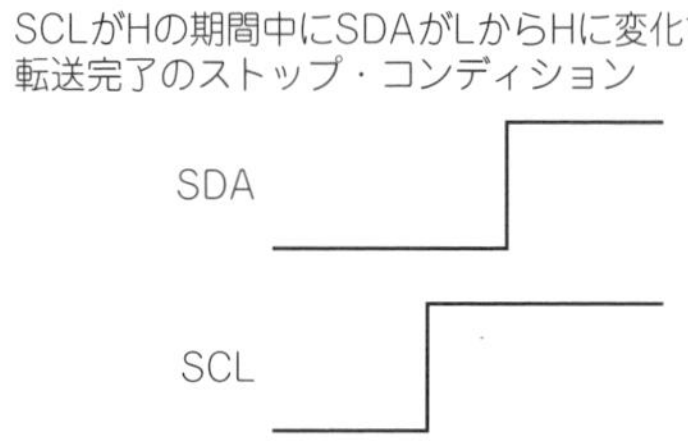

SCLがHの期間中にSDAがLからHに変化すると，転送完了のストップ・コンディション

SDA

SCL

図14 データ転送を終えたときは転送終了状態を意味する「ストップ・コンディション」を作る
SCLがHレベルの間にSDAをLレベル→Hレベルと変化させる

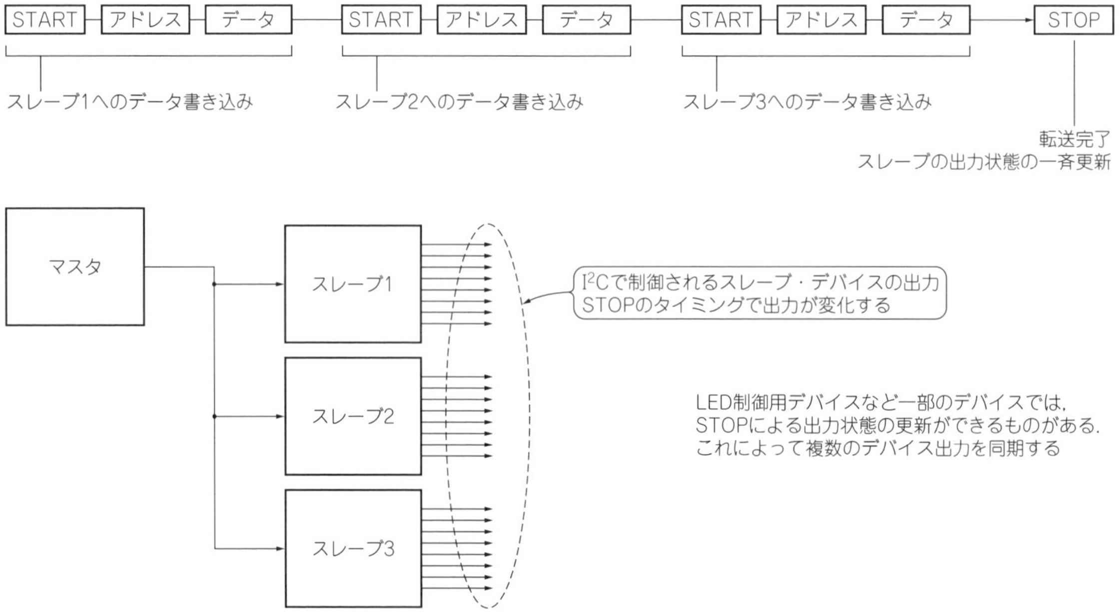

| START | アドレス | データ | | START | アドレス | データ | | START | アドレス | データ | | STOP |

スレーブ1へのデータ書き込み　　スレーブ2へのデータ書き込み　　スレーブ3へのデータ書き込み

転送完了
スレーブの出力状態の一斉更新

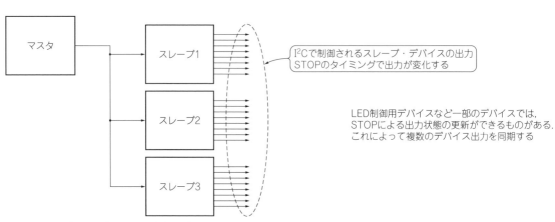

マスタ

スレーブ1

スレーブ2

スレーブ3

I²Cで制御されるスレーブ・デバイスの出力
STOPのタイミングで出力が変化する

LED制御用デバイスなど一部のデバイスでは，STOPによる出力状態の更新ができるものがある．これによって複数のデバイス出力を同期する

図15 ストップ・コンディションは複数のデバイスの同期にも使われる

ンとして定義されています．また，転送終了を示す，ストップ・コンディションも規定されています．

データ転送は，スタート・コンディション（以下，STARTと略す）で開始します．SCLがHレベルの間に，SDAがHレベル→Lレベルに変化するのが，このスタート・コンディションです（**図13**）．I²Cでは，データ・ビット転送中，SCLがHレベルの期間中にSDAが変化することを禁じています．もし転送中にそのような信号が発生したとすると，その時点で，改めてス

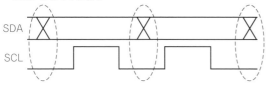

SDA信号の切り替えはSCLがLのときに行われる
SCLがHの期間中にSDAに変化があると，それはSTARTやSTOPになってしまう

SDA

SCL

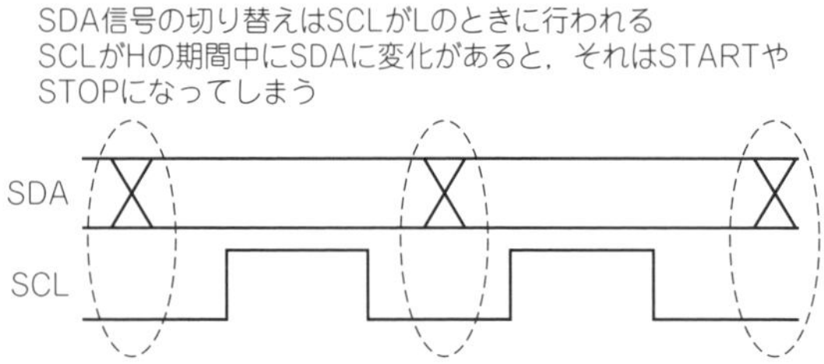

図16 1ビット分のデータが転送されるときのSDAとSCLのようす

タート・コンディションが発生したものと認識され，新たな転送が始められます．

ストップ・コンディション（以下，STOPと略す）は，SCLのHレベル期間中，SDAがLレベル→Hレベルに変化した場合です（**図14**）．ストップ・コンディションの後，一定時間が経過すると，バスは，通信が行われていないフリーな状態になります．

マスタが転送を開始する際は，最初に，バスがフリーな状態であることを確認してから，スタート・コンディションを行わなければなりません．

シングル・マスタのバスであれば，通信を管理するのは，そのマスタ1個だけなので，問題はありませんが，複数のマスタが存在する場合には，他のマスタの通信を妨害しないようにしなければなりません．またストップ・コンディションは，スレーブ・デバイスの出力同期に使われることもあります．I/Oエクステンダや，LEDコントローラなどのデバイスでは，出力ポートの状態変化を，ストップ・コンディションのタイミングで行えるようにしたものがあります（**図15**）．

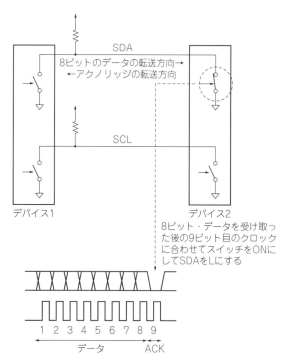

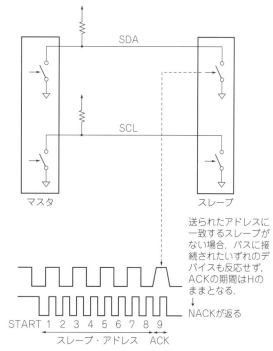

図17 I²Cデバイスはアクノリッジ信号でデータの送受信の結果を知ることができる

図19 存在しないスレーブ・アドレスが指定された場合にはNACKが返ることになる

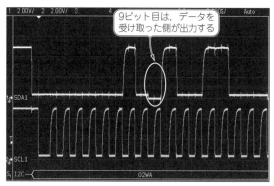

図18 アクノリッジ

■ データのL/H判定と受信確認のしくみ

● 9ビット（データ8ビット＋ACK1ビット），MSB ファースト

各データは，8ビット単位で転送が行われます．

クロック信号がLレベルに落ちた後，SDAが変化し，その後，クロック信号が再度Hレベルになり，さらにLレベルに落ちるまでの間は，データ転送の状態を維持します（図16）．

データは，最上位ビットから順にビットを転送する，MSBファーストで転送されます．各8ビットのデータ転送後，9ビット目にアクノリッジ（ACK）が返送されます．

● データ送受信の結果を確認するしくみ

ACKは，転送データがマスタからスレーブへの転送であれば，スレーブからマスタへの返送，スレーブからマスタへの転送だったのであれば，マスタからスレーブへの返送となります．

ACKは，1ビットのデータで転送されたデータが有効であればLレベルを，そうでなければ，Hレベルを送ります（図17，図18）．この9ビット目がHレベルの状態を，ノット・アクノリッジ（以降NACKと略します）と呼びます．

スレーブ・アドレスの転送では，データ転送の1バイト目で指定されたアドレスのスレーブが存在すれば，そのスレーブがアクノリッジ（ACK）を返します．

スレーブが存在しない場合は，9ビット目のSDAをLレベルにするデバイスは存在せず，SDA信号はそのまま放置されるためNACKとなります（図19）．

この他，2バイト目以降のデータ転送の場合，受け取ったデータを理解できない場合や，それに続くデータを受け取れない場合の通知として，NACKが使われます．さらにマスタが読み出しを行っている場合は，転送の終了を通知するために，このNACKが使われます．

マスタがNACKを受信すると，スレーブへの転送はそこで中断されます．STOPを発生させて転送自体を終了するか，リピーテッド・スタートを発生させて，次のスレーブへの転送を行います．

付録

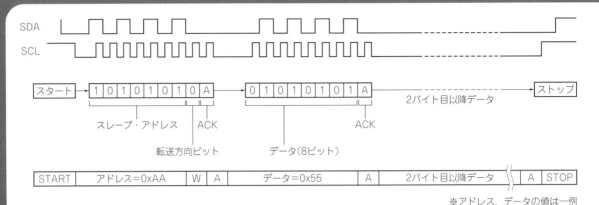

図20 STOPまたはスタート・コンディションまでデータ転送が続く

※アドレス，データの値は一例

転送中にNACKが返る条件の詳細は，I²C仕様書の3.1.6節「アクノリッジ（ACK）とノット・アクノリッジ（NACK）」を参照してください．

図18に，実際の通信で発生したアクノリッジの波形を示します．

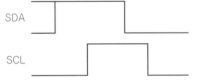

STOPを経ずに，前のデータ転送の後，そのままもう一度STARTを発生させる

SDAがLowなら，SCLがLのうちにいったんHにしてから，STARTを発生させる

図21 STOPとSTARTを発生させずに通信相手や転送方向を素早く切り換える「リピーテッド・スタート」

■ STOPまたはスタート・コンディションまでデータ転送が続く

スレーブ・デバイスに対する転送は，必ずSTARTで開始されます．1バイト目の最初の7ビットで転送対象デバイスのスレーブ・アドレスを，次の1ビットで転送方向が指定されます．STOPが発生するか，または新たにスタート・コンディションが発生するまでの間，データの転送が継続します（図20）．

■ 通信相手や転送方向を素早く切り換えるしくみ「リピーテッド・スタート」

別のスレーブを指定したり，あるいは同一のスレーブでも転送方向を切り替えるには，再度スタート・コンディションを発生させて，アドレスの指定と方向の指示をしなおさなければなりません．このとき，いったんSTOPを発生させた後，STARTを作るのは，時

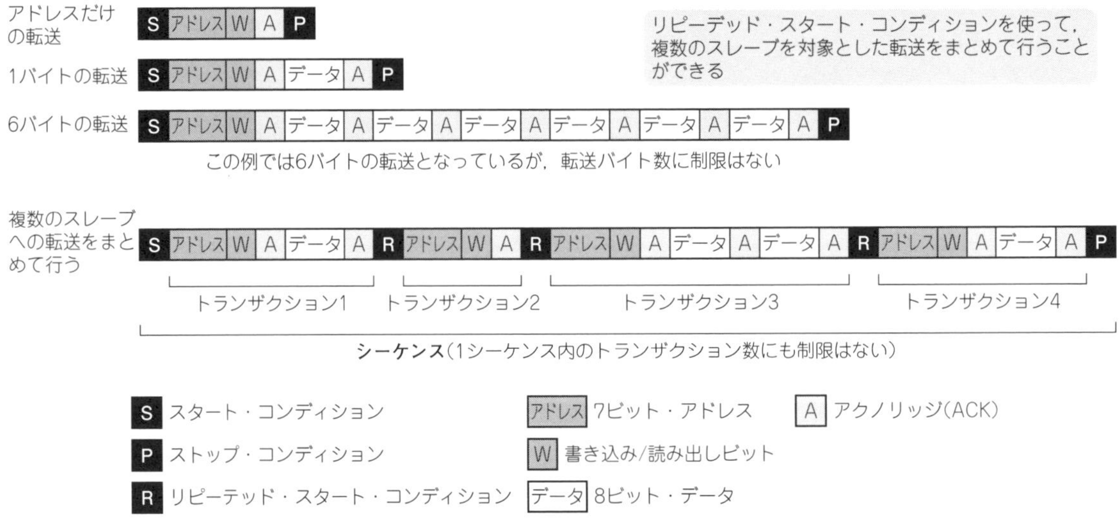

アドレスだけ
の転送 ┃S┃アドレス┃W┃A┃P┃

1バイトの転送 ┃S┃アドレス┃W┃A┃データ┃A┃P┃

6バイトの転送 ┃S┃アドレス┃W┃A┃データ┃A┃データ┃A┃データ┃A┃データ┃A┃データ┃A┃データ┃A┃P┃

この例では6バイトの転送となっているが，転送バイト数に制限はない

リピーテッド・スタート・コンディションを使って，複数のスレーブを対象とした転送をまとめて行うことができる

複数のスレーブ
への転送をまとめて行う ┃S┃アドレス┃W┃A┃データ┃A┃R┃アドレス┃W┃A┃R┃アドレス┃W┃A┃データ┃A┃データ┃A┃R┃アドレス┃W┃A┃データ┃A┃P┃

　　トランザクション1　　　　トランザクション2　　　　　トランザクション3　　　　　　　トランザクション4

シーケンス（1シーケンス内のトランザクション数にも制限はない）

┃S┃	スタート・コンディション	┃アドレス┃	7ビット・アドレス	┃A┃	アクノリッジ（ACK）
┃P┃	ストップ・コンディション	┃W┃	書き込み/読み出しビット		
┃R┃	リピーテッド・スタート・コンディション	┃データ┃	8ビット・データ		

図22 1回分のデータ転送活動を意味する用語「トランザクション」とその一連の手順を意味する用語「シーケンス」

間的，処理的に大きなオーバーヘッドとなります．そこで，これらを簡略化したのが，リピーテッド・スタート（以下，ReStART）です（**図21**）．

ReStART と START は，機能的にまったく同一です．唯一の違いは，マスタが STOP を発生させずに転送を継続できることにあり，これは，マスタが，バス権を保持したまま転送を行える点が違います．マルチマスタの環境にある場合，あるマスタが，連続して複数の転送を行う場合に有効な方法となります．

本来，START と ReStART は，機能的には変わらないはずですが，I²C 準拠を謳う一部のデバイスなどでは，特定のレジスタからのデータの読み出しを行う場合は，ReStART が必須となっているものもあるようです．

■ 1回分のデータ転送活動「トランザクション」とその一連のまとまり「シーケンス」

各スレーブに対するデータの転送は，START で始まり，STOP または次の ReStART までが1回分です．これを，I²C バス・コントローラ PCU9669 のデータシートに倣って，トランザクションと呼ぶことにします．

前述のように，複数のトランザクションを ReStART を区切りとして，連続して実行することが可能です．このような連続した転送では，START から STOP までの一連を，シーケンスと呼びます（**図22**）．マスタがシーケンスを開始すると，その終了まで，そのマスタがバス権を持ち制御します．シーケンスが実行されていないバスの状態を，バス・フリーであると定義します．

■ 書き込みと読み出し

1回のトランザクションで扱える転送は，1方向だけです．マスタからスレーブへのデータの転送を，書き込み（ライト）転送と呼び，スレーブからマスタへのデータ転送を，読み出し（リード）転送と呼びます．同一デバイスに対して，書き込み／読み出し転送を連続して行う場合であっても，それぞれ，別のトランザクションで行わなくてはなりません．

どちらの方向へのデータ転送でも，クロックはすべてマスタから出力されます．

書き込み転送では，START，スレーブ・アドレスと方向ビット "0"（L レベル），8ビット・データ それに，STOP（または，ReStART）を，すべてマスタが送信して，スレーブが受信します．ただし，転送の期間中の ACK だけは，スレーブが送信してマスタが受信します．

読み出し転送では，スレーブ・アドレスと，方向ビット "1"（H レベル）の指定までは，書き込み転送時と同じですが，スレーブ・アドレスへの ACK を受信

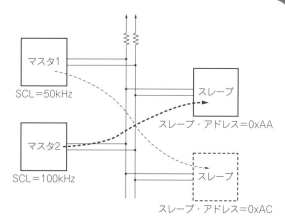

SCL＝50kHz のマスタ1はスレーブ・アドレス0xAC へ，
SCL＝100kHz のマスタ2はスレーブ・アドレス0xAA へ，
同時にアクセスしようとしている

図23　1つのバスにマスタが複数あるときの接続

した後，マスタは，引き続き次の8ビットを受信する状態に置かれます．データの8ビットは，スレーブからマスタへ送られ，9ビット目の ACK は，マスタからスレーブへ送られます．ACK の後，スレーブはすぐに次の8ビットを送るためにデータを出力し始めます．このとき，最初のビットが0だった場合，転送を中断することができません．スレーブが SDA 信号を L レベルに保持したままとなると，その状態では，STOP，ReStART ともに発行できなくなるためです．この問題を避けるために，マスタは，その転送の最後の1バイトを受信した場合には，NACK を返し，スレーブに転送の終了を伝えます．

■ マスタが複数あるときの送受信

● バスの衝突を回避する必要がある

1つのバスに存在できるマスタの数は，制限がありません．マスタが1つだけあるシングル・マスタが，もっともシンプルな構成ですが，複数のマスタが存在するマルチマスタ構成でも，まったく問題はありません（**図23**）．

マルチマスタ構成で転送を開始する場合は，まず，バスがフリーの状態であることを確認しなければなりません．これを確認せずに転送を開始すると，別のマスタが通信中のデータに影響してしまいます．

I²C のマルチマスタに準拠したデバイス，たとえば PCA9665（NXP セミコンダクターズ）のような，I²C バス・コントローラ IC や，各種マイコンに内蔵された I²C のハードウェアは，通信開始時に，ソフトウェアから START を発生させる指示を受けると，まず，バスがフリー状態であることを確認し，他のマスタが通信中であれば，フリーになるまで待ってから，START を発生させます．

付録

ただし，バスがフリーであることを認識しても，同時に転送を開始してしまうことも考えられます．このような場合は，どうなるでしょうか？ これはI^2C仕様書の3.1.7節「クロック同期」と3.1.8節「調停」を用いて解決されます．

● クロック同期メカニズム

I^2CのクロックであるSCL信号は，マスタが出力します．複数のマスタが通信を開始した場合，2つのクロック源が同一バス上に存在することになります．I^2Cでは，SCLもワイヤードAND接続されているため，どちらか一方でもLレベルを出力していれば，信号はLレベルになります．SCLにクロックを出力する際，出力段は，Lレベルを出した後，オープンになり，プルアップ抵抗の作用により，Hレベルになります．

しかし，このとき，ほかのデバイスがSCLをLレベルに引っ張っていれば，信号はLレベルのままになっています．マスタは，この状態を監視しており，ほかのすべてのデバイスが，SCLを開放し，信号がHレベルになるまで待たされます．

信号がHレベルに復帰した後，規定のHレベル期間後に，信号を再びLレベルに引っ張ることで，クロックが生成されます．これが，I^2Cのクロック同期メカニズムです．このように，マルチマスタ環境で同時に通信が開始された場合には，各デバイスが発生させるクロックの，最長のLレベル期間が用いられることになります．つまり，通信速度のもっとも遅いマスタに合わせて，通信が開始されることになります．

● 衝突が回避されるメカニズム

クロック同期が行われたタイミングに従って，各マスタが，データの転送を行います．各マスタは，データの出力を行いながら，SDAの監視も行います．もし，自分がHレベルを意図しているにも関わらず，SDAがLレベルになっていると，ほかのマスタが通信を行っていると理解して，自分は，その場でバスの制御を手放します．これが，アービトレーションを失った状態です．この状態を検出したマスタは，次にバスがフリーになまで待ち，その後，再送を試みます．シングル・マスタのバスでも，この状態が発生することがあります．それは，通信中にノイズが入り，マスタが他からの影響を受けたと理解したためです．この場合も，再送などの扱いが必要です．

図23での条件で発生したバス・アクセスの例を，図24に示します．

この図24は，2つのマスタが，同時に通信を始めようとした際の挙動です．マスタ1は，SCLクロック50 kHzで，スレーブ・アドレス0xACに，マスタ2は，100 kHzのSCLで，スレーブ・アドレス0xAAに，ア

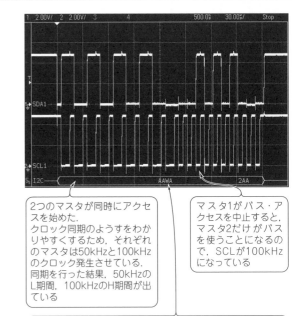

2つのマスタが同時にアクセスを始めた．
クロック同期のようすをわかりやすくするため，それぞれのマスタは50kHzと100kHzのクロック発生させている．同期を行った結果，50kHzのL期間，100kHzのH期間が出ている

マスタ1がバス・アクセスを中止すると，マスタ2だけがバスを使うことになるので，SCLが100kHzになっている

スレーブ・アドレスとしてマスタ1は0xAC，マスタ2が0xAAを出力．このため6ビット目でマスタ1は自身が出したHではない信号が出ていることを検出．
これによりマスタ1はアービトレーションに負け，通信を中止

図24 マルチマスタでのバス・アクセスのようす

クセスを試みようとしています(この稿では，16進数を表すときは，C言語のプリフィクスにならって，数値の前に0xを，7ビットのアドレスを表現するときは，前詰めで，つまりアドレスの先頭ビットを1バイトのMSBとして表現する)．

お互い，同時に通信を開始しようとしたため，両方がSTART〜アドレスの送信を行ってしまっています．クロックの周波数が違うために，クロックの同期が行われており，アドレス送信中のSCLのLレベル期間は，50 kHzのクロックに引っ張られ，速度が遅くなっています．

マスタ1は，アドレス0xACを送信している途中で，マスタ2の影響を受けています．6ビット目にHレベルを出そうとしたにも関わらず，マスタ2の送信しようとしているアドレス，0xAAのせいで，Lレベルに引っ張られてしまい，ここでバス調停に負けます．マスタ1は，この時点で通信を放棄するので，それ以降のバス信号は，マスタ2だけが駆動します．このため，SCLクロックは，100 kHzになり，データの送信が行われます．

■ スレーブがマスタを待たせることができる「クロック・ストレッチ」

I^2Cの仕様に準拠したマスタには，クロック同期のメカニズムが備わっているため，これを利用した，クロック・ストレッチと呼ばれる機能が使われることが

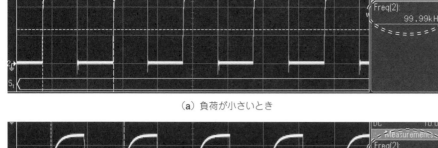

（a）負荷が小さいとき

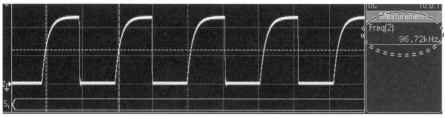

（b）負荷が大きいとき

I²Cバス・クロックの負荷による周波数変化. 上下とも100kHzのSCL設定でマスタを動作させているが, 負荷の小さい(a)より負荷が大きい状態の(b)のほうが立ち上がりが遅い. この影響により, マスタはSCLが規定レベルになってからH期間を確保するので, クロック周波数が下がる. 元のクロック周波数を維持するには, マスタ側のクロック周波数設定で調整する.

図25 I²CバスにICがたくさんつながっていて容量が大きくなるとクロック周波数が落ちる
マスタは信号の遅い立ち上がりをLの期間が延長されていると認識し, クロックが下がる

あります. マスタとスレーブ間で, スレーブ側がマスタの通信速度についていけない場合, マスタを待たせることが可能です.

データの入出力速度が遅いスレーブは, マスタからのデータの取り込みや, マスタへのデータの出力が間に合わないことがあるかもしれません. 動作速度の遅いマイコンで, ソフトウェアによってスレーブ機能を実装した場合, スレーブ側が, SCLをLレベルに引っ張り, クロックを引き伸ばします. これが, クロック・ストレッチです. これを利用することにより, マスタをスレーブ側に同期させることが可能です. バスの静電容量が増えたり, バス・バッファのように, 信号の立ち上がりが遅れるようなデバイスを使うと, マスタは, Lレベルの期間が伸びたように検出するために, 通信スピードが低下します（図25参照, I²Cバス仕様書7.2.1節）. このような場合には, マスタのクロック周波数設定を高めに設定することで, 速度低下を相殺することが可能です.

もし, I²Cバスにマスタを1個だけしか置かず, スレーブはクロック・ストレッチを行わないのであれば, クロック信号のSCL線は, マスタからプッシュプル駆動してもかまいません.

仕様② 電気的特性

■ プルアップ抵抗や電圧レベル

● プルアップ抵抗値には上限と下限がある

I²Cの信号は, オープン・ドレインのワイヤードAND接続です. このオープン・ドレインの信号のために, I²Cは, 各信号線にプルアップ抵抗が必要です. このプルアップ抵抗には, 一般的に数kΩの抵抗が使われます. 小さな基板内での, 数個のICどうしの通信であれば, これで問題はないでしょう.

しかし, 厳しい条件で使われる場合, たとえば基板間の長い配線に使われたり, たくさんのデバイスを接続したりするようなときには, 注意が必要です. また, I²Cの拡張仕様である, ファスト・モード・プラスでは, その特性を生かすために適切な値の抵抗を用いなければなりません.

● 3mA以上の引き込み電流が必要

I²Cの仕様では, 信号の引き込み電流が規定されています. SDAとSCLの各信号ピンは, それぞれ, 3mA以上の引き込み電流がなければなりません.

この引き込み電流は, IC内部の出力段の抵抗分によって決まります. 抵抗分が大きいと, 電流を流したときの電圧上昇が大きくなってしまい, 信号を十分にLレベルに落とせません（低い電圧に下げられない）. 図26に, それを模式的に示します.

付録

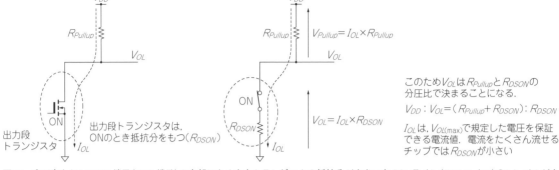

図26 I²CデバイスのSCL端子(SDA端子)の内部にある出力トランジスタの抵抗分が大きいとSCLライン(SDAライン)のLレベルが上昇する

図中：
- 出力段トランジスタ
- ON
- 出力段トランジスタは，ONのとき抵抗分をもつ(R_{DSON})
- I_{OL}
- V_{OL}
- R_{Pullup}
- V_{DD}
- $V_{Pullup} = I_{OL} \times R_{Pullup}$
- $V_{OL} = I_{OL} \times R_{DSON}$

このためV_{OL}はR_{Pullup}とR_{DSON}の分圧比で決まることになる．
$$V_{DD} : V_{OL} = (R_{Pullup} + R_{DSON}) : R_{DSON}$$
I_{OL}は，$V_{OL(max)}$で規定した電圧を保証できる電流値．電流をたくさん流せるチップではR_{DSON}が小さい

● **Lレベル電圧(V_{OL})の規定**

I²CのICでは，Lレベル出力電圧の最大値が各デバイスのデータシートで規定されています．I²Cバスの信号線から，一定の電流を引っ張ったときの最大電圧の規定($V_{OL(max)}$)です．

I²C信号のHレベル/Lレベルを判定するロジック・レベル($V_{OH(min)}$, $V_{OL(max)}$)は，それぞれ，$0.7\,V_{DD}$，$0.3\,V_{DD}$と規定されています．この間の電圧となった場合の扱いは，不定です．つまり，Lレベルのときの電圧は，$0.3\,V_{DD}$以下にならなければなりません．たとえば，5Vを基準にしているI²Cの信号では，1.5V以下，3.3V基準の信号であれば，約1V以下でなければなりません．実際の動作では，この上にノイズが入った場合の誤動作防止を考えてマージンを設けます．一般的には，Lレベル出力電圧は，この半分程度とされる場合が多いようです．

● **プルアップ抵抗値の下限**

プルアップ抵抗の値R_{pullup}を計算してみましょう．ここからは，100kHzのスタンダード・モードと，400kHzのファスト・モードを想定して説明します．プルアップ抵抗値の決定法は，通常のロジックICに使う，プルアップ抵抗値の計算と同じです．

I²Cバス仕様書の，7.1節に同様の解説があります．これは，$V_{OL(max)} = 0.3\,V_{DD}$を基準にして計算をした例です．実際の回路では，それぞれのデバイスで規定された電流を引き込んだ場合の，$V_{OL(max)}$が規定されているので，その値を基準とした例で説明します．

デバイスのデータシートから，$V_{OL(max)}$を見つけます．バスに接続するすべてのデバイスの中で，もっとも引き込み能力の低いもの(I_{OL}が小さく，$V_{OL(max)}$が大きいもの)を基準にします．

その例として，5V(V_{DD})の電源で，3mA(I_{OL})の電流を引き込んだ際の，$V_{OL(max)}$が0.4Vになるデバイスを基準として考えます．プルアップに使用する電圧を5Vとしたとき，Lレベル信号を出力している間

の信号線に流れる電流は，**図26**のようになります．電流は電源から，プルアップ抵抗とIC内部の出力段トランジスタを通して，GNDへ流れます．

このように，電源電圧と$V_{OL(max)}$の差分の電圧が，プルアップ抵抗に加わることになり，このときに，ちょうど3mA流れる抵抗値がいくつになるかを求めればよいことになります．つまり，次のように計算できます．

$$R_{pullup} = (V_{DD} - V_{OL(max)})/I_{OL}$$
$$= (5\,V - 0.4\,V)/3\,mA$$
$$= 約1533\,\Omega$$

この抵抗値を使った場合に，Lレベル信号電圧は，$V_{OL(max)}$です．実際には，$V_{OL(max)}$は，V_{OL}の最大値(デバイス個体によるバラツキや，温度，電源電圧の変化の各条件での最悪値)であるため，通常は，これより

マスタはファスト・モード対応，スレーブはファスト・モード・プラス対応のチップが通信している．同じプルアップ抵抗を使った場合，ファスト・モード・プラス対応のチップは引き込み電流量が大きいため，V_{OL}が低くなる．
この波形では，マスタが出したアドレスのL電圧に比べ，SCLのL電圧が低くなっているのがわかる．
プルアップ抵抗には，1.2kΩを使用

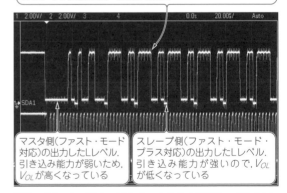

マスタ側(ファスト・モード対応)の出力したLレベル．引き込み能力が弱いため，V_{OL}が高くなっている

スレーブ側(ファスト・モード・プラス対応)の出力したLレベル．引き込み能力が強いので，V_{OL}が低くなっている

図27 SCLバスがLレベルになったときの電圧は，バスをLレベルに引いているICによって違う

1.2kΩのプルアップ抵抗をつけたときのSCL端子の電圧波形．マスタICの内部の出力トランジスタの抵抗値はスレーブICのそれより大きいことがわかる

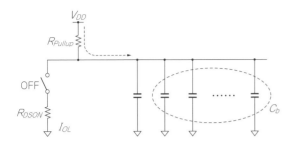

信号がHに切り替わるとき，スイッチがOFFになる．
するとR_{Pullup}を通った電流はC_bを充電する．
C_bは基板上の配線，コネクタ，ケーブルや接続された
デバイスの入力ポートの容量の総和

図28 I²Cバスが長いと容量が大きくなり信号の立ち上がりが遅くなる

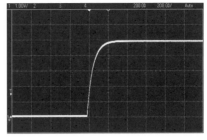

(a) C_b=27pF

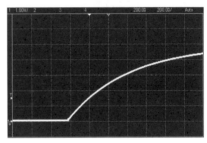

(b) C_b=300pF

図29 図28を裏付ける実際の波形
バスの容量が大きいほど信号の立ち上がりが遅くなる

低い電圧が得られます（**図27**）．

　プルアップ抵抗が大きくなると，それだけ流れる電流が減るため，V_{OL}も小さくなります．つまり，この式で求められたプルアップ抵抗の値は，そのバスに使用できる最小値です．

● **プルアップ抵抗値の上限**

　抵抗値の下限がわかりましたが，上限はどうでしょうか．これを決めるには，もう1つのパラメータを考慮しなければなりません．

　信号線を引き回せば引き回すほど，デバイスを接続すれば接続するほど，信号線の静電容量は増えていきます．I²Cの仕様では，400 pFまでの容量は許容すると書いてありますが，プルアップ抵抗の値が大きすぎると，この容量を充電するのに時間がかかるため，信号の立ち上がりが遅くなります．この静電容量を，バス容量（C_b）といい，信号を駆動する回路の負荷となります（**図28**）．

　信号の立ち上がり時間（t_r）は，$0.3 V_{DD}$から$0.7 V_{DD}$に達するまでの時間と定義され，スタンダード・モードで，最大1000 ns，ファスト・モードでは，20～300 nsと規定されています．つまり，信号に要求される立ち上り時間とバス容量が，プルアップ抵抗値の上限を決めることになります．これは，次の式で求めることができます（詳細はI²C仕様書7.1節を参照）．

$$R_{pullup} = t_r/(0.8473 \times C_b)$$

　たとえば，先ほどと同条件で，最大容量の400 pFまで使えるような抵抗値を計算すると，スタンダード・モードでは，

$$R_{pullup} = 1000\ \text{ns}/(0.8473 \times 400\ \text{pF})$$
$$= 2950\ \Omega$$

になります．これにより，スタンダード・モード（100 kHz）のI²Cを，5 V電源，V_{OL} = 0.4 V，最大バス容量＝400 pFで使う場合には，プルアップ抵抗を，1533～2950 Ωとする必要があることになります．

　一方，ファスト・モード（400 kHz）の場合，同条件での計算を行うと，

$$R_{pullup} = 300\ \text{ns}/(0.8473 \times 400\ \text{pF})$$
$$= 855\ \Omega$$

となってしまいます．これは，引き込み電流を基準に考えたプルアップ抵抗の下限値を下回ります．このように，ファスト・モードは高い電源電圧では，大きなバス容量を駆動できません．たとえば，どうしてもバス容量限界近くの負荷を，ファスト・モードで駆動したい場合には，低い電源電圧で，高いV_{OL}の信号を扱うことになります．

　このことは，違う見方をすると，同じ値のプルアップ抵抗と同じ電圧でも，C_bの容量が違えば，立ち上がり時間も異なることになります．**図29**は，400 kHzのファスト・モードのSCL波形ですが，C_bの違いによって，信号の立ち上がり波形が異なっています．これは，100 kHzや1 MHzで動作させた場合でも，基本的に同様の立ち上がり特性が得られます．

　とくに必要がある場合には，固定的なプルアップではなく，スイッチと組み合わせた，スイッチド・プルアップや，電流源を用いる方法もあります．これは，信号の立ち上がり時のみ，低い抵抗値のプルアップや，電流源を用いて，立ち上がり時間を短縮する手法です．これについての詳しい情報は，I²C仕様の7.2.4を参照ください．

● **ファスト・モード・プラスの場合**

　最大周波数が1 MHzに拡張されたファスト・モー

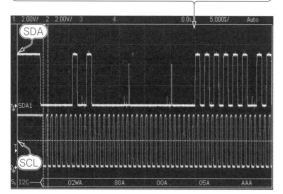

ファスト・モード・プラスの通信例．1MHzのクロック周波数でバスを駆動している(プルアップ抵抗220Ω)
SDA
SCL
02WA
80A
00A
05A
AAA

図30　最大周波数が1 MHzのファスト・モード・プラス対応のI^2CデバイスでバスをドライブしたときのSDAとSDLの波形
駆動可能な容量は最大550 pF，電流は20 mA

V_{DD}
R_{Pullup}
ノイズ
電源デカップリング・コンデンサ
OFF
OFF
信号がHighのときに乗ってくるノイズを考える．このノイズの電流はR_{Pullup}を通してGNDに逃げる．R_{Pullup}を小さくできるファスト・モード・プラスは，ノイズの影響を小さくできる

図31　ファスト・モード・プラス仕様のI^2Cデバイスの出力インピーダンスは低いので，ノイズに強く誤動作しにくい

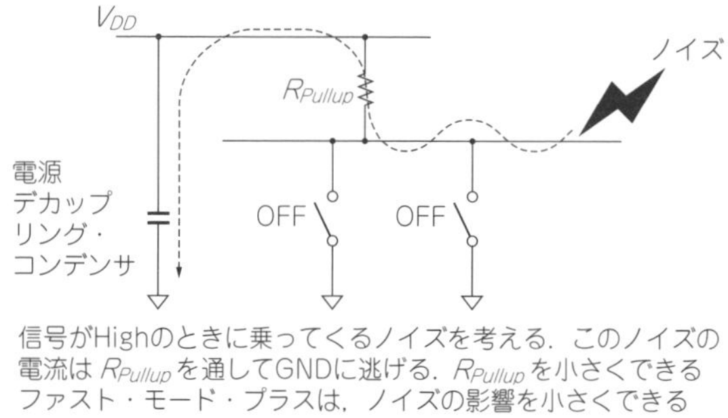

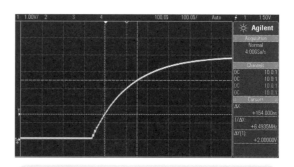

ド・プラス(**図30**)では，引き込み電流が大幅に増やされています．ファスト・モード・プラス対応デバイスは，20 mA以上のI_{OL}となっています．この大きなI_{OL}によって，強い(値の小さい)プルアップ抵抗が使えることになり，より速い信号の立ち上がりが実現でき，高速化が可能になりました．また駆動できるバス容量は，550 pFに拡張されています．

たとえば，5 V電源，$V_{OL(max)}$ = 0.4 V，I_{OL} = 20 mA，最大550 pFのバス容量を駆動する場合は，230～257 Ωのプルアップ抵抗を使うことができます．

さらにファスト・モード・プラスでは，このような，より小さいプルアップ抵抗を使うことよって，I^2Cバスのインピーダンスを下げ，ノイズ耐性を高めています(**図31**)．

● バス容量を測る方法

「バス容量が，プルアップ抵抗を決める」と書きました．では，バス容量は，どのようにしたら知ることができるでしょうか．実際のバスの容量を測定するのは難しそうですが，実は，簡単な方法があります．

オシロスコープでI^2Cバスの波形を見て，その立ち上がり時間と，取り付けてあるプルアップ抵抗の値から，容量を求めることができます．

Agilent
V_{OH} = 3.5V，V_{OL} = 1.5V(V_{DD} = 5V)，R_{Pullup} = 2.2kΩ
波形を見ると，t_r = 154nsであることがわかる．計算で求めた容量は85pF．ここから測定に使用したプローブ容量(15pF)を差し引くと，C_b = 70pFとなる．

図32　I^2Cバスの容量は立ち上がり時間から求まる

先ほどの式に，それぞれの値を当てはめると，容易にバス容量を求めることができます．**図32**の波形は，その例です．

このI^2Cは，5 V電源で動作しており，V_{OL}とV_{OH}は，それぞれ1.5 V，3.5 Vなので，1.5 Vから3.5 Vに到達する時間を測ります．この回路のプルアップ抵抗は，2.2 kΩ，立ち上がり時間は，154 nsとなっているので，容量は約85 pFです．これから，オシロスコープのプローブの容量15 pFを差し引くと，バス容量が，70 pF(= 85 pF − 15 pF)であることがわかります．

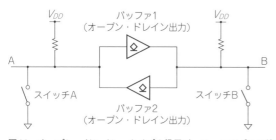

V_{DD}
バッファ1
(オープン・ドレイン出力)
V_{DD}
A
B
スイッチA
スイッチB
バッファ2
(オープン・ドレイン出力)
汎用バッファを組み合わせてI^2Cに使うことはできない．たとえば…
① 信号線A，Bの両方の信号がHighであるとする．
② スイッチAがONになるとバッファ1にLが入力されB側の信号をLに引っ張る．
③ バッファ2にLが入力され，バッファ2もA側をLに引っ張る．
④ ここでスイッチAがOFFになり，信号線AをHに戻そうとしてもバッファ2がLを出力しているので，信号はLを維持したまま．この状態で固まってしまう

図33　オープン・ドレイン・タイプの汎用バッファICはI^2Cに使うことはできない

行き詰まったときの攻略法

配線を長く引き伸ばして ICをたくさんつなぎたい

■ バッファICを利用する

I²Cはバス容量の制限があるため，それを超えて接続することはできません．

どうしてもバスを長く引き回したり，たくさんのデバイスを接続する必要がある場合は，リピータやバッファと呼ばれるデバイスを利用します．信号線のインピーダンスが高いため，とくにスタンダード・モードやファスト・モードでは，ノイズに弱いと言われるI²Cですが，バッファの使用によって耐性を高めることができます．

■ I²C専用のバッファICを使う

一般的に使われる汎用ロジック・ファミリのバッファは，おなじみのデバイスですが，これをI²Cに使うことはできません．I²Cは，双方向バスなので，通常のオープン・ドレイン・バッファを使うと，いったん信号がLレベルに落ちた後，デッドロック状態となり，動かなくなってしまいます（**図33**）．

このため，I²Cバス専用のバッファが用意されています．これらには，スタティック・オフセット型，インクリメンタル・オフセット型，ノー・オフセット型，

アンプ型の4種類があります．

① スタティック・オフセット型

スタティック・オフセット型のバッファは，両側のバス容量を分離することが可能です．引き込み電流を強化したバッファをもったデバイスや，信号レベル変換を行うデバイスも多く用意されており，ケーブルの信号駆動などによく使われています．

引き込み電流を強化したバッファをもつデバイスは，片側は，通常の能力のポートで，もう一方のポートは，強い引き込み電流をもたせてあります．この引き込み電流を強化した側を，強ドライブ側と呼んでいます．

たとえば，PCA9601（NXPセミコンダクターズ）では，強ドライブ側の出力は，電圧15V，60mAの引き込み電流に対応しており，I²C信号を長く引き回す場合などに最適なバッファです．スタティック・オフセット型は，一方の信号にオフセットをもたせてあるのが特徴です．

スタティック・オフセット型の代表的な例として，PCA9517（NXPセミコンダクターズ）の動作を見てみましょう．

図34のように，このICには，A側とB側の入出力ポートがあり，それぞれ違った特性を持っています．A側は，とくに変わったことはなく，通常の入出力特性をもった端子です．一方，B型は，Lレベルの出力

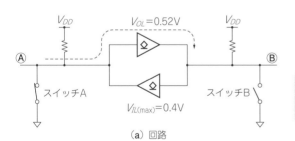

スイッチAがONになると上側バッファの入力が0Vに．B側をLに駆動するが0.52Vのオフセット付き．
下側バッファのL入力スレッショルドは0.4Vに設定されているため，バッファがA側をLに駆動することはない

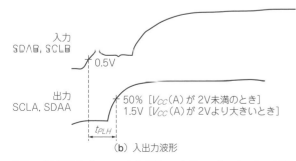

このような構造のためA側がHで，B側がLからHに変化するときには，左図のような波形が見られる．
まず，R側をLに駆動していた信号源がハイ・インピーダンスになると，信号は，いったん0.5Vになる．これは下側バッファがA側をL（＝0V）に駆動していたために，上側バッファもB側を駆動しているため．
B側が0.5Vとなり，下側バッファのL入力スレッショルドを超えると，A側をLに駆動するのをやめ，A側はHになる．
これを受け，上側バッファもB側を駆動するのをやめ，ハイ・インピーダンス状態になるため，プルアップされた電圧に変化する

図34 I²C専用のバッファICその①…スタティック・オフセット型PCA9517の動作

付録

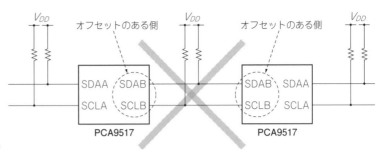

図35 スタティック・オフセット型バッファは，オフセット側どうしの接続ができない

オフセットのある側どうし（PCA9517ではB側）を接続して使うことはできない

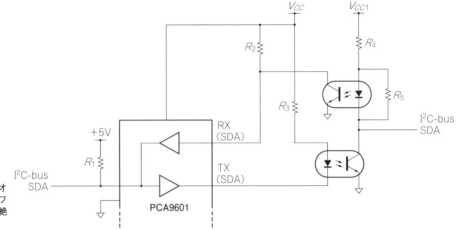

図36 スタティック・オフセット型I²C専用バッファ（PCA9601）を使った絶縁型I²Cドライブ回路

レベル（V_{OL}）が，0.52 V，Lレベルの入力検出レベル（$V_{IL(\max)}$）が，0.4 Vになっています．

A側から入力されたLレベル信号は，B側に，0.52 Vのオフセット電圧を持ったLレベル信号として出力されます．このため，B側が入力になっているバッファは反応しません（0.52 VをLレベルが入力されたとは，判断しない）．このような構造によって，デッドロックを回避しています．バッファを使った場合，

入力レベル → オフセット付加 → 出力へコピー

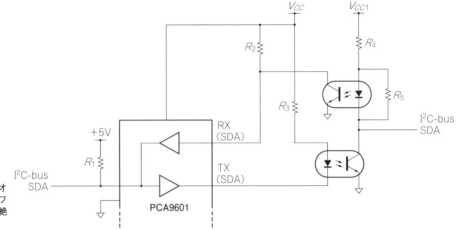

図37 I²C専用のバッファICその②…インクリメンタル・オフセット型バッファ

不利になる点は，オフセット電圧のある側どうしを接続した通信ができないことです（**図35**）．また，入力スレッショルド・レベルがとても低いデバイスには，使用できないことです．

なお，PCA9601は，フォトカプラによるアイソレーションなどの応用も可能です（**図36**）．

② インクリメンタル・オフセット型

インクリメンタル・オフセット型は，おもに両側バスの容量分離に使われ，おもにシングル・ボード・コンピュータなどで使われています．**図37**のように，バッファ内部にオフセット分を加算する回路を持ち，0.1 Vのオフセット付きのボルテージ・フォロワとして動作します．このタイプでは，活線挿抜（ホット・スワップ）に対応した製品があります．活線挿抜をサポートするバッファでは，イネーブル・ピンをアクティブにすると，まず，バスがフリー状態であることを確認した後に，バッファが動作を始めるように作られています．信号には，0.1 Vのオフセットが加わるため，同型バッファを縦続接続（カスケード接続）すると，各デバイスでのオフセットが加算されます（**図38**）．

③ ノー・オフセット型

ノー・オフセット型は，デッドロック防止のための

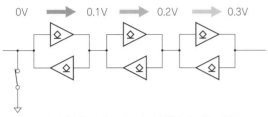

インクリメンタル・オフセット型のバッファでは,
バッファを1段通るたびに0.1V加算されていく

図38 インクリメンタル・オフセット型バッファは縦続接続するとオフセットが積算される

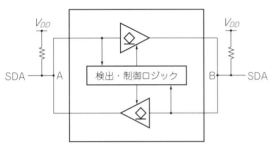

図39 I²C専用のバッファ IC その③…ノー・オフセット型バッファ

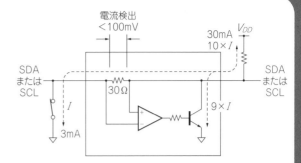

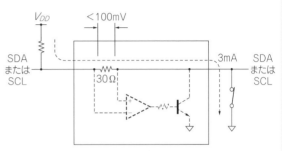

図40 I²C専用のバッファ IC その④…アンプ型バッファ

オフセットを持たないタイプです. 両側のバスの容量を分離し, 引き込み電流強化のために使われます.

I²Cのバッファでは, 双方向の通信を可能にするため, 反対方向を向いた1組のバッファを用いますが, このタイプでは, それらのバッファが同時に動作しないように制御されます. 動作するバッファは, 先にLレベルになった側に入力を持ったものになります.

いったん, どちらかの側がLレベルになると, その側がHレベルに戻るまで, それを受けたバッファが動作状態になります. 反対向きのバッファは, そのまま非動作状態を保ちます. 言い換えると, 一方の信号が先にLレベルになり, その状態を維持している間は, こちら側だけを信号源とし, 反対側の信号を無視することになります(**図39**).

このバッファは, オフセット電圧がないため, 本来のノイズ・マージンを確保できることが大きな利点です. デメリットは, マルチ・マスタや, クロック・ストレッチングを行うシステムでは使えないことです.

例えば, 一方からのLレベルを, 反対側に伝えている間に, そちら側もLレベルになったとします. この信号は, 最初にLレベルを出し始めた側が, いったんHレベルにならなければ, 逆方向への信号伝達ができません. このため, クロック・ストレッチングを行うようなシステムで使うと, 両方からLレベル入力があるとき, 最初にLレベルを出力した側が, Lレベルの期間を終えると, この側は, いったんHレベルになってから反対側のLレベルが伝達されてくることになります. このように, 望ましくないパルスが発生してし

まうため, 双方向SCL信号には, 使うことができません. PCA9605は, ノー・オフセット型の代表的なデバイスですが, SCL用チャネルには, クロックの向きを外部から指定できるように, 方向選択ピンが用意されています.

④ アンプ型

アンプ型バッファは, 電流増幅を行うアンプです. このタイプは, とても小さいオフセットしかもたないというメリットがありますが, 容量の分離はできません. このタイプでは, 構造的な制約のため, 信号レベル変換にも対応できません.

図40は, アンプ型バッファの原理を示したものです. 両側のバスの信号線は, 小さい抵抗を介して接続されており, この抵抗の両端に発生する電圧を検出して, 内部のバッファ動作を切り替えています.

アドレスの衝突を回避したり 一斉配信したい

● 同一アドレスのICを複数接続したい

同一アドレスをもったデバイスを複雑接続するときは, スイッチやマルチプレクサを使います(**図41**).

I²Cバスをいくつかの系統に分けておき, それを切り替えて使うことができるようにします. 1:2, 1:4, 1:8のように, 枝分かれしたバスを, 任意に切り替えながら使えるようになります.

ここでいうスイッチとは, 各分岐先のバスを, それぞれイネーブル/ディセーブルして使うことができるようになっているタイプです [**図41(a)**]. あるときは,

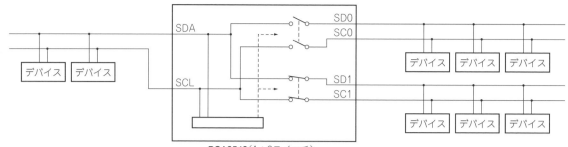

PCA9543（1：2スイッチ）
（a）左側のデバイスがスイッチの状態を設定，2系統に分岐したそれぞれのバスの接続，非接続状態を選択する

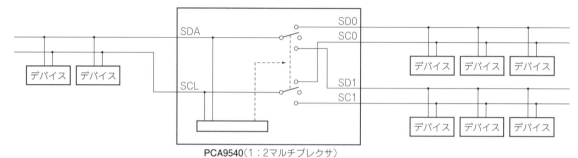

PCA9540（1：2マルチプレクサ）
（b）左側のデバイスがスイッチの状態を設定，2系統に分岐したどちらか（あるいは，どちらでもない）を選択する

図41 同じアドレスをもつI²Cデバイスを1つのバスで使うときはスイッチやマルチプレクサを利用する

表1 同じアドレスをもつI²Cデバイスを1つのバスで使うときに利用するスイッチやマルチプレクサの製品ラインアップ

型　番	マルチプレクサ入出力構成	付加機能				
		設定可能なアドレス数	割り込みチャネル	リセット・ピン	ピン数	パッケージ
PCA9540B	1-2（マルチプレクサ）	1	なし	なし	8	SO8, TSSOP8, XSON8U
PCA9541A	2-1（マルチプレクサ）	16	あり	あり	16	SO16, TSSOP16, HVQFN16
PCA9542A	1-2（マルチプレクサ）	8	あり	なし	14	SO14, TSSOP14
PCA9543A/B/C	1-2（スイッチ）	4	あり	あり	14	SO14, TSSOP14
PCA9544A	1-4（マルチプレクサ）	8	あり	なし	20	SO20, TSSOP20, HVQFN20
PCA9545A/B/C	1-4（スイッチ）	4	あり	あり	20	SO20, TSSOP20, HVQFN20
PCA9546A	1-4（スイッチ）	8	なし	あり	16	SO16, TSSOP16, HVQFN16
PCA9547	1-8（マルチプレクサ）	8	なし	あり	24	SO24, TSSOP24, HVQFN24
PCA9849（Fm＋対応）	1-4（マルチプレクサ）	16	なし	あり	16	TSSOP16, HVQFN16
PCA9846（Fm＋対応）	1-4（スイッチ）	16	なし	あり	16	TSSOP16, HVQFN16
PCA9846（Fm＋対応）	1-8（スイッチ）	16	なし	あり	16	TSSOP24, HVQFN24
P3S0200GM（I3C対応）	1-2/2-1（スイッチ）	-	なし	なし	10	XQFN10

全分岐先をすべてイネーブルしておいて一斉通信を行い，また，あるときは，個別の分岐先だけを選択して通信を行うことができるものです．

もう1つのタイプであるマルチプレクサ［**図41（b）**］は，選択できるのは，常に1系統だけです．どちらの場合でも，重複したアドレスをもったスレーブを接続したいときに便利です．使わない分岐先をディセーブルしておけば，そこにつながれたデバイスは，反応しません．また，ディセーブルしたバス部分の容量は，影響しないことになるので，容量負荷の軽減にも役立ちます．

● 一斉配信したい

スイッチを利用すると，個別の分岐系統に配置された同アドレスを持つスレーブに対して，一斉通信（ブロードキャスト）を行うことも可能です．たとえば，初期化のときに，同じ設定を一度に送ってしまうような使い方が可能です．ただしこの場合，ACKを返さないスレーブがあったとしても，それを検出することができません（ほかのACKを返すスレーブの信号に引っ張られてしまうため）．このため，必要に応じて，ブロードキャスト後に書き込みが済んでいることを確認するようにします（I²C仕様 3.1.10節 備考 6項を参照）．

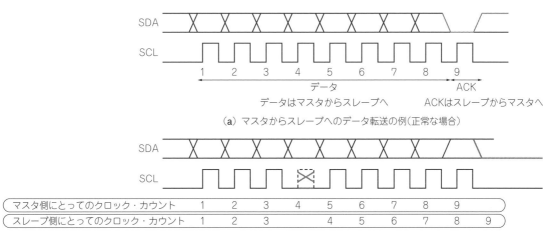

(a) マスタからスレーブへのデータ転送の例(正常な場合)

① マスタ側にとってのクロック・カウント 1 2 3 4 5 6 7 8 9
② スレーブ側にとってのクロック・カウント 1 2 3 4 5 6 7 8 9

① マスタは8ビット目を送出した後,スレーブからのACKを受けるためにSDAをHにする.
② しかしスレーブは,まだ8ビット目を受信するためにハイ・インピーダンスとなっているので,マスタからはNACKが返ったように見え通信を終える.
③ スレーブから見て8ビット目のクロックがLになるとACKを出力し始める.
④ マスタからはクロック・パルスはこない.スレーブはこのクロックを待ち続ける状態に置かれるため,SDAをLにしたまま.マスタはSTOPコンディションもSTARTも出せない状態に陥る
マスタは9ビット分のクロックを送出したと考えているが,スレーブ側は8ビット分しか受け取っていないと認識

(b) ノイズなどの影響でスレーブがクロック・パルスを受け取れなかった場合を想定

図42　ノイズが混入してスレーブがI²CバスのSDAをLレベルに引いたままになり,ほかのデバイスがバス通信不能に陥った例

● 2台のマスタを切り換えたい

このような,1対多形態のマルチプレクサのほかに,マスタ側を2,スレーブ側を1として使う,2:1のマルチプレクサも存在します.I²Cは,マルチマスタをサポートしているため,このようなデバイスは必要ないように思われますが,ある種の冗長性を確保したシステムでは,2台のマスタを切り替えて使うような例があり,そのために用意されています.

NXPセミコンダクターズのスイッチ,マルチプレクサ製品は,すべてレベル変換機能があります.**表1**に,NXPセミコンダクターズのスイッチ,マルチプレクサ製品リストを示します.

バスが動かないときはノイズも疑う

● SDAがLになったままになる

I²Cはマルチマスタを想定したシステムのため,たとえマスタであっても,バスの状態を監視しながら動作するようになっています.このため,ノイズなどの影響によって,思わぬ状態に陥ることがあります.

その1つが,スレーブが,SDA信号をLレベルのままになってしまう,SDAスタックです.この状態は,バス・クリアによって回復が可能です.

マスタは,転送を開始しようとしたときに,バスの状態を確認し,フリーであれば,スタート・コンディションを発生させて通信を始めます.しかしスレーブが,SDAをLレベルに保持していると,いつまで経っても待たされたままの状態に置かれてしまうことになります.

● ノイズ混入でSDAがLレベルに張り付くメカニズム

スレーブが,SDAをLレベルに保持したままとなるのは,どのようなときでしょうか.

たとえば,マスタがスレーブに対してのアドレス指定や,データの書き込み(write)を行っているときに,SCLにノイズが乗った影響で,1パルス分のクロックを逃してしまったとします.そうすると,マスタは9回分のSCLパルスで8ビットのデータを送り出し,ACK・NACKの受信も完了したつもりになっていますが,スレーブ側は,SCLを8パルスしか受け取っていないと認識しています.スレーブは,本来9ビット目であった,前のビットを,8ビット目のデータとして受け取り,SCLがLレベルになると,ACKを返すために,SDA信号をLレベルに引っ張ります.マスタ側は,もう9個分のSCLを送ってしまったと認識していますし,9ビット目のデータは,マスタもスレーブもLレベルにしていなかったため,NACKであると判断し,転送をやめてしまいます.この後,マスタは,データの再送を行おうとしても,あるいは次のデバイスに対しての通信を開始しようとしても,SDAがLレベルになったままなので,なにもできない状態に陥ります(**図42**).

付録

● **スタックを解除するバス・クリア**

スレーブが，データを出力して止まっている状態を解決するのが，バス・クリアです（**図43**）．マスタが，9クロック分のSCLパルスを出力し，スレーブの状態を強制的にクリアします．この方法は，マスタがスレーブからの読み出しを行っていた場合でも，有効です．

マスタは，SDA信号を駆動しないまま，SCLにパルスを出すため，スレーブから見ると，この9発のパルスの期間のうちに，8ビットのデータを送り出した後，9ビット目のACKをマスタから得ようとします．しかしこのとき，SDAは，だれからも引っ張られてない状態になるので，Hレベルになり，スレーブは，これをNACKと認識し，次のデータの転送を行うのをやめて，バスを開放します．このような方法で復帰させることが可能です．

SCL信号がLレベルになったままのSCLスタックは，通常の環境では発生しません．もし，SCLスタックが起こっているのであれば，それは，バスに接続されたデバイスに何らかの異常が発生していることになります．この状態からの復帰は，バスに接続されたデバイスのリセットによって行います．

SDAのバス・クリアは，必須の機能ではありません．バス・クリアを行わず，いきなりリセットを行ってもかまいません．この場合は，スレーブと通信状態のすべてがクリアされてしまうので，それを考慮した後処理を行わなければなりません．

● **バスの状態を調べる方法**

▶**波形を観測できるオシロスコープは必須**

I²Cは，100k～1MHz（ウルトラ・ファスト・モードでは，5MHz）の単純な信号を扱うため，特殊な測定器などは必要ありません．

ハードウェア・レベルでのデバッグをしないのであれば，測定機材などは何も必要ないでしょう．しかし，I²Cの動作は，アナログ的な部分もあり，どのような動作をしているのかを細かく知るためには，オシロスコープがあると便利です．もし可能であれば，I²Cのプロトコルをデコードする機能付きのものを用意できればベストです．これがあれば，信号の立ち上がり波形から，プルアップ抵抗の妥当性や，細かいタイミン

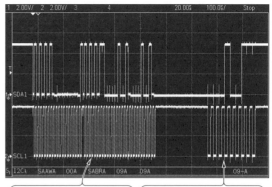

マスタは2バイトの読み出しを行っているが，最後の1バイトに対してACKを送ってしまったため，スレーブは次のビット「0」を用意して止まってしまっている

SDAがLレベルになったままになってしまっているので，SCLを9回トグルしてバス・クリアを行った．このあとはSDAはHレベルに戻っている

図43 スレーブがI²CバスをLレベルに引いたままになり，ほかのデバイスが通信できなくなった状態を解除するバス・クリア機能の動作
マスタ側の実装不備による例

グのデバッグまでが可能になります．

▶**プロトコルもチェックできるロジック・アナライザ**

この他，最近では，低価格のPCベースのロジック・アナライザが，各種販売されています．I²Cは，2本線なので，多チャネルのものは必要なく，波形を取り込んで，プロトコルを解析できるものでも，十分デバッグが楽になります．各社から安価なロジック・アナライザが出ているので，気に入ったものを用意しておくと便利です．

◆**参考資料**◆

(1) UM10204, NXPセミコンダクターズ．I²Cバス仕様およびユーザ・マニュアル，Rev.5.0J.
　https://www.nxp.com/docs/ja/user-guide/UM10204.pdf
(2) UM10204, NXPセミコンダクターズ．I²C - bus specification and user manual, Rev.7.0.
　https://www.nxp.com/webapp/Download?colCode=UM10204
(3) nxpfan；［まめ知識］I²Cバスの容量を測る．
　http://goo.gl/uh3uIF
(4) UM11732 I²S bus specification, Rev.3.0, NXPセミコンダクターズ．
　https://www.nxp.com/docs/en/user-manual/UM11732.pdf

初出一覧

本書の下記の項目は，「トランジスタ技術」誌に掲載された記事をもとに再編集したものです．

〈著者一覧〉 五十音順

赤羽 秀樹	島田 義人	藤森 弘己
上田 智章	鈴木 憲次	松井 邦彦
漆谷 正義	田口 海詩	山崎 健一
太田 健一郎	中村 黄三	山田 浩之
岡野 彰文	西田 恵一	よし ひろし
小野寺 康幸	秦 明宏	渡辺 明禎
木島 久男	服部 明	

測る 量る 計る 回路&テクニック集

編　集　トランジスタ技術SPECIAL編集部	2023年1月1日発行
発行人　櫻田 洋一	©CQ出版株式会社 2023
発行所　CQ出版株式会社	(無断転載を禁じます)
〒112-8619　東京都文京区千石4-29-14	
電　話　販売 03-5395-2141	編集担当者　島田 義人／平岡 志磨子／上村 剛士
広告 03-5395-2132	DTP　三晃印刷株式会社／株式会社啓文堂
	印刷・製本　三晃印刷株式会社
定価は裏表紙に表示してあります	Printed in Japan
乱丁，落丁本はお取り替えします	